国家现代学徒制试点教材
"成果导向＋行动学习"课程改革教材

U0276214

锅炉招投标与验评

主编　刘　洋　范海波
主审　张福强　宋海江

哈尔滨工程大学出版社
Harbin Engineering University Press

内 容 简 介

本书系统地阐述了锅炉工程项目的安装、制造检验流程与质量控制点;锅炉工程项目招投标的方式及招投标文件编制程序、内容与要点;锅炉工程项目质量检验的方法、指标和标准;最后对如何验评锅炉工程的质量进行了演示。

全书以职业教育最先进的方法为设计理念,遵循"现代学徒制双主体育人"模式,以课程建设为着力点,按照教学做一体化的方法,从项目导入到任务完成,均以典型案例和真实情境为主线,以生产实际过程为抓手,达到工学结合的要求。

本书既可作为高等职业教育城市热能应用技术专业教材,也可作为锅炉制造、安装与运行、检修行业企业培训教材和相关技术管理人员的参考资料。

图书在版编目(CIP)数据

锅炉招投标与验评/刘洋,范海波主编.—哈尔滨:
哈尔滨工程大学出版社,2020.8
ISBN 978 - 7 - 5661 - 2705 - 1

Ⅰ.①锅… Ⅱ.①刘… ②范… Ⅲ.①工业锅炉 – 招标②工业锅炉 – 投标③工业锅炉 – 质量检验 Ⅳ.①TK229

中国版本图书馆 CIP 数据核字(2020)第 125634 号

选题策划	史大伟　薛　力
责任编辑	于海燕　张如意
封面设计	李海波

出版发行	哈尔滨工程大学出版社
社　　址	哈尔滨市南岗区南通大街 145 号
邮政编码	150001
发行电话	0451 – 82519328
传　　真	0451 – 82519699
经　　销	新华书店
印　　刷	北京中石油彩色印刷有限责任公司
开　　本	787 mm × 1 092 mm　1/16
印　　张	18.25
字　　数	499 千字
版　　次	2020 年 8 月第 1 版
印　　次	2020 年 8 月第 1 次印刷
定　　价	49.00 元

http://www.hrbeupress.com
E-mail:heupress@ hrbeu.edu.cn

前言 PREFACE

"锅炉招投标与验评"既是城市热能应用技术专业选修课程,又是专业制造与安装方向的核心课程之一,其在专业中的地位既有独立性,又有全面性。

为满足高等职业教育锅炉设备运行相关行业人才培养的需求,真正做到"双主体"育人的人才培养模式,编者在总结多年教学和实践经验的基础上,编写了此部以"成果导向＋行动学习"为导向的现代学徒制模式的工学结合教材。

本书摒弃了传统的教学模式,构建了学习成果蓝图,在蓝图的目标引导下,以实际项目为载体,以真实任务为学习情境,从项目理解到实施,从任务认领到落实,实现了以学生为中心的教学理念和方法。本书在编写过程中遵循实用、全面、简洁的原则,内容符合专业要求,语言精练准确,力求做到图文并茂。

全书共分为5个学习项目,24个学习任务。项目1"认知锅炉工程项目"包括锅炉系统认知、安装工程程序认知、制造工艺认知及工程项目招投标认知;项目2"锅炉工程项目招标"包括招标概述,招标条件和程序,招标文件编制,开标、评标与定标,招标公告等;项目3"锅炉工程项目投标"包括投标程序、投标决策、投标文件编制与递交,以及工程合同与管理,是本书的重点内容之一;项目4"锅炉工程项目质量检验"重点介绍锅炉质量检验方法及制造、安装过程的质量检验标准、控制点及方法等内容;项目5"锅炉工程项目质量验评"介绍锅炉工程验评总则、范围及验评方法。项目2,3以锅炉工程项目为载体,从招标到投标,详细阐述其过程、技巧和相关文件,通过学习使学生能够系统了解工程招投标的全貌;项目4,5通过了解锅炉制造、安装工艺,掌握质量控制点,熟悉质量检验方法,能够进行质量评定这一系列的学习,全面、完整地完成了热能专业全部内容。本书特点之一是整体上采用小理论、大实践,以成果为导向,以行动学习为手段的思想编排;特点之二是编者由校企双主体共同完成。为突出文件内容,本书部分内容采用仿宋字体。

参与本书编写的有黑龙江职业学院刘洋(项目1,5),黑龙江职业学院范海波(项目2,项目3任务1,2,3),黑龙江职业学院杜成华、大庆市粮食局赵卫东(项目4任务1,3),黑龙江职业学院孙忠民(项目4任务2)、哈尔滨红光锅炉集团有限公司刘介东(项目3任务4);密山市承子河中学杨殿美老师进行文字校核工作。

本书由黑龙江职业学院刘洋、范海波主编,由哈尔滨红光锅炉集团有限公司张福强、黑龙江职业学院宋海江主审。全书由刘洋统一定稿并完成文前、文后的内容。

本书在编写过程中,参考或引用了一些专家学者的论著,在此表示感谢。

由于编者水平有限,书中难免存在疏漏和不妥之处,敬请广大读者批评指正。

编　者
2020 年 1 月

成 果 蓝 图

学校核心能力	城市热能应用技术专业能力指标(专业代码:530202)
A 沟通合作 （协作力）	AZf1 具备有效沟通、团结协作的能力。 AZf2 具备整合热能工程及相关领域知识的能力
B 学习创新 （学习力）	BZf1 具备学习及信息处理的能力。 BZf2 具备节能技术创新意识及创业的能力
C 专业技能 （专业力）	CZf1 具备掌握热能工程领域所需技术的能力。 CZf2 具备锅炉制造工艺编制和设备使用、锅炉设备操作和故障诊断,进行锅炉制造、安装、运行、检修的能力
D 问题解决 （执行力）	DZf1 具备发现、分析热能工程领域实际问题的能力。 DZf2 具备解决热能工程领域实际问题及处理突发事件的能力
E 责任关怀 （责任力）	EZf1 具备责任承担、社会关怀的能力。 EZf2 具备环保意识和人文涵养
F 职业素养 （发展力）	FZf1 具备吃苦耐劳,恪守职业操守,严守行业标准的能力。 FZf2 具备岗位变迁及适应行业中各种复杂多变环境的能力

课程教学目标 （标注能力指标）	1. 能根据客户给定项目,阐述招投标类型。	EZf1
	2. 能根据客户给定条件,编制招投标文件。	EZf2
	3. 精熟招投标程序,模拟招投标现场进行招投标演练。	DZf2
	4. 能够利用检验工具,准确完成锅炉安装质量检验并出具报告。	EZf2
	5. 能根据锅炉验评标准,利用软件完成锅炉及附属设备安装质量验评报告。	EZf1
	6. 正确理解招标与投标的关系,能够为用户提供满意服务	EZf2

核心能力权重	沟通合作 （A）		学习创新 （B）		专业技能 （C）		问题解决 （D）		责任关怀 （E）		职业素养 （F）		合计
	5%		5%		75%		15%		0%		0%		100%

课程权重	AZf1	AZf2	BZf1	BZf2	CZf1	CZf2	DZf1	DZf2	EZf1	EZf2	FZf1	FZf2	合计
	5%	0%	0%	5%	25%	50%	0%	15%	0%	0%	0%	0%	100%

目录
CONTENTS

项目5　锅炉工程项目质量验评

项目 1 认知锅炉工程项目

▶ 项目描述 ⋯⋯⋯⋯⋯⋯⋯⋯⋯⋯⋯⋯⋯⋯⋯⋯⋯⋯⋯⋯⋯⋯⋯⋯⋯⋯⋯⋯•

工业锅炉广泛应用于现代生产和人民生活的各个领域,如化工、纺织、造纸、机械、食品加工、医药、建材等。生产工艺需要的大量蒸汽和热能,建筑物采暖通风需要的热能,均可由锅炉提供。

锅炉工程项目在各行各业的需求越来越广泛,其地位越来越高。锅炉工程项目包括锅炉钢结构工程,锅炉受热面安装工程,锅炉附属管道与设备安装工程,烟、风、煤管道及附属设备工程,锅炉燃油系统设备及管道安装工程,锅炉辅助机械安装工程,锅炉炉墙砌筑,管道与设备保温,油漆等。锅炉工程项目是一项复杂工程,涉及土建、机械、电气、仪表、焊接、采暖通风等多科;尤其设备的制造、安装工艺是特种设备工程,对质量、安全等要求严格。

工业锅炉的制造工艺包括材料入厂→画线、下料→卷板、弯管、钻孔→焊接→组装→水压→砌筑→包装→调试→出厂等。

工业锅炉的安装工艺包括施工准备→基础放线→钢结构安装→受热面安装→管路安装→水压试验→燃烧设备安装→辅机安装→烟风道、管道安装→电气安装→锅炉砌筑→锅炉试运行→安全阀调试→竣工验收等。

锅炉工程项目招标投标(简称招投标)是指建设单位或个人通过招标方式,将锅炉工程建设项目的勘察、设计、施工、材料设备供应、监理等业务,一次或分步发包,由具备相应资质的承包单位通过投标竞争的方式承接。

为保证工业锅炉的制造、安装质量和施工过程的合理性,施行锅炉工程项目招投标机制是最基本的保障。其一,通过招投标过程,保证了合法原则,进而有利于节省和合理使用资金,保证招标项目的质量;其二,通过招投标机制,实现了公开原则,避免腐败和不正当竞争,保证了工程质量和安全;其三,通过招投标机制,实现了公正原则,给价格、质量、服务能力强的企业机会,从而保证工程质量和安全。

本项目旨在精熟锅炉工程项目的构成。目的:通过模型、仿真手段认知锅炉系统的整体构成和理解锅炉安装工序、锅炉制造工艺。预期结果:以实现对锅炉工程项目招投标的认知和其在锅炉设备制造、安装、运行调节与维护中的重要地位。

▶ 教学环境 ⋯⋯⋯⋯⋯⋯⋯⋯⋯⋯⋯⋯⋯⋯⋯⋯⋯⋯⋯⋯⋯⋯⋯⋯⋯⋯⋯⋯•

教学场地是锅炉制造、安装模拟仿真实训室和锅炉模型实训室。学生利用多媒体教室进行理论知识的学习、小组工作计划的制订、实施方案的讨论等;利用实训室进行锅炉系统的认知和锅炉工程项目招投标模拟训练。

任务 1.1　锅炉系统认知

> **学习目标**

　　知识目标
　　1.了解锅炉系统的构成;
　　2.掌握锅炉安装工程模块组成。
　　能力目标
　　1.精准识读锅炉工程系统图;
　　2.熟练进行锅炉系统分类。
　　素质目标
　　1.能与小组成员密切配合完成认知学习;
　　2.养成自主学习的能力。

> **任务描述**

　　现有虎林清河泉生物质能源热电有限公司三台 SHL35 – 3.82/450 – S 型蒸汽锅炉、设备及系统安装任务;该锅炉原为 UG – 35/3.82 – M 型电站锅炉,经维修、改造为 35 t/h 燃烧稻壳的生物质锅炉(图 1 – 1,见书后插页);该项目主要工作范围包括锅炉及其附属设备工程,汽轮机、发电机组系统工程,电气工程,热工仪表与控制装置工程,化学水工程等;从性质上可以分为锅炉维修、改造工程→制造工艺;锅炉等设备与工艺安装工程→安装工艺;焊接、加工配制、管道工艺等其他类型系统工程。

> **知识导航**

　　锅炉是一种把煤炭、石油和天然气等能源所储藏的化学能转变为水或蒸汽热能的热力设备,也可以看作一个大的蒸汽发生器。锅炉作为热能动力设备已有 200 多年的历史,但是锅炉工业突飞猛进的发展却是近几十年的事情。国外的锅炉制造工业 20 世纪五六十年代发展最快,20 世纪 70 年代前后达到顶峰。我国的锅炉工业是中 1949 年后才建立和发展起来的,经过 70 多年的努力,现在不仅建有技术力量雄厚的电站锅炉制造和研究基地,还拥有规模庞大的工业锅炉生产厂家。

　　锅炉按用途可分为电站锅炉和工业锅炉。

　　电站锅炉:产生的蒸汽主要用于发电的锅炉。

　　工业锅炉:产生的蒸汽或热水主要用于工业生产工艺过程及采暖和生活用的锅炉。我国标准规定,工业锅炉的最高额定蒸汽压力为 2.45 MPa(表压),最大容量为 65 t/h。

　　锅炉设备由锅炉本体和辅助设备两大部分组成。其中,锅炉本体是锅炉设备的主体,它包括汽锅、炉子、蒸汽过热器、省煤器、空气预热器和炉墙构架等;辅助设备是为了维持锅炉的正常运行而设置的,它包括给水设备、通风设备、燃料供应和除灰设备、仪表和控制设备等,它们分别由相应的管路或机械、电子装置与锅炉本体相连接,构成各自的工作系统。

　　从锅炉的工作过程知道,锅炉运行首先是燃料的燃烧产生烟气,烟气与锅炉介质进行热交换,使介质工况产生变化,满足生产、生活需求;燃烧需要空气,烟气、空气需要流通(就像人的呼吸一样),介质工况变化需要流动(就像人体内的血液一样),介质在锅内运动是带压力的,锅炉筒体、管束等元件需要承受压力(就像人体的心脏和血管),而燃烧产生的烟气需要释放热量,介质工况变化需要吸收热量。

锅炉工程项目包括锅炉本体钢结构安装→锅炉受热面安装→锅炉附属管道及设备安装→烟、风、煤管道及附属设备安装→锅炉燃油器系统设备及管道安装→锅炉辅助机械安装→输煤设备安装→锅炉炉墙砌筑→热力设备及管道保温→设备及管道油漆等。

此外,锅炉工程项目还包括土建项目、电气装置、水处理系统、焊接工艺等多工种相关内容。

▶ 任务实施

根据给定任务,确定锅炉工程项目系统、设备及锅炉房构成元素(表1-1)。

表1-1　锅炉工程项目构成表

序号	名称	构成要素	特点	备注
1	系统			
2	设备			
3	锅炉房			

▶ 复习自查

1. 电站锅炉与工业锅炉有何区别?

2. 锅炉工程项目就是锅炉本体安装,对吗?

任务1.2　锅炉安装工程程序认知

▶ 学习目标

知识目标

1. 精熟锅炉安装工程流程;

2. 熟练掌握锅炉安装施工项目的划分。

能力目标

1. 准确编制锅炉安装工程流程图并确定质控点;

2. 精准分析锅炉安装工程并划分施工项目。

素质目标

1. 主动参与小组认知学习,完成安装项目分类;

2. 具备创新意识和运用新技术的能力。

➤ 任务描述

现有虎林清河泉生物质能源热电有限公司三台 SHL35 – 3.82/450 – S 型蒸汽锅炉、设备及系统安装任务;锅炉安装施工工艺流程如图 1 – 2 所示。锅炉安装工艺整体可以分为施工准备→钢结构安装→受热面安装→燃烧设备及辅助设备、管道、电气仪表安装→砌筑保温油漆→试运行→竣工验收等项目。

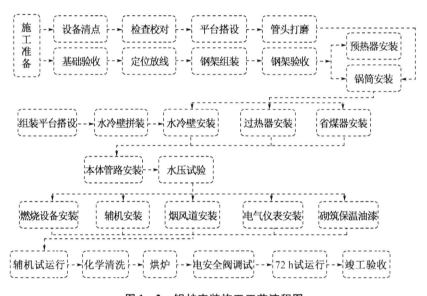

图 1 – 2　锅炉安装施工工艺流程图

➤ 知识导航

1.2.1　锅炉安装工程流程

锅炉安装工程是一项复杂而且需要具备一定专项条件的特殊工程。锅炉安装工程包括锅炉本体结构安装、锅炉安全附件安装、锅炉辅助设备安装、锅炉房管道系统安装四大部分;每一部分又由若干小项目构成。锅炉安装施工工艺流程如图 1 – 2 所示,整体上及每个单项上既要求具有一定的顺序,又要求节点分明,这是与其他工程项目施工的区别所在。

1. 锅炉本体结构安装施工

(1)锅炉安装具备的条件

锅炉安装应具备的条件包括开工报告资料审查和锅炉本体质量技术要求复查两部分内容。

资料审查分为安装资料审批、施工组织设计编制和锅炉出厂技术资料审查三项内容;安装资料审批标准以《锅炉安全技术监察规程》为准,审批的内容有锅炉房平面布置图、合同书、锅炉结构核查会审记录和锅炉安装审批手续几方面,其中锅炉安装审批手续必须具备锅炉平面布置图、工艺图、合同书、施工方案、锅炉专业相应级别安装许可证和锅炉出厂技术资料五要素。

施工组织设计是锅炉工程项目的技术标准和依据,其内容有工程概况、施工前的准备工作、零部件清点与保管、吊装方案、焊接方案(或胀接方案)、辅机安装方案、基础检查、砌筑或混凝土施工、水压试验、试运行、竣工资料和施工技术交底等。

锅炉出厂技术资料审查内容主要有质量证明书、强度计算书、锅炉总图、受压元件更改通知书、阀类口径安全计算书、热力计算书、安装使用说明书及产品清单等。

锅炉质量技术要求主要复查锅炉筒体、集箱、受热面管子和管子吊耳检查。

锅炉筒体复查表面质量、管孔、封头与人孔、筒体长度偏差、法兰管接头、管接头等项目的外观质量、几何尺寸、长度偏差、弯曲度、椭圆度、倾斜度、偏移和高度差等。

集箱复查拼接长度、吊耳偏差、法兰接头倾斜、偏移和高度差、集箱管接头倾斜、偏移和高度差等。

受热面管子复查管子拼接长度及对接焊缝长度、管子弯曲度偏差、蛇形管偏差等;此外,对管子对接焊缝接头和弯曲管需要做通球试验和放样检查。

管子吊耳复查吊耳板间距、吊耳板的径向或轴向位移和倾斜等。

(2)锅炉设备基础验收及钢结构安装

锅炉设备基础验收包括外观检查及复测混凝土设备基础偏差和基础定位画线两方面。定位画线的方法与步骤如下:锅炉及其他设备基础的中心线→炉墙边缘及锅炉横向基准线→钢柱位置轮廓线及中心线。定位与画线的验证标准主要有基础线与中心线相互垂直、钢柱和辅助设备的中心线偏差等。

钢架构件检查及校正包括安装前的检查和校正。钢架构件的检查及校正的目的一是保证安装质量及施工进度,二是保证锅炉安全运行。检查内容包括立柱、横梁长度偏差和弯曲度,平台、框架、护板、护板框的不平度及钢构架整体对角偏差、挠度等指标。校正方法有冷态校正和热态校正两种方法,钢架吊装、校正固定即指钢架组合→吊装→找正→校正→固定等程序。

平台、扶梯和托架安装是锅炉钢结构辅助设施的安装,其方法与钢结构相同。

(3)锅炉受热面安装

锅筒与集箱安装主要包括检查与画线→锅筒与集箱支座安装→锅筒吊装、找正→集箱位置固定与支撑几方面。检查与画线是安装工作是否顺利,安装质量与运行安全能否保证的关键,锅筒与集箱就位的准确度是后续受热面安装的前提条件。

受热面管子安装主要包括管子的检查与校正和焊接(或胀接)两个步骤,其中检查与校正是施工顺利与否的关键点,一般采用冷校和热校两种方法,保证管子的外形尺寸、弯曲度、不平度和椭圆度在允许偏差范围内。管子的安装方法有胀接与焊接两种,小管径管子一般采用胀接,一般情况下均采用焊接;焊接受热面管子要求对焊材和母材进行检查,对符合标准的进行施焊。

锅炉附加受热面安装包括过热器、空气预热器和省煤器的安装;辅助受热面安装一般分为组装和整体安装,安装中注意钢结构的定位与辅助受热面的定位相符合,保证烟气流通通道符合设计要求等。

(4)锅炉水压试验

水压试验的目的是对锅炉制造材质强度和在安装施工中各连接部位的严密性的检查。

水压试验的工作程序包括向锅炉内注水、按标准速度升压和降压、升压和降压过程中检查锅炉状况。

（5）锅炉炉墙砌筑

炉墙施工准备是锅炉砌筑质量的保障，主要有施工机具、砌筑材料、耐火材料和保温材料的准备。

砖砌炉墙施工方法与程序包括炉墙面砖的砌筑、拉钩砖砌筑、耐火砖砌筑、水冷壁护墙砖砌筑、悬挂砖砌筑、燃烧装置圆拱砖砌筑、悬挂砖、斜护墙砖砌筑、金属构件埋设等。

耐火混凝土施工内容包括材料准备、混凝土试块检验、浇灌混凝土模板的形成、耐火混凝土的拌制、耐火混凝土的浇灌。

（6）锅炉安装竣工验收

锅炉密封试验主要检查金属烟风道、空气预热器、除尘器等焊缝上是否发生渗漏；对于法兰处渗漏，应将螺栓松开，加垫片或石棉绳后重新紧固；对于炉门、孔处的漏风，应将接合面修平，往密封槽内装好密封材料；炉墙漏风应将漏风部分拆除，按砖缝标准保证灰浆饱满；膨胀缝与穿管处漏风要将石棉绳塞紧，尤其注意防止折焰墙处烟气短路。

锅炉烘炉流程：先将炉门、烟道闸板打开，启动引风机 5～10 min，将炉膛和烟道内的潮气及灰尘排除后停止引风。将木柴放在炉排前端的中间，不要与墙接触。把烟道闸板开启 1/6～1/5，使炉膛内保持微小的负压，点燃木材，小火烘烤，使烟气缓慢流动。燃烧强度逐渐加大，以过热器后边烟气温度为准进行调节控制。重型炉墙第一天温升不能超过 50 ℃，以后每天温升不超过 20 ℃，后期烟气温度不应高于 220 ℃；砖砌轻型炉墙，温升每天不超过 80 ℃，后期烟温不超过 160 ℃；耐火混凝土炉墙，温升每小时不超过 10 ℃，后期烟温不应高于 160 ℃，当达到 160 ℃后，持续时间不应少于 24 h，对于特别潮湿的炉墙应适当减慢温升速度。木柴烘炉约三天时间，三天以后逐渐添加煤炭燃料，开大引风闸门，逐步增加鼓风量加强燃烧，对于链条炉排要定期传动，防止炉排过烧而损坏。要按时记录温度读数，并且注意观察炉体膨胀情况、炉墙干燥情况，以便及时查出并处理异常情况。

锅炉煮炉程序与升压时间见表 1－2。

表 1－2　锅炉煮炉程序与升压时间

序号	煮炉程序	升压时间/h
1	加药	3
2	升压到 0.3～0.4 MPa 时，拧紧各螺母	3
3	维持 0.3～0.4 MPa，在负荷为额定负荷的 5%～10% 的情况下煮炉	12
4	降压并排污（排污量为 5%～10%）	1
5	升压到 75% 的工作压力，在负荷为额定出力的 5%～10% 的情况下煮炉	20
6	降压到 0.3～0.4 MPa，进行排污（排污量为 10%～20%）	2
7	升压到工作压力，在负荷为额定出力的 5%～10% 的情况下煮炉	20
8	维持工作压力，进行多次排污、换水，使炉水达到运行标准	24

锅炉试运行的工作内容包括人员分配到岗、点火升压；升压检查及补水；调整运行、认真巡视、做好记录；安全阀调整及定压。

锅炉质量监督及验收材料是锅炉安装竣工后，项目移交前的必备程序；验收方式及质量监督事项包括总体验收（72 h 试运行正常后由安装、建设、监督部门共同验收）、分段验收（一般以水压试验为分界点，每一阶段由安装、建设、监督部门共同验收）。

竣工验收资料除包括锅炉质量证明书等安装前技术资料、锅炉出厂资料外，主要包括锅炉工程项目施工过程中的质量检验记录，如图纸会审、基础验收复查、受热面安装、通球试验等一系列记录，俗称"工程内业"。

2. 锅炉安全附件安装施工

锅炉安全附件安装包括仪表安装和锅炉主要设备工艺系统监测仪表安装。其中仪表安装有水位计、压力表、温度计、流量计、差压计安装等；锅炉主要设备工艺系统监测仪表安装有安全阀与排气装置安装和锅炉运行监控报警装置安装。

仪表与安全附件安装原则一在选择，二在安装工艺。

3. 锅炉辅助设备安装施工

锅炉辅助设备包括锅炉风机、锅炉炉排、锅炉上煤除渣系统、锅炉给水设备、水处理设备和烟气除尘设备安装。

安装工艺包括基础验收→基础检查→设备吊装、就位→设备连接→设备找正、定位→设备试运行等。

4. 锅炉房管道系统安装施工

锅炉房管道系统安装流程：管道敷设→管道安装→管道附件及连接设备安装→管道支、托、吊架安装→管道设备的保温与防腐等。

管道施工重点在管道敷设安装位置、坡度与坡向、补偿器及焊缝位置等几方面。锅炉安装过程质量控制点见表 1 - 3。

表 1 - 3　锅炉安装过程质量控制点一览表

序号	安装过程	控制点	要求	参加单位	类别
1	施工技术准备	开工报告及施工告知书	工程开工前及时办理。审查开工条件，按质量技术监督部门开工条件检查内容，检查项目质保体系的建立、资源的配备、施工技术文件及技术管理、现场施工条件、安全技术措施等是否满足开工要求；向当地质量技术监督部门提交《特种设备安付改造维修告知书》	建设单位；特种设备监察机构；施工单位	H
		图纸会审及技术交底	1. 制造单位的制造资格许可证是否符合要求。 2. 总图上应有省(市)级以上技监部门锅炉设计审批签章。 3. 填写图纸会签记录。 4. 审查设计图纸资料齐全，可行性，图面清晰准确，技术标准明确、齐全。 5. 汇总资料审查中发现的问题，提交设计交底会议。 6. 理解设计意图，解决图样审查中发现的问题。 7. 联络单内容是否与设计交底一致；理解设计修改；图纸修改及时落图	建设单位；设计单位；施工单位工艺；责任师/责任人	W

表 1 - 3(续 1)

序号	安装过程	控制点	要求	参加单位	类别
1	施工技术准备	施工组织设计及施工方案	1.锅炉安装施工组织设计是全面指导准备和组织安装改造施工的综合文件,应符合法规、规范和标准要求。 2.采用的施工技术措施应使工程施工满足行业的相关要求。 3.符合企业及现场实际情况	施工单位各专业技术人员、工艺责任师/责任人	C
		技术交底	1.贯彻施工组织设计或施工方案,使参加施工的人员明确锅炉安装的技术要求及质量标准,清楚工艺方法,熟知保证质量和安全的各项措施,明确各岗位的职责。 2.做好交底记录		C
2	设备材料交接验收	锅炉部件数量清点及质量验收	1.建设单位和施工单位双方有关人员参加。 2.锅炉出厂随机合格证、质量证明书、图纸及相关文件齐全。 3.附属设备、零部件、备件等的规格、数量、型号与装箱单相符。 4.检查主要部件的质量、材质是否可靠。 5.复验合金材料准确无误。 6.甲方、乙方办理移交手续	建设单位; 设备厂家; 施工单位材料责任师/责任人	W
		外购材料的质量证明书、合格证	1.设备、材料、配件的规格、型号、材质符合设计和标准要求。 2.经检查验收合格后方可使用,做好验收记录。 3.设备、材料、配件等应有出厂合格证和质量证明书	施工单位材料责任师/责任人	C
3	基础验收	基础强度、相对位置、中心线标高	1.外观无蜂窝、麻面,强度达标。 2.外形尺寸不超标	建设单位; 施工单位检验责任师	H
4	基础画线	纵向基准线、横向基准线、对角线	基准明确,标注清楚,误差不超标	施工单位检验责任师	C
5	钢架组合安装	立柱组对、钢架组合、钢架安装、钢架焊接	审查钢架的几何尺寸、标高,焊接质量符合设计和规范要求	施工单位安装责任师/责任人	C
		整体质量复查	审查钢架的安装质量	建设单位; 特种设备监察机构; 施工单位	H

表1-3(续2)

序号	安装过程	控制点	要求	参加单位	类别
6	锅筒集箱安装	标高、水平度、相互距离、膨胀间隙	符合实际和规范要求	施工单位安装责任师/责任人	W
7	受热面部件安装	水冷壁安装检查	水冷壁几何尺寸、相互间距、焊接控制、冷拉尺寸	施工单位安装责任师/责任人	C
		过热器安装检查	检查自由端、管排间距,个别不平整度,边缘管与炉墙间隙,减温器检查		C
		空气预热器安装检查	几何尺寸检查,风压试验检查泄漏		C
		省煤器安装检查	组件宽度、对角线、联箱中心距蛇形管弯头端部长度,边管不垂直度,边缘管与炉墙间隙		C
		主要受压元、部件焊接,安装检查	按标准、规范要求检查焊接、安装质量		W
		安装前通球及封闭试验	受热面管的有效热交面积及管内清洁		C
		锅炉本体安装总检查	水压试验前按标准、规范要求进行总检查	建设单位;施工单位检验责任师	H
8	安全附件安装	检查和校验,一次仪表安装、安全附件	1. 热工仪表及控割装置安装应符合相关法规、规范和标准。 2. 安装前应进行校验,符合设计要求,符合现场的使用条件。 3. 管道、设备取源部件及一次仪表的安装开孔,孔口应圆滑。 4. 锅炉本体的安全附件(安全阀、压力表、水位计、测量装置)应有技术监督部门的检验合格证	施工单位安装责任师/责任人	C

表 1 – 3（续 3）

序号	安装过程	控制点	要求	参加单位	类别
9	受热面焊接	焊接材料、焊接工艺评定、焊工资格、焊接设备、焊接过程	1. 焊接材料应符合有关专业标准规定,应有产品合格证、质量证明书,进厂时有质检员验收,合格后方可使用。 2. 焊接材料应按要求保管。 3. 焊接材料按说明书要求进行烘干保温。 4. 应有满足锅炉安装施焊范围的焊接工艺评定。 5. 施焊焊工必须持有焊工合格证书,并从事考试合格项目范围内的施焊。严格执行焊接工艺,保证焊接质量。 6. 焊接设备的鉴定,符合设备完好条件。 7. 焊接坡口形式、尺寸及坡口设备、接头装配应符合图纸、工艺文件要求。 8. 焊缝外观检查合格。 9. 对需要返修的焊缝,应编制返修工艺,同一部位的返修不得超过两次,如超过两次必须报质保工程师批准。 10. 做好全过程施焊记录和检查记录存档备查	施工单位焊接责任师/责任人	W
		焊前预热、焊后热处理	符合标准、规范要求		W
		无损检测	按图纸、标准、规范要求进行检测(包括检测比率)	施工单位无损检测责任师	W
		理化检验	按图纸、标准、规范要求进行检测	施工单位理化责任师/责任人	W
10	附属设备安装	安装检查	检查设备安装是否符合相关标准	施工单位安装责任师/责任人	C
		单机试运	设备单体试验与联锁保护		W
11	水压试验	试压参数、介质、工具	1. 试压前检查。 2. 锅炉的汽、水系统及防腐装置要安装完毕。 3. 锅筒、集箱清理干净。 4. 水冷整管、对流管束及其他管子畅通。 5. 试压过程及结果符合《蒸汽锅炉安全技术监察规程》(简称《蒸规》)要求。 6. 做好水压试验记录	建设单位; 特种设备监察机构; 施工单位	H

表1-3(续4)

序号	安装过程	控制点	要求	参加单位	类别
12	砌筑	材料、膨胀间隙、几何尺寸	1. 耐火材料应符合设计图纸,必须有出厂合格证。 2. 搬运过程中应轻拿轻放,保证几何尺寸,棱角完整。 3. 易受潮和不定型耐火材料、耐火陶瓷纤维等制品,应存在防潮的库房内。 4. 施工成严格按照《工业炉砌筑工程施工及验收规范》进行	施工单位筑炉工艺责任师/责任人	W
13	燃烧设备安装	安装位置、调试	燃烧器的安装位置应找正,标高允许偏差为±5 mm,调风装置应灵活,点火时由燃烧器生产厂家派专业技术人员进行调试	施工单位安装责任师/责任人	C
14	电器仪表	安装、投运检查	电器、仪表动作准确,控制灵敏	施工单位电气责任师/责任人	C
15	烘炉、煮炉	燃料、升温、水质	1. 按照《工业锅炉安装工程施工及验收规范》(简称《锅炉规范》)的有关规定和烘炉、煮炉工艺进行。 2. 做好烘炉升温记录。 3. 做好煮炉期间锅水碱度变化记录和绘制升温曲线图。 4. 做好烘炉、煮炉记录	建设单位; 施工单位工艺责任师/责任人	W
16	锅炉试运行	蒸汽严密性试验	严密性试验合格	建设单位; 特种设备监察机构; 施工单位工艺责任师/责任人	H
		安全阀调整	安全阀动作正常,符合设计要求		H
		72 h试运行	1. 烘炉煮炉合格后,应做严密性检查和试验。 2. 安全阀调整后按《锅炉规范》和热态试运行方案进行带负荷连续试运行。 3. 做好锅筒、集箱的膨胀记录。 4. 做好试运行记录	建设单位; 施工单位工艺责任师/责任人	W
17	竣工验收及移交	工程质量、设备移交	1. 试运行合格后邀请质量技术监督局及建设单位办理工程总体验收手续。 2. 移交全部设备、备件、专用工具及资料。 3. 只有质量技术监督局批准的监检报告。 4. 施工技术资料齐全。 5. 提供整套锅炉及系统竣工图纸,技术文件及锅炉制造厂的合格证和质量证明书。 6. 设计变更文件或双方洽商记录。 7. 安装使用的各种材料	建设单位; 特种设备监察机构; 施工单位	H

注:C—控制点;W—见证点;H—停止点。

1.2.2 锅炉安装施工项目

锅炉安装施工项目包括锅炉本体钢结构安装→锅炉受热面安装→锅炉附属管道及设备安装→烟、风、煤管道及附属设备安装→锅炉燃油器系统设备及管道安装→锅炉辅助机械安装→输煤设备安装→锅炉炉墙砌筑→热力设备及管道保温→设备及管道油漆等。

锅炉本体钢结构安装指锅炉设备的骨架,即锅炉的"炉"组合、安装,包括钢架基础画线及垫铁安装→炉顶钢架安装→单根柱对接→钢架组合件组合→钢架组合件、立柱安装→炉顶钢架安装→单根横梁安装→柱脚二次灌浆→护板组合安装→密封装置安装→人孔门、看火门、防爆门安装→空气预热器组合、安装→平台、扶梯组合安装→灰渣室组合安装→灰斗组合安装→燃烧器安装等。

锅炉受热面安装指锅炉"锅"的组合、安装,包括汽包检查、画线→汽包安装→汽包内部装置安装→水冷壁、过热器安装→水冷壁、过热器组合件安装→锅炉本体管路安装→再热器安装→汽－水加热器组合、安装→锅炉联箱安装→省煤器组合、安装→吊挂管组合、安装→锅炉整体水压试验等。

锅炉附属管道及设备安装指锅炉的安全附件及管道,即"眼、鼻、耳"安装,包括锅炉附属管道→排污扩容器→蒸汽吹灰器→取样冷却器→加药装置→汽包液位计→安全阀→压力表→膨胀指示器等项目安装。

烟、风、煤管道及附属设备安装指锅炉的"呼吸"与"排泄"系统组合、安装,包括烟、风、煤管道→操作装置→原煤闸门→机械测粉装置→灭火装置→粗细粉分离器→水磨、电气、布袋除尘器→除尘器传动装置等设备、工艺项目安装。

锅炉燃油器系统设备及管道安装对于燃油锅炉指锅炉的燃料输送系统安装,对于燃煤锅炉指的是点火等辅助系统安装,包括油罐及附件→螺杆泵、柱塞泵、离心泵等→燃油加热器→过滤器等项目安装。

锅炉辅助机械安装指磨煤机→风机→给煤机→输粉机→空气压缩机→锅炉循环泵→灰浆泵输送锅炉煤、灰浆等的辅助设备项目安装。

输煤设备安装指燃煤锅炉单独的燃煤输送系统,包括拨煤机→筛煤机→碎煤机→卸煤机→皮带输煤机→磁铁分离器等项目安装。

锅炉炉墙砌筑指为锅炉穿上一层保暖的"外衣",包括水冷壁炉墙→过热器炉墙→省煤器炉墙→喷燃器炉墙→门、孔炉墙,灰渣室炉墙等,与锅炉钢架、燃烧设备共同构成了完整的"炉";此外,还包括输送管道的防磨混凝土和铸石板砌筑→除尘器铸石瓦砌筑等项目施工。

热力设备及管道保温指为防止散热损失,在锅炉附属设备与管道的表面添加一层保温材料,如同添加一件棉衣,包括管道→阀门→法兰→热设备等。

设备及管道油漆指为防止腐蚀,在设备、管道等表面刷涂一层油漆,包括设备与管道表面,设备与管道保温层、抹面层、防护层等。

锅炉安装施工项目的划分,一是为工程施工中质量检验进行标准界定,二是为后续锅炉安装质量验评进行项目分类。

▶ 任务实施

根据给定任务,分析锅炉安装工艺流程,确定本项目安装工艺流程,注意锅炉维修、改

造内容融入其中,完成如下任务:

1. 按照招投标原则,该锅炉工程项目是否适宜采用分包模式? 分包项目如何分类?
2. 按照项目流程,确定哪些项目需要外观检验。
3. 锅炉无损探伤与水压试验有何区别?

▶ 复习自查

1. 锅炉安装具备条件中有资料审查,为什么?
2. 锅炉安装质量检验为什么需要特种设备监察机构参与?
3. 锅炉施工项目与安装工艺有何异同?
4. 锅炉安装过程中有几个重要的控制节点?

任务1.3 锅炉制造工艺认知

▶ 学习目标

知识目标
1. 了解锅炉制造工艺的内涵;
2. 熟悉锅炉制造工艺流程。
能力目标
1. 掌握锅炉制造工艺类型划分;
2. 准确制定锅炉制造工艺。
素质目标
1. 能够创新学习方法来完善锅炉制造工艺流程;
2. 通过自主学习形成创新意识。

▶ 任务描述

现有虎林清河泉生物质能源热电有限公司三台 SHL35 – 3.82/450 – S 型蒸汽锅炉维修、改造任务;锅炉制造工艺流程如图 1 – 3 所示。锅炉制造工艺整体可以分为制造工艺和焊接工艺,具体有下料→卷筒、弯管→焊接→无损探伤→开孔→总装→水压试验等项目。改造后锅炉如图 1 – 4 所示(见书后插页)。

▶ 知识导航

1.3.1 锅炉制造工艺流程

锅炉主要由"锅"和"炉"构成。"锅"由锅筒和受热面组成,锅筒为钢板卷制加上封头焊接而成,受热面由各种形状的钢管组合而成。此外,锅炉上还有许多其他管件,如下降管、汽水连通管、排污管、给水管和蒸汽管等,各种集箱也多数是由大直径钢管制造的。"炉"由燃烧设备、炉墙围砌而成。因此,在锅炉制造中,"锅"中的封头、锅筒、管件的制造占很大比例,其他辅助设备的制造工艺也有一定比例。锅炉制造工艺主要包括下料工艺、设备制造工艺、焊接工艺和检验工艺。此外,还包括"炉"的砌筑工艺、设备组装工艺等。

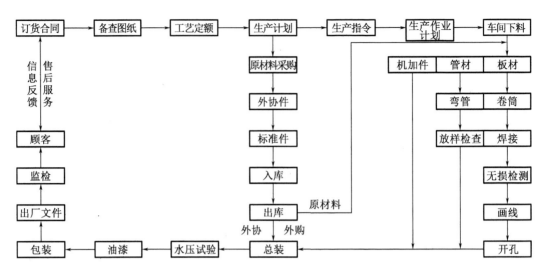

图1-3 锅炉制造工艺流程图

1.下料工艺

钢材的切割方法有三种:机械切割、火焰切割和等离子弧切割。这三种切割方法在工作原理、操作方法、经济效果等方面有很大差别。在锅炉制造中,三种切割方法都在一定条件下得到应用。

机械切割主要是利用机械装置对金属材料施加剪切力,使之被切割分离。在机器制造工业中,常用的各种剪切机械,如龙门式剪床、圆盘式剪床、各种冲剪机等均属于这一类。此外,各种锯床也属于机械切割。

火焰切割是依靠金属在氧气中燃烧形成氧化物,再利用高速气流将氧化物吹除,以达到切割分离金属的目的。火焰切割由于其成本低、切割速度快、设备简单等优点,在锅炉制造中得到十分广泛的应用。

等离子弧切割是依靠特制的割炬,产生极高温度的高速等离子焰流,使金属材料局部熔化而形成割缝。等离子弧切割在不锈钢及有色金属的切割中得到普遍应用。

2.设备制造工艺流程

封头的典型制造过程:原材料检验→画线(毛坯计算)→切割下料→封头毛坯拼焊(指用两块钢板拼接时)→铲除焊缝余高→射线探伤→毛坯成形→热处理→封头边缘余量切割加工→质量检验。

锅筒筒体有一定长度,一般由几段筒节组成。锅筒筒体的典型制造过程:原材料检验→画线→切割下料→筒节坯料拼焊→卷制成形→焊接筒节纵焊缝→筒节检验→装配并焊接筒体环焊缝→筒体检验。

锅炉的各种管件,虽然用途不同,形状不同,所用的材料也有差异,但制造加工的基本工序都是类似的。制造管件的主要工序:画线→切割下料→弯管→焊接→质量检验。

3.焊接工艺

在锅炉制造中,将几个零件或材料连接在一起的工艺方法有螺纹连接、铆接、胶接及焊接等。焊接是应用最广、最重要的金属材料连接方法。焊接是指通过加热或加压或两者并用,并且用或不用填充材料,使被焊材料达到原子间的结合,从而形成永久性连接的工艺。其中,被焊的材料(同种或异种)一般被称为母材或工件。

焊接这个概念至少包括三个方面的含义:一是焊接的途径,即加热或加压或两者并用;二是焊接的本质,即微观上达到原子间的扩散和结合;三是焊接的结果,即宏观上形成永久性的连接。

焊接与其他连接方法相比,具有如下优点:能减轻结构质量,节省金属材料;保证接头具有较好的密封性,可承受高压作用;成形工艺简单,生产效率高;实现不同材料间的连接成形,优化设计,节省贵重材料。

4. 检验工艺

锅炉制造检验工艺包括生产前检验、生产过程中的检验和产品检验三个阶段。

生产前检验的目的是预防或减少制造过程中产生各种缺陷的可能性,包括检查技术文件,如图纸、强度计算书、安装使用说明书、制造工艺规程与工艺卡片等是否齐备合理,原材料和焊接材料是否合乎基本要求。这一阶段的检验工作非常重要,对保证产品质量、防止产生缺陷和废品有很大作用。

生产过程中的检验,主要是在锅炉制造过程中检查各种设备和工夹具、胎具选用得是否正确,各种仪表是否指示灵敏,选用的生产工艺过程与规范,尤其是焊接规范是否合乎技术规定等。对冷作工艺与组装元件,制造偏差也应进行仔细检查,目的是防止缺陷的形成和及时发现缺陷。

产品检验包括锅炉构件的焊后检验和成品检验。针对具体结构应该用哪种方法检验,要根据产品结构形状特征与承受载荷情况,由设计部门决定。具体要求应符合《锅炉安全技术监察规程》和有关标准的规定。

成品检验特别重要,它是鉴定产品质量优劣的根据,因此应由工厂质检部门在实验室协助下进行。要详细填写检验记录、有关检验报告及无损探伤记录(包括底片)。检验记录应由制造厂按有关规定年限保存,或随产品移交给使用单位长期保存。

图1-5所示为SHL35-3.82/450-S型锅炉制造工艺流程及质量控制点流程图。从图中可以看出,在锅炉制造过程中除下料工艺、制造工艺和焊接工艺外,生产过程还包括产品的设计、制造工艺的编制、材料采购、产品销售、不合格品控制和产品检验等工艺,其中产品检验工艺包括外观检验、无损探伤、水压试验、理化检验等多种方法,可见检验工艺在锅炉制造过程中的重要意义。

由于检验工艺的重要性,在该锅炉制造工程项目中,按照《锅炉安全技术监察规程》及相关标准的规定,设计了25个主要质量控制点,每个控制点实行由质量管理工程师、设计责任工程师、标准化责任工程师、焊接责任工程师、探伤责任工程师、设备责任工程师、材料责任工程师、检验责任工程师等不同工种的工程师负责制。

1.3.2 锅炉制造工艺项目

按照锅炉制造工艺质量控制程序,对销售合同(图1-6)、锅炉设计(图1-7)、材料和采购(图1-8)、工艺设计(图1-9)、焊接控制(图1-10)、检验控制(图1-11)、无损探伤(图1-12)、理化试验(图1-13)、不合格品控制(图1-14)等几个关键节点进行了分解,形成了不同检验节点质量控制程序图。

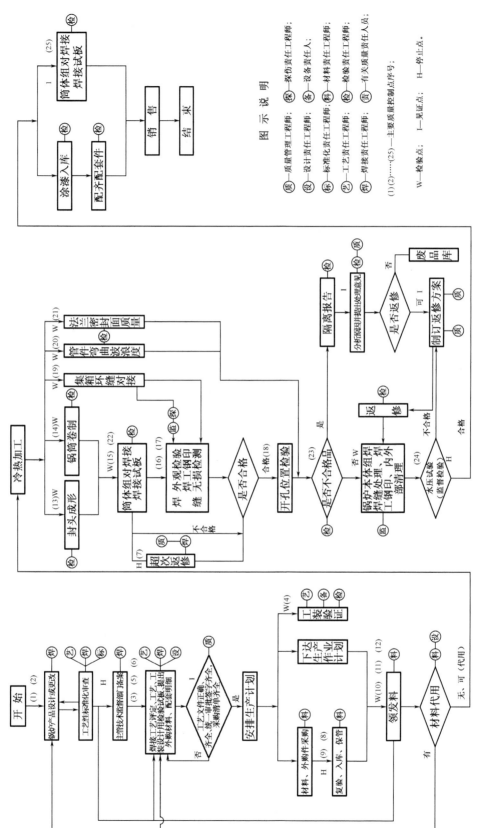

图1-5 锅炉制造工艺流程及质量控制点流程图

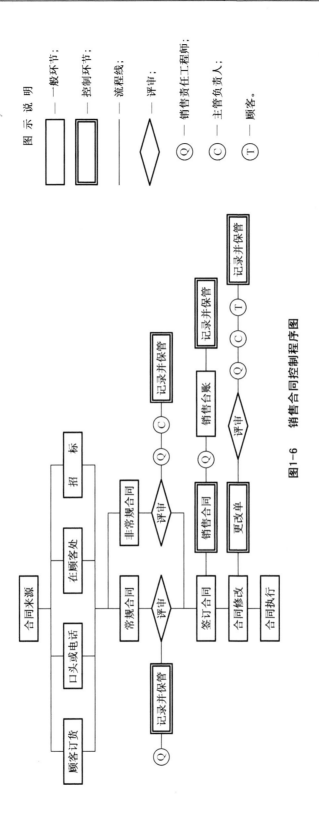

图1-6 销售合同控制程序图

图示说明

☐ ——一般环节；
▣ ——控制环节；
—— ——流程线；
◇ ——评审；
Ⓠ ——销售责任工程师；
Ⓒ ——主管负责人；
Ⓣ ——顾客。

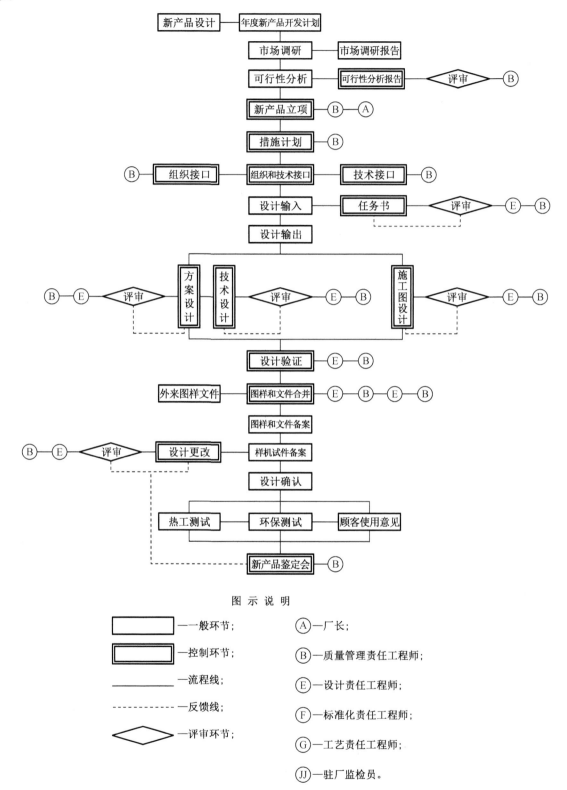

图 示 说 明

▭ ——一般环节;	Ⓐ—厂长;
▤ ——控制环节;	Ⓑ—质量管理责任工程师;
—— ——流程线;	Ⓔ—设计责任工程师;
------ ——反馈线;	Ⓕ—标准化责任工程师;
◇ ——评审环节;	Ⓖ—工艺责任工程师;
	ⓙⓙ—驻厂监检员。

图 1-7　锅炉设计控制程序图

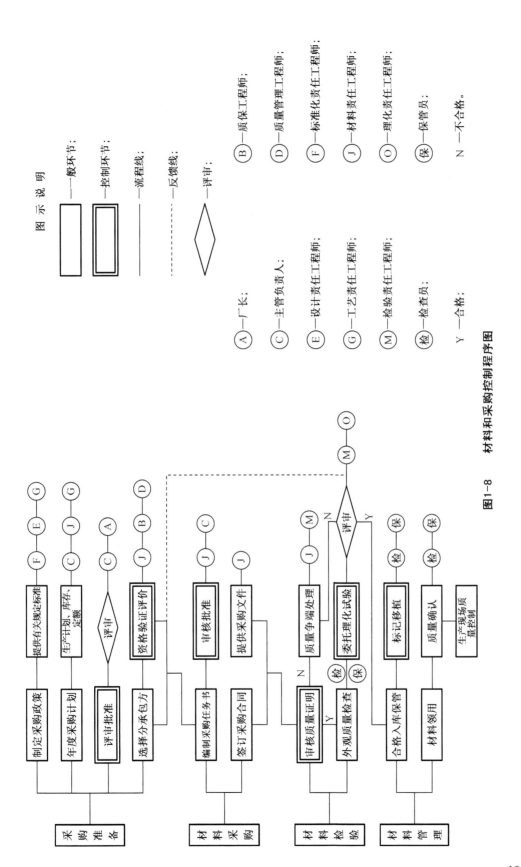

图1-8　材料和采购控制程序图

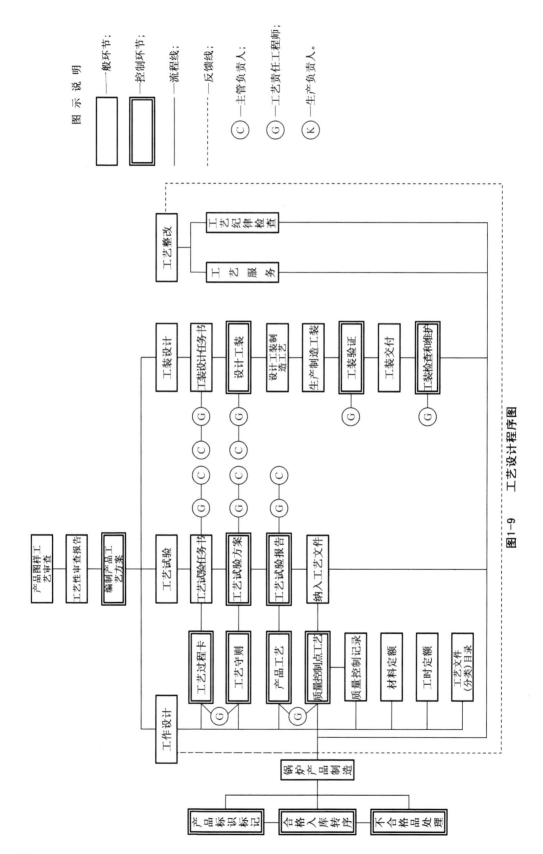

图1-9 工艺设计程序图

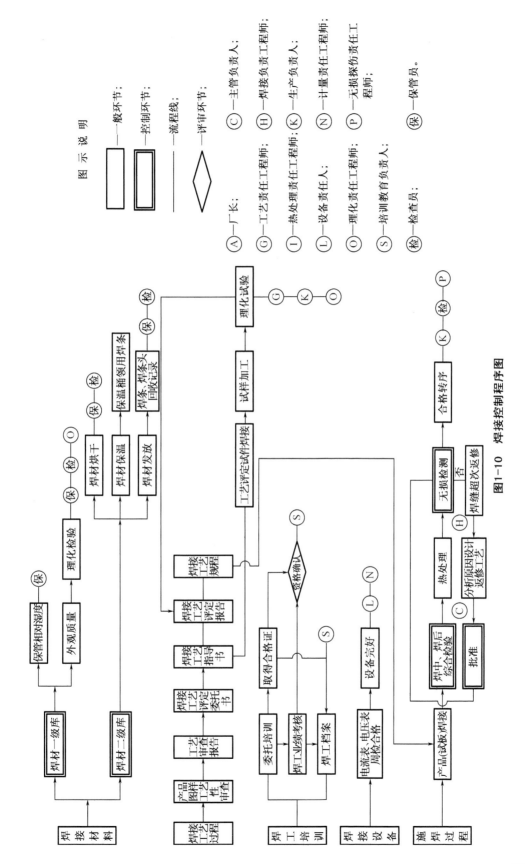

图1-10 焊接控制程序图

图 示 说 明

—— 一般环节；

—— 控制环节；

—— 流程线；

◇—— 评审环节；

Ⓐ—厂长；　　　　　　　Ⓒ—主管负责人；

Ⓖ—工艺责任工程师；　　Ⓗ—焊接负责工程师；

Ⓘ—热处理责任工程师；　Ⓚ—生产负责人；

Ⓛ—设备责任人；　　　　Ⓝ—计量责任工程师；

Ⓞ—理化责任工程师；　　Ⓟ—无损探伤责任工程师；

Ⓢ—培训教育负责人；　　Ⓟ—保管员。

Ⓒ—检查员；

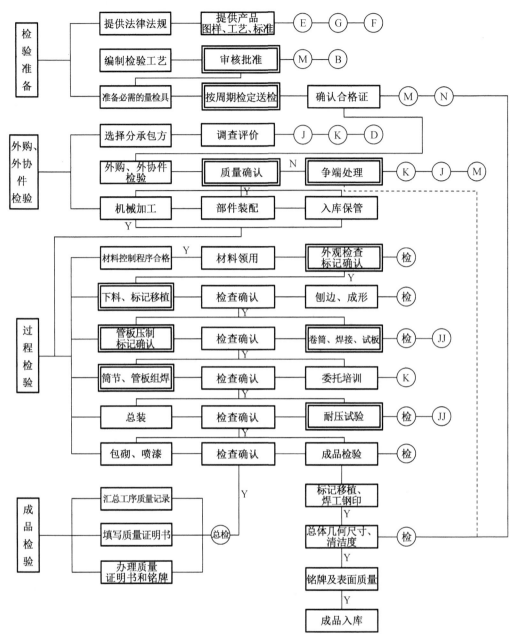

图 示 说 明

一般环节；□—控制环节；———流程线；--------反馈线

Ⓑ—质保工程师；　Ⓓ—质量管理工程师；　Ⓔ—设计责任工程师；　Ⓕ—标准化责任工程师；

Ⓖ—工艺责任工程师；　Ⓙ—材料管理责任人；　Ⓚ—生产责任人；　Ⓞ—检验责任工程师；

Ⓝ—计量责任工程师；　ⒿⒿ—驻厂监检员；　总检—总检察员；　检—检查员。

图 1−11　检验控制程序图

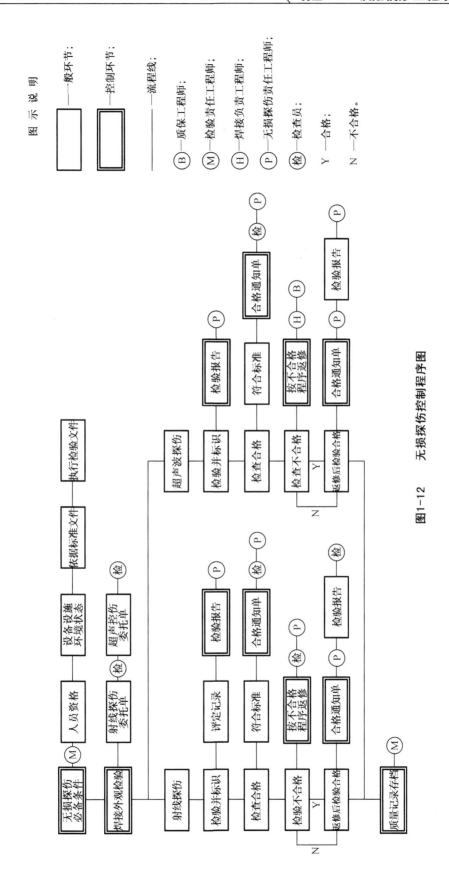

图1-12 无损探伤控制程序图

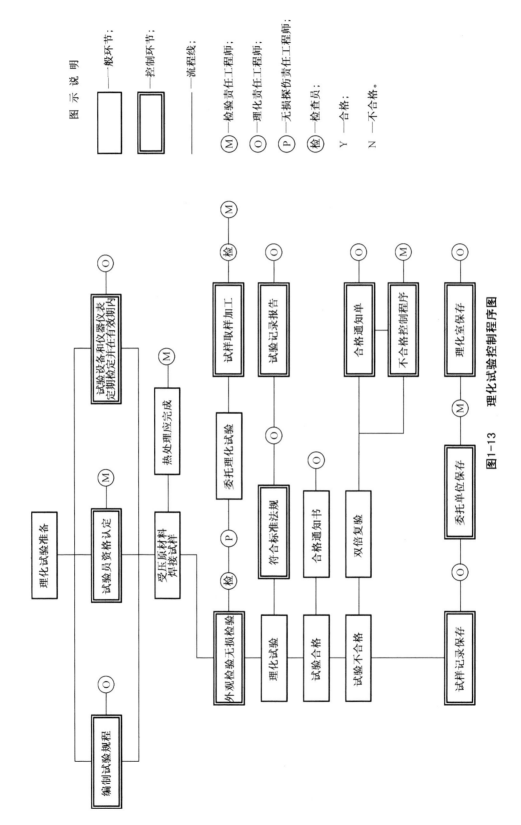

图1-13　理化试验控制程序图

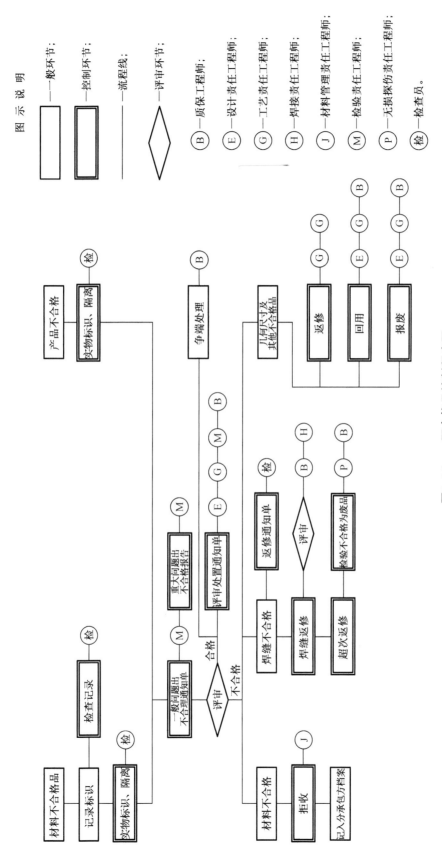

图1-14 不合格品控制程序图

▶ **任务实施**

根据给定任务,分析该锅炉的结构组成和特点,按照锅炉制造工艺流程的基本要求和专业基础理论,完成如下任务:

1. 确定给定锅炉有几个制造单元,并结合工艺流程确定每个单元的工艺;
2. 绘制锅炉维修、改造工艺流程框图;
3. 按照锅炉制造检验要求绘制框图,确定锅炉维修、改造质量控制点;
4. 绘制表格确定弯管外观检验的主要检验内容。

▶ **复习自查**

1. 锅炉有几种制造工艺?
2. 锅炉制造与锅炉安装有何关系?
3. 无损探伤与水压试验的目的相同吗?
4. 锅炉制造工艺中为什么要求有质量控制点?

任务 1.4　锅炉工程项目招投标认知

▶ **学习目标**

知识目标

1. 了解锅炉工程项目招投标概况;
2. 解析锅炉工程项目招投标的原则。

能力目标

1. 解析锅炉招投标项目的分类;
2. 熟练进行锅炉工程项目招投标定位。

素质目标

1. 具备创新意识和协作能力;
2. 通过自主学习意识形成学会学习的理念。

▶ **任务描述**

现有虎林清河泉生物质能源热电有限公司三台 UG – 35/3.82 – M 型电站锅炉拟维修、改造为 35 t/h 燃烧稻壳的生物质锅炉。该项目主要工作范围包括锅炉及其附属设备工程,汽轮机、发电机组系统工程,电气工程,热工仪表与控制装置工程,化学水工程等。项目实行公开招标。

▶ **知识导航**

1.4.1 锅炉工程招投标发展历史

我国工业锅炉发展至今,已经历了半个多世纪,由最初的直接进口锅炉,逐步转向自行设计、制造,这期间经历了 10 多年的历程。中国地域辽阔、人口众多,约占世界五分之一的人口,经济发展经过了多次高潮,特别是进入 20 世纪 80 年代以后,中国的经济发生了突飞猛进的变化,锅炉行业更加突出,全国锅炉制造企业增加近二分之一,并形成了独立开发研制一代又一代新产品的能力,产品的技术性能已接近发达国家水平。

中华人民共和国成立至 20 世纪 70 年代末,我国建筑业一直都采取行政手段指定施工单位、层层分配任务的方法。这种计划分配任务的方法,在当时对促进国民经济全面发展起到了重要作用,为我国的社会主义建设做出了重大贡献。随着社会的发展,这种方式已不能满足飞速发展的经济需要。为此,我国的建筑工程招投标工作经过了三个阶段,立法建制已初具规模,并形成基本框架体系,推动我国建筑工程招投标制度的发展。

第一阶段:观念确立的试点(1980—1983 年)。1980 年,根据国务院"对一些适宜承包的生产建设项目和经营项目,可以试行招标投标的办法"的精神,我国的吉林省吉林市和经济特区深圳市率先试行招标投标,效果良好,在全国产生了示范性的影响。1983 年 6 月,原城乡建设环境保护部颁布了《建筑安装工程招标投标试行办法》,它是我国第一个关于工程招标投标的部门规章,对推动全国范围内实行此项工作起到了重要作用。

第二阶段:大力推行(1984—1991 年)。1984 年 9 月,国务院制定颁布了《关于改革建筑业和基本建设管理体制若干问题的暂行规定》,规定了招标投标的原则办法,要改革单纯用行政手段分配建设任务的老办法,实行招标投标。由发包单位择优选定勘察设计单位、建筑安装企业,同时要求大力推行工程招标承包制,1984 年 11 月,原国家计委和原城乡建设环境保护部联合制定了《建筑工程招标投标暂行规定》。

第三阶段:全面推开(1992—1999 年)。1999 年 8 月 30 日,全国人大九届十一次会议通过了《中华人民共和国招标投标法》,并于 2000 年 1 月 1 日起施行。这部法律的颁布实施,标志着我国建筑工程招标投标步入了法制化的轨道。对于规范投、融资领域的招标投标活动,保护国家利益、社会利益和招标投标活动当事人的合法权益,保证项目质量,降低项目成本,提高项目经济效益,具有深远的历史意义和重大的现实意义。

锅炉工程招投标制在我国虽然起步较晚,但发展很快。在建筑招投标基础上基本上形成了锅炉工程项目招投标体系,与建筑工程招投标体系相融合,而且已基本形成了一套完善的体制。

近年来由于市场竞争的加剧,锅炉销售出现竞相压价、恶性竞争的态势,有些企业以低于产品成本价格进行市场竞争,导致企业经济效益大幅下降,发展实力严重削弱。加之在产品销售过程中人为因素和"关卡"太多,增加了企业负担。

实行招投标制,使工业锅炉制造企业以市场为导向、产品为龙头进行技术升级改造和推广,提高了企业满足市场需求的快速工艺反应能力和工艺制造水平,保证了产品的设计和制造质量,切实提高了产品质量。同时,工业锅炉制造企业全面贯彻质量管理体系标准,严格过程控制和管理,提高企业的市场竞争能力。

实行招投标制,企业作为市场竞争的主体,一方面按市场规律参与市场竞争,自律市场行为,更主要的是应该通过产品创新、管理创新,挖掘潜力,降低成本,提高企业核心竞争力,通过特色产品占领市场,为销售创造一个良好的"公正、公平、公开"的竞争环境。

1.4.2 锅炉工程招标投标概念与分类

1. 锅炉工程招标投标概念

锅炉工程招标是指招标人(或发包人)将拟建工程对外发布信息,吸引有承包能力的单位参与竞争,按照法定程序优选承包单位的法律活动。

招标是招标人通过招标竞争机制,从众多投标人中择优选定一家承包单位作为锅炉工程项目承建者的一种商品的交易方式。

锅炉工程投标是指投标人(或承包人)根据所掌握的信息,按照招标人的要求参与投标竞争,以获得锅炉工程承包权的法律活动。

锅炉工程招标投标是指参建单位或个人(即业主或项目法人)通过招标的方式,将锅炉工程建设项目的勘察、设计、施工、材料设备供应、监理等业务,一次或分步发包,由具有相应资质的承包单位通过投标竞争的方式承接。

整个招标投标过程有招标、投标和定标(决标)三个主要阶段。招标是招标人(建设单位)向特定或不特定的人发出通知,说明锅炉工程的具体要求及参加投标的条件、期限等,邀请对方在期限内提出报价的过程。然后根据投标人提供的报价和其他条件选择对自己最有利的投标人作为中标人,并与之签订合同。如果招标人对所有的投标条件都不满意,也可以全部拒绝,宣布招标失败,并可另择日期,重新进行招标活动,直至选择最为有利的对象(称中标人)并与之达成协议,锅炉工程招标投标活动即结束。

2.锅炉工程招标投标分类

锅炉工程招标投标的目的是在工程建设中引入竞争机制,择优选定勘察、设计、设备安装、材料设备供应、监理和工程总承包单位,以缩短工期、提高工程质量和节约建设资金。

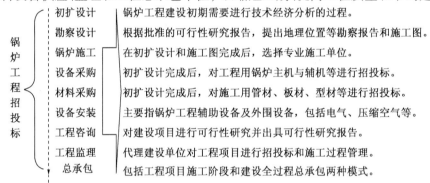

锅炉工程项目招投标的分类方式多种多样,按照不同的分类标准可以分为不同的类型。

(1)按锅炉工程建设程序分类

按工程建设程序,可将锅炉工程招投标分为前期咨询招投标、工程勘察设计招投标、材料设备采购招投标和施工招投标。

(2)按锅炉工程项目承包范围分类

按锅炉工程项目承包范围,可将锅炉工程招投标分为总承包招投标、阶段性招投标、设计施工招投标、工程分承包招投标及专项工程承包招投标。

(3)按锅炉工程承包发包模式分类

按锅炉承包发包模式,可将锅炉工程招投标分为工程咨询承包、交钥匙工程承包、设计施工承包、设计管理承包、BOT 工程模式等。

3.锅炉工程各阶段招标投标的特点

锅炉工程招标投标的总特点如下:

(1)通过竞争机制,实行交易公开。

(2)鼓励竞争、防止垄断、优胜劣汰,实现投资效益;杜绝不正之风,保证交易的公正和公平。

(3)通过科学合理和规范化的监管机制与运行程序,可有效地杜绝不正之风,保证交易公正和公平。

但由于各类锅炉工程招标投标的内容不尽相同,因而它们有不同的招标投标意图或侧重点,在具体操作上也有细微差别,体现出不同的特点。

(1)工程勘察设计阶段招标投标的特点。

①有批准的项目建议书或者可行性研究报告、规划部门同意的用地范围许可文件和要求的地形图。

②采用公开招标或邀请招标方式。

③申请办理招标登记,招标人自己组织招标或委托招标代理机构代理招标,编制招标文件,对投标单位进行资格审查,发放招标文件,组织勘查现场和进行答疑,投标人编制和递交投标书,开标、评标、定标,发出中标通知书,签订勘察合同。

④在评标、定标上,着重考虑勘察方案的优劣,同时也考虑勘察进度的快慢,勘察收费依据与取费的合理性、正确性,以及勘察资历和社会信誉等因素。

(2)工程设计招标投标的主要特点。

①在招标的条件、程序、方式上与勘察招标相同。

②在招标的范围和形式上,主要实行设计方案投标,可以是一次性总招标,也可以分单项、分专业招标。

③在评标、定标上,强调把设计方案的优劣作为择优、确定中标的主要依据,同时也考虑设计经济效益的好坏、设计进度的快慢、设计费报价的高低及设计资历和社会信誉等。

④中标人应承担初步设计和施工图设计,经招标人同意也可以向其他具有相应资格的设计单位进行一次性委托分包。

(3)施工招标投标的特点。

锅炉工程施工是指把设计图纸变成预期的产品的活动。施工招标投标是目前我国锅炉工程招标投标中开展得比较早、比较多、比较好的一类,其程序和相关制度具有代表性、典型性,甚至可以说,锅炉工程其他类型的招标投标制度,都是承袭施工招标投标制度而来的。其特点主要是:

①在招标条件上,比较强调建设资金的充分到位。

②在招标方式上,强调公开招标、邀请招标,议标方式受到严格限制甚至被禁止。

③在投标评标、定标中要综合考虑价格、工期、技术、质量、安全、信誉等因素,价格因素所占分量比较突出,可以说是关键一环,常常起决定性作用。

(4)工程建设监理招标投标的特点。

工程建设监理是指具有相应资质的监理单位和监理工程师,受建设单位或个人的委托,独立对工程建设过程进行组织、协调、监督、控制和服务的专业化活动。工程建设监理招标投标的主要特点如下:

①在性质上属工程咨询招标投标的范畴。

②在招标的范围上,可以包括工程建设过程中的全部工作,如项目建设前期的可行性研究、项目评估等,项目实施阶段的勘察、设计、施工等,也可以只包括工程建设过程中的部分工作,通常主要是施工监理工作。

③在评标、定标上,综合考虑监理规划(或监理大纲)、人员素质、监理业绩、监理取费、检测手段等因素,但其中最主要的考虑因素是人员素质,其所占比重较大。

（5）材料设备采购招标投标的特点。

锅炉工程材料设备是指用于锅炉工程的各种材料和设备。材料设备采购招标投标的主要特点如下：

①在招标形式上，一般应优先考虑在国内招标。

②在招标范围上，一般为大宗的而不是零星的锅炉工程材料设备采购，如锅炉、水处理等的采购。

③在招标内容上，可以就整个工程建设项目所需的全部材料设备进行总招标，也可以就单项工程所需材料设备进行分项招标或者就单件（台）材料设备进行招标，还可以进行从项目的设计，材料设备生产、制造、供应和安装调试到试用投产的工程技术材料设备的成套招标。

④在招标中，一般要求做标底，标底在评标、定标中具有重要意义。

⑤允许具有相应资质的投标人就部分或全部招标内容进行单独投标，也可以联合投标，但应在投标文件中明确一个总牵头单位承担全部责任。

（6）工程总承包招标投标的特点。

简单来说，工程总承包是指对工程全过程的承包。按其具体范围可分为三种情况。

第一种是对工程建设项目从可行性研究（勘察设计、材料设备采购、施工、安装）直到竣工验收、交付使用、质量保修等的全过程实行总承包，由一个承包商对建设单位或个人负总责，建设单位或个人一般只负责提供项目投资、使用要求，以及竣工、交付使用期限。这也就是所谓的交钥匙工程。

第二种是对工程建设项目实施阶段从勘察、设计、材料设备采购、施工、安装直到交付使用等的全过程实行一次性总承包。

第三种是对整个工程建设项目的某一阶段（如施工）或某几个阶段（如设计、施工、材料、设备采购等）实行一次性总承包。工程总承包招标投标的主要特点如下：

①它是一种带有综合性的全过程的一次性招标投标。

②投标人在中标后应当自行完成中标工程的主要部分（如锅炉本体等），对中标工程范围内的其他部分，经发包方同意，有权作为招标人组织分包招标投标或依法委托具有相应资质的招标代理机构组织分包招标投标，并与中标的分包投标人签订工程分包合同。

③分承包招标投标的运作一般按照有关总承包招标投标的规定执行。

1.4.3 锅炉工程招投标原则与意义

1. 锅炉工程招投标基本原则

（1）合法原则。

合法原则是指锅炉工程招标投标主体的一切活动，必须符合法律、法规、规章和有关政策的规定。

①主体资格要合法。

招标人必须具备一定的条件才能自行组织招标，否则只能委托具有相应资格的招标代理机构组织招标；投标人必须具有与其投标的工程相适应的资质等级，并经招标人资格审查，报锅炉特种设备监察机构进行资格复查。

②活动依据要合法。

招标投标活动应按照相关的法律、法规、规章和政策性文件开展。

③活动程序要合法。

锅炉工程招标投标活动的程序，必须严格按照有关法规的要求进行。当事人不能随意增加或减少招标投标过程中某些法定步骤或环节,更不能颠倒次序、超过时限、任意变通。

④对招标投标活动的管理和监督要合法。

锅炉工程招标投标管理机构必须依法监管、依法办事,不能越权干预招(投)标人的正常行为或对招(投)标人的行为进行包办代替,也不能懈怠职责、玩忽职守。

(2)公开、公平、公正原则。

①公开原则。

锅炉工程招标投标活动应具有较高的透明度。

a. 锅炉工程招标投标的信息公开。通过建立和完善锅炉工程项目报建登记制度,及时向社会发布锅炉工程招标投标信息,让有资格的投标者都能接收到同等的信息。

b. 锅炉工程招标投标的条件公开。什么情况下可以组织招标,什么机构有资格组织招标,什么样的单位有资格参加投标等,必须向社会公开,以便于社会监督。

c. 锅炉工程招标投标的程序公开。在锅炉工程招标投标的全过程中,招标单位的主要招标活动程序、投标单位的主要投标活动程序和招标投标管理机构的主要监管程序必须公开。

d. 锅炉工程招标投标的结果公开。哪些单位参加了投标,最后哪个单位中了标,应当予以公开。

②公平原则。

所有的投标人在锅炉工程招标投标活动中,享有均等的机会,具有同等的权利,履行相应的义务,任何一方都不应受歧视。

③公正原则。

在锅炉工程招标投标活动中,按照同一标准实事求是地对待所有的投标人,不偏袒任何一方。

(3)诚实信用原则。

诚实信用原则是指在锅炉工程招标投标活动中,招(投)标人应当以诚相待,讲求信义,实事求是,做到言行一致,遵守诺言,履行成约,不得见利忘义,投机取巧,弄虚作假,隐瞒欺诈,损害国家、集体和其他人的合法权益。诚实信用原则是市场经济的基本前提,是锅炉工程招标投标活动中的重要道德规范。

2. 锅炉工程招标投标的意义

实行招投标制,其最显著的特征是将竞争机制引入交易过程。与采用直接交易方式等非竞争性的交易方式相比,实行招投标制具有明显的优越性,主要表现在以下几个方面:

(1)招标人通过对各投标竞争者的报价和其他条件进行综合比较,从中选择报价低、技术力量强、质量保障体系可靠、具有良好信誉的承包商、供应商或监理单位、设计单位作为中标者,与其签订承包合同、采购合同、咨询合同,有利于节省和合理使用资金,保证招标项目的质量。

(2)招标投标活动要求依照法定程序公开进行,有利于遏制承包活动中行贿受贿等腐败和不正当竞争行为。

(3)有利于创造公平竞争的市场环境,促进企业间公平竞争。采用招投标制,对于供应商、承包商来说,只能通过在价格、质量、服务等方面展开竞争,以尽可能充分满足招标人的要求,取得商业机会,体现了在商机面前人人平等的原则。

当然,招标方式与直接发包方式相比,也有程序复杂、费时较多、费用较高等缺点。因此,有些发包标的物价值较低或采购时间紧迫的交易行为,可不采用招投标方式。

▶ **任务实施** ●⋯⋯⋯⋯⋯⋯⋯⋯⋯⋯⋯⋯⋯⋯⋯⋯⋯⋯⋯⋯⋯⋯⋯●

　　根据给定任务,分析该锅炉工程项目类型和特点,结合自身资质状况,完成如下任务:
　　1.确定该锅炉工程项目承发包的内容。
　　2.选择该锅炉工程项目合理的承发包方式。

▶ **复习自查** ●⋯⋯⋯⋯⋯⋯⋯⋯⋯⋯⋯⋯⋯⋯⋯⋯⋯⋯⋯⋯⋯⋯⋯●

　　1.说明锅炉工程项目招投标的"交钥匙"工程范围。
　　2.阐述锅炉工程招投标的基本原则。
　　3.工程招投标是一种商业行为,为什么必须诚实守信?
　　4.工程总承包与交钥匙工程有何区别?

▶ **项目评量** ●⋯⋯⋯⋯⋯⋯⋯⋯⋯⋯⋯⋯⋯⋯⋯⋯⋯⋯⋯⋯⋯⋯⋯●

　　学生任务评量见表1-4。

表1-4　"认知锅炉工程项目"学生任务评量表

各位同学:

1.教师针对下列评量项目并依据"评量标准",从 A、B、C、D、E 中选定一个对学生操作进行评分,学生在教师评价前进行自评,但自评不计入成绩。

2.此项评量满分为100分,占学期成绩的10%。

评量项目	学生自评与教师评价(A～E)	
	学生自评分	教师评价分
1.平时成绩(20分)		
2.实作评量(40分)		
3.任务完成(20分)		
4.课堂表现(20分)		

▶ **项目小结** ●⋯⋯⋯⋯⋯⋯⋯⋯⋯⋯⋯⋯⋯⋯⋯⋯⋯⋯⋯⋯⋯⋯⋯●

　　本项目的学习从锅炉工程项目认知→锅炉安装工程程序认知→锅炉制造工艺认知着手,系统阐述锅炉工程招投标与验评需要了解的内容。

　　本项目的特点以锅炉工程项目流程→锅炉安装工艺流程→锅炉制造工艺流程为抓手,全面描述锅炉工程招投标与验评的程序。

　　本项目的学习重点按照锅炉安装过程质量控制点→锅炉制造过程质量控制点为切入点,通过实际操作掌握锅炉招投标与验评的节点。

　　项目的内容均采用理论与实际相结合的原则,项目内容均来自生产实践;学习方法也以实际操作为主,辅以理论的支撑,全面、系统地了解锅炉招投标与验评学习的内容和重点。

项目 2　锅炉工程项目招标

> **项目描述** ....●

　　锅炉工程项目招标一般采用项目总承包,即俗称的"交钥匙"工程;此外,对于锅炉工程项目较大的体系,可以采用分项目招标,一般包括工程勘察设计招标,工程材料和设备供应招标,工程施工招标及监理招标等。招标方式有公开招标和邀请招标两类。

　　锅炉工程项目招标条件和程序要求有很多,如招标条件要求招标人必须是法人资格,具有经济、技术、管理人员等;锅炉项目施工招标的程序包括项目报建→项目审批→招标申请→文件编制→标的编制,这一系列流程主要由招标单位完成;接着发布资格预审与招标公告→资格预审→发售标书→现场勘查和预备→投递标书,这一系列流程由招标与投标方共同完成;最后开标→评标→定标→签订合同,由招标方协调或第三方机构完成。

　　锅炉工程项目的招标文件是项目的纲领性文件,是招标、投标及实施过程中必须遵守的,具有法律约束力的文件;其按照相应法规、锅炉安全技术监察规程进行编写,主要包括投标须知→合同条款→……→工程量清单等具体内容和投标函、商务标、技术标与资质标等。

　　锅炉工程项目的开标、评标与定标是整个招投标的落实阶段,开标即在招标文件规定的提交投标文件截止时间的同一时间,按招标文件规定地点、方式进行投标文件的检查,宣读等;评标即根据评标文件的规定和要求,对投标文件所进行的审查、评审和比较;定标即招标人按照评标委员会的推荐结果,确定中标人并履行相关手续后,发布中标通知书。

　　从招标人发布招标公告开始,投标人就要注意公告中的邀请书内容,包括资格预审、招标时间节点等;在开标、评标与定标过程中,要灵活掌握工程底价的策略性。

　　本项目旨在引领学生熟悉锅炉工程项目招投标意义,了解工程项目施工招投标条件与程序,掌握招投标文件编制内容,精熟工程项目开标、评标与定标流程及技巧。

　　目的:借助现场情景模拟,理解招投标过程;通过真实招投标文件的观摩理解,能够解析工程项目招投标的内涵。预期结果:实现对锅炉工程项目招投标文件编写和软件应用。

> **教学环境** ....●

　　教学场地是锅炉制造模拟仿真实训室和锅炉模型实训室。学生利用多媒体教室进行理论知识的学习、小组工作计划的制订、实施方案的讨论等;利用实训室进行锅炉招投标条件与程序、文件编制及开标、评标与定标过程的认知和训练。

任务2.1　锅炉工程项目招标概述

▶ 学习目标

知识目标

1. 解析锅炉工程项目招标的类型；

2. 善于灵活运用锅炉工程项目招标方式。

能力目标

1. 明确界定锅炉项目招标的范围；

2. 熟悉招标代理流程并制订方案。

素质目标

1. 具备建构招标模型理念以展现尽责的态度和涵养；

2. 建立创新学习习惯。

▶ 任务描述

现有某生物质能源热电有限公司三台 UG－35/3.82－M 型电站锅炉拟维修、改造为 35 t/h 燃烧稻壳的生物质锅炉。项目已经过立项,属于自筹资金且资金全部到位,概算已经主管部门批准,施工图纸与资料不齐全。该项目主要工作范围包括锅炉及其附属设备工程,汽轮机、发电机组系统工程,电气工程,热工仪表与控制装置工程,化学水工程等。现决定对该项目进行施工招标。

▶ 知识导航

2.1.1　锅炉工程项目招标的种类

锅炉工程项目招标种类繁多,按照不同的标准可以进行不同的分类。

1. 按照工程建设程序分类

按照工程建设程序,可以将锅炉工程项目招标分为建设项目前期咨询招标、工程勘察设计招标、材料设备采购招标、施工招标。

（1）建设项目前期咨询招标

建设项目前期咨询招标是指对建设项目的可行性研究任务进行的招标。项目投资者因缺乏建设管理经验,通过招标选择项目咨询者及建设管理者,即工程咨询单位,为其制订科学、合理的投资开发建设方案,并组织控制方案的实施。

（2）勘察设计招标

勘察设计招标是指根据批准的可行性研究报告,择优选择勘察设计单位的招标。勘察和设计是两种不同性质的工作,可由勘察单位和设计单位分别完成。勘察单位最终提出施工现场的地理位置、地形、地貌、地质、水文等的勘察报告。设计单位最终提供设计图纸和成本预算结果。

（3）材料设备采购招标

材料设备采购招标是指在工程项目初步设计完成后，对建设项目所需的材料和设备（如锅炉、辅助设备等）采购进行的招标。投标方通常为材料供应商、成套设备供应商。

（4）工程施工招标

工程施工招标是指在工程项目的初步设计或施工图设计完成后，用招标的方式选择施工单位的招标。施工单位最终向业主交付按招标设计文件规定的锅炉工程产品。

2. 按工程项目承包的范围分类

按工程项目承包的范围可将工程招标划分为项目全过程总承包招标、工程分承包招标及专项工程承包招标。

（1）项目全过程总承包招标

项目全过程总承包招标是指选择项目全过程总承包人招标。项目全过程总承包招标又可分为两种模式，一种是工程项目实施阶段的全过程招标；另一种是工程项目建设全过程的招标。前者是在任务书完成后，从项目勘察→设计→施工→交付使用进行一次性招标；后者则是从项目的可行性研究→交付使用进行一次性招标。业主需提供项目投资和使用要求及竣工、交付使用期限，总承包商负责可行性研究、勘察设计、材料和设备采购、土建施工、设备安装与调试、生产准备、试送交付使用，即所谓"交钥匙工程"。

按照工程建设项目的构成，可以将锅炉工程项目招标分为全部工程招标、单项工程招标、单位工程招标、分部工程招标、分项工程招标。全部工程招标是指对一个建设项目（如一个供热厂）的全部工程进行的招标。单项工程招标是指对一个工程建设项目中所包含的单项工程（如供热厂的土建、锅炉、外网等）进行的招标。单位工程招标是指对一个单项工程所包含的若干单位工程（如锅炉房的锅炉安装工程）进行招标。分部工程招标是指对一项单位工程包含的分部工程（如锅炉安装工程的本体安装工程）进行招标。

（2）工程分承包招标

工程分承包招标是指中标的工程总承包人作为其中标范围内的工程任务的招标人，将其中标范围内的工程任务通过招标的方式分包给具有相应资质的分承包人，中标的分承包人只对招标的总承包人负责。

（3）专项工程承包招标

专项工程承包招标是指在工程承包招标中，对其中某项比较复杂或专业性强、施工和制作要求特殊的单项工程进行单独招标。

3. 按行业或专业类别分类

按与工程建设相关的业务性质及专业类别划分，可将工程招标分为以下几类：

（1）土木工程招标

土木工程招标是指对锅炉工程项目土木工程施工任务进行的招标。

（2）勘察设计招标

勘察设计招标是指对锅炉工程项目的勘察设计任务进行的招标。

（3）货物采购招标

货物采购招标是指对建设项目所需的材料和设备采购任务进行的招标。

（4）安装工程招标

安装工程招标是指对建设项目的设备安装任务进行的招标。

（5）工程咨询和建设监理招标

工程咨询和建设监理招标是指对工程咨询和建设监理任务进行的招标。

4.按工程承发包模式分类

按工程承发包模式分类可将工程招标分为工程咨询招标、交钥匙工程招标、工程设计施工招标、工程设计－管理招标、BOT工程招标。

（1）工程咨询招标

工程咨询招标是指以工程咨询服务为对象的招标行为,主要包括工程立项决策阶段的规划研究、项目选定与决策,建设准备阶段的工程设计、工程招标,施工阶段的监理、竣工验收等。

（2）交钥匙工程招标

交钥匙工程招标是指承包商向业主提供包括融资、设计、施工、设备采购、安装和调试直至竣工移交的全套服务。

（3）工程设计施工招标

工程设计施工招标是指将设计及施工作为整体标的以招标的方式进行发包,投标人必须是同时具有设计能力和施工能力的承包商。

设计－建造模式是一种项目组管理方式。该方式避免了设计和施工的矛盾,可显著减少项目的成本和工期,以保证业主得到高质量的工程项目。

（4）工程设计－管理招标

工程设计－管理招标是指由同一实体向业主提供设计和施工管理服务的工程管理模式。

（5）BOT工程招标

BOT(build－operate－transfer)即建造－运营－移交模式。BOT工程招标即是对这些工程环节的招标。

2.1.2 锅炉工程项目招标的方式

锅炉工程项目从竞争程度进行分类,严格说可分为公开招标、邀请招标和议标。

1.公开招标

公开招标又称无限竞争性招标,是指由招标人通过报纸、刊物、广播、电视等大众媒体,向社会公开发布招标公告,凡对此招标项目感兴趣并符合规定条件的不特定的承包商,都可自愿参加竞标的一种工程发包方式。公开招标是最具竞争性的招标方式。

（1）优点

公开招标有利于开展真正意义上的竞争,最充分地展示公开、公正、平等竞争的招标原则,防止和克服垄断;能有效地促使承包商在增强竞争实力上修炼内功,努力提高工程质量,缩短工期,降低造价,求得约和效率,创造最合理的利益回报;有利于防范招标投标活动中操作人员和监督人员的舞弊现象。

（2）缺点

参加竞争的投标人越多,每个参加者中标的概率越小,损失投标费用的风险也越大;招标人审查投标人资格、投标文件的工作量比较大,耗费的时间长,招标费用高。

2.邀请招标

邀请招标又称有限竞争性招标或选择性招标,是指由招标人根据自己的经验和掌握的信息资料,向被认为有能力承担工程任务,经预先选择的特定的承包商发出邀请书,要求他们参加工程的投标竞争。

（1）优点

由于招标单位对投标单位的情况比较了解,因而一般都有能力保证工程的进度和质量;而且由于投标单位少,所以评标工作量小,招标费用低。

（2）缺点

由于邀请招标中投标人的数目有限,公开性、竞争性都远远不及公开招标,容易产生违规操作和内幕交易,如果不进行严格的监管,会给重点工程建设带来不可弥补的损失。

以上两种招标的区别:发布信息的方式不同;选择的范围不同;竞争的范围不同;公开的程度不同;时间和费用不同。

3. 议标

（1）定义

议标又称协议招标、协商议标,是一种以议标文件或拟议的合同草案为基础,直接通过谈判方式,分别与若干家承包商进行协商,选择自己满意的一家,签订承包合同的招标方式。

（2）特点

议标是一种特殊的招标方式,是公开招标、邀请招标的特殊情况。一个规范、完整的议标概念,在其适用范围和条件上,应当同时具备以下四个基本要点:

①适用面较窄,议标只适用于保密性要求或者专业性、技术性较高的特殊工程;

②直接进入谈判并通过谈判确定中标人;

③程序的随意性太大且缺乏透明度;

④议标不同于直接发包,必须有议标投标文件,必须经过一定的程序。

（3）程序

招标人向招标投标管理机构提出议标申请→招标投标管理机构对议标申请进行:

审批→议标文件的编制与审查→协商谈判→授标

（4）监督管理

建设行政主管部门和招标投标管理机构对议标负有重要的监督管理责任。对议标的监督管理,需要抓住以下几个环节:

议标项目的报建→对议标项目的审查→议标投标人的条件限制

招标人选择的议标投标人必须符合以下要求:一要具有相应的资质等级、营业范围、资金和能力;二要选择成立时间比较久远、信誉比较可靠的全民所有制企业作为议标投标人;三要在主体工程基础上追加小型附属工程和单位工程停建等形成整体性;四要近一年内未出现过质量、安全事故或者其他违反建筑市场管理法规的行为。

2.1.3 锅炉工程项目招标的范围

《中华人民共和国招标投标法》只适用于在中国境内进行的招标投标活动,这里包括国家机关、国有企事业单位、外商投资企业和私营企业等各类主体进行的各类招标活动,不适用于国内企业到境外投标。

1. 强制招标的工程范围

强制招标是指法律规定某些类型的采购项目,凡是达到一定数额的,必须通过招标进行,否则采购单位将承担法律责任。强制招标的范围是指工程建设项目全过程的招标,包

括从勘察、设计、施工、监理到设备、材料的采购。

(1)《中华人民共和国招标投标法》的规定

中华人民共和国境内进行下列工程建设项目包括勘察、设计、施工、监理以及工程建设有关的重要设备、材料等的采购,必须进行招标。

①大型基础设施、公用事业等关系社会公共利益、公众安全的项目;

②全部或者部分使用国有资金投资或者国家融资的项目;

③使用国际组织或者外国政府贷款、援助资金的项目。

(2)《工程建设项目招标范围和规模标准规定》的规定

2000 年发布的《工程建设项目招标范围和规模标准规定》对《中华人民共和国招标投标法》关于工程建设项目招标的具体范围和规模标准又做了具体规定:

①关系社会公共利益、公众安全的基础设施项目;

②关系社会公共利益、公众安全的公用事业项目;

③使用国有资金投资项目;

④国家融资项目;

⑤使用国际组织或者外国政府资金的项目。

以上包括项目的勘察、设计、施工、监理及与工程建设有关的重要设备、材料等的采购,达到下列标准之一的,必须进行招标:

①施工单项合同估算价在 200 万元人民币以上的;

②重要设备、材料等货物的采购,单项合同估算价在 100 万元人民币以上的;

③勘察、设计、监理等服务的采购,单项合同估算价在 50 万元人民币以上的;

④单项合同估算价低于前三项规定的标准,但项目总投资额在 3 000 万元人民币以上的。

2. 公开招标的工程范围

国务院发展计划部门确定的国家重点建设项目和各省、自治区、直辖市人民政府确定的地方重点建设项目,以及全部使用国有资金投资或者国有资金投资占控股或者主导地位的工程建设项目,应当公开招标。

3. 邀请招标的工程范围

项目技术复杂或有特殊要求,只有少量几家潜在投标人可供选择的;受自然地域环境限制的;涉及国家安全、国家秘密或者抢险救灾,适宜招标但不宜公开招标的;拟公开招标的费用与项目的价值相当,不值得的;法律、法规规定不宜公开招标的。国家重点建设项目的邀请招标,应当经国务院发展计划部门批准;地方重点建设项目的邀请招标,应当经各省、自治区、直辖市人民政府批准。

4. 可以不进行招标的工程范围

涉及国家安全、国家秘密或者抢占救灾而不适宜招标的;国家利用扶贫资金实行以工代赈需要使用农民工的;施工主要技术采用特定的专利或者专有技术的,或者其建筑艺术造型有特殊要求的;施工企业自建自用的工程,且该施工企业资质等级符合工程要求的;在建工程追加的附属小型工程或者主体加层工程,原中标人仍具备承包能力的;法律、行政法规规定的其他情形。

2.1.4 锅炉工程项目招标的代理

锅炉工程项目招标代理是指锅炉工程项目招标人将锅炉工程项目招标事务委托给相应中介服务机构,由该中介服务机构在招标人委托授权的范围内,以委托的招标人的名义同他人独立进行锅炉工程项目招标投标活动,由此产生的法律效果直接归属于委托的招标人的一种制度。

1.锅炉工程项目招标代理的特征

(1)锅炉工程项目招标代理人必须以被代理人的名义办理招标事务;

(2)锅炉工程项目招标代理人具有独立进行意思表示的职能,这样才能使锅炉工程项目招标活动得以顺利进行;

(3)锅炉工程项目招标代理行为应在委托授权的范围内实施;

(4)锅炉工程项目招标代理行为的法律效果归属于被代理人。

2.锅炉工程项目招标代理机构的资质

锅炉工程项目招标代理机构的资质是指从事招标代理活动应当具备的条件和素质,包括技术力量、专业技能、人员素质、技术装备、服务业绩、社会信誉、组织机构和注册资金等几个方面的要求。

工程招标代理机构应具备的基本条件如下:

(1)是依法设立的中介组织;

(2)与行政机关和其他国家机关没有行政隶属关系或者其他利益关系;

(3)有固定的营业场所和开展工程招标代理业务所需设施及办公条件;

(4)有健全的组织机构和内部管理的规章制度;

(5)具备编制招标文件和组织评标的相应专业力量;

(6)具有可以作为评标委员会成员人选的技术、经济等方面的专家库。

3.锅炉工程项目招标代理机构的权利和义务

(1)权利

组织和参与招标活动→依据招标文件要求,审查投标人资质→按规定标准收取代理费用→招标人授予的其他权利。

(2)义务

遵守法律、法规、规章和方针、政策→维护委托的招标人的合法权益→组织编制、解释招标文件,对代理过程中提出的技术方案、计算数据、技术经济分析结论等的科学性、正确性负责→接受招标投标管理机构的监督管理和招标行业协会的指导→履行依法约定的其他义务。

▶ *任务实施* ·····

按照给定任务,全面分析该锅炉工程项目的特性和要求,并完成如下任务:

1.界定该项目招标范围;

2.确定一种合适的招标方式。

▶ *复习自查* ·····

1.锅炉工程项目招标如何分类?

2. 交钥匙工程的范围有哪些?

3. 设计－建造、设计－管理与建造－运营－移交模式招标的区别是什么?

4. 招标的方式有哪些?

任务 2.2　锅炉工程项目施工招标条件和程序

> **学习目标** ···•

知识目标

1. 精熟锅炉工程项目招标条件;

2. 了解锅炉工程项目招标流程。

能力目标

1. 熟练构建招标模式;

2. 纯熟选择招标条件与流程的契合点。

素质目标

1. 深究锅炉工程项目招标条件与流程关联;

2. 养成责任关怀和创新意识。

> **任务描述** ···•

现有某生物质能源热电有限公司三台 UG－35/3.82－M 型电站锅炉拟维修、改造为 35 t/h 燃烧稻壳的生物质锅炉。该项目主要工作范围包括锅炉及其附属设备工程,汽轮机、发电机组系统工程,电气工程,热工仪表与控制装置工程,化学水工程等。现决定对该项目进行施工招标。

> **知识导航** ···•

2.2.1　锅炉工程项目施工招标条件

1. 招标主体人资格

依照《中华人民共和国招标投标法》规定,招标人是依法提出招标项目,进行招标的法人或者其他组织。通常为该建设项目的投资人即项目业主或建设单位。锅炉工程项目招标人在锅炉工程项目招标投标活动中起主导作用。

(1)法人

法人指具有民事权利能力和民事行为能力,并依法享有民事权利承担民事义务的组织,包括企业法人、机关法人、事业单位法人、社会团体法人。

(2)其他组织

其他组织指不具备法人条件的组织,包括有法人的分支机构,企业之间或企业、事业单位之间联营、合伙组织、个体工商户、农村承包经营户等。

2. 建设单位招标应当具备的条件

(1)是法人或依法成立的其他组织;

（2）有与招标工程相适应的经济、技术管理人员；

（3）有组织编制招标文件的能力；

（4）有审查投标单位资质的能力；

（5）有组织开标、评标、定标的能力。

若建设单位不具有上述相应的条件，须委托具有相应资质的咨询、监理等单位代理招标。

3. 招标工程必须具备的条件

（1）履行相应的审批手续

按照国家规定需要履行审批手续的招标项目，应先履行审批手续。其中强制招标范围的项目，只有经有关部门审核批准后，而且建设资金或资金来源已经落实，才能进行招标。对开工条件有要求的，还必须履行开工手续。

（2）资金落实到位

资金落实到位即进行招标项目的相应资金或者资金来源已落实，指进行某一项建设项目、货物、服务采购所需要的资金已经到位，或者尽管资金没有到位但来源已经落实，如银行已承诺贷款。

（3）实行勘察招标的锅炉工程项目应具备的条件

①经过有审批权的机关批准的设计任务书；

②建设规划管理部门同意的用地范围许可文件；

③符合要求的地形图。

（4）进行项目设计招标的锅炉工程项目应具备的条件

①经过有审批权的审批机关批准的设计任务书；

②工程设计所需要的可靠的基础资料。

（5）锅炉工程项目施工招标应具备的条件

①建设项目概算已经批准；

②建设项目已正式列入国家、部门或地方的年度固定资产投资计划；

③建设用地的征用工作已经完成；

④施工需要的施工图纸及技术资料已经齐备；

⑤建设资金和主要建筑材料、设备的来源已经落实；

⑥建设项目已经当地城市规划部门批准，施工现场的"三通一平"已经完成或已列入施工招标范围。

2.2.2 锅炉工程项目施工招标程序

一个完整的招标过程主要包括招标、投标、开标、评标和定标五个环节。具体锅炉工程项目施工招标流程如图2-1所示。

1. 招标活动的准备

其主要包括选择招标方式和标段的划分。

2. 招标申请

由招标人向招标投标办事机构提出招标申请，其内容主要包括招标单位资质、招标工程具备的条件、拟采用的招标方式、对投标单位的要求。

3.编制招标文件和招标控制价

（1）编制招标文件

招标文件一般包括投标邀请书、投标须知、合同条件、技术规范、图纸和技术资料、工程量清单和参考资料等。

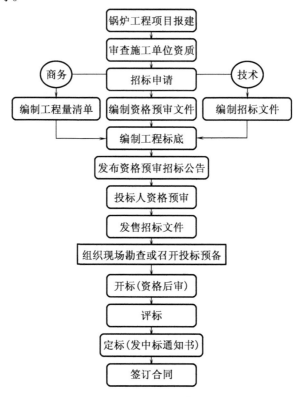

图2-1　锅炉工程项目施工招标流程图

①投标须知包括工程概况,招标范围,资格审查条件,工程资金来源或者落实情况(包括银行出具的资金证明),标段划分,工期要求,质量标准,现场踏勘和答疑安排,投标文件编制,提交,修改,撤回的要求,投标报价要求,投标有效期,开标的时间和地点,评标的方法和标准等。

②招标工程的技术要求和设计文件。

③采用工程量清单招标的,应当提供工程量清单,并公布招标控制价。

④投标函的格式及附录。

⑤拟签订合同的主要条款。

⑥要求投标人提交的其他材料。

招标人应当在招标文件中规定实质性要求和条件,并用醒目的方式标明。

（2）编制招标控制价

①招标控制价的编制依据

编制招标控制价应根据有关计价定额与计价办法、锅炉工程项目设计文件及相关资料、招标文件中的工程量清单及有关要求与建设项目相关的标准规范及技术资料,结合市场供求状况,综合考虑投资、工期和质量等方面的因素合理确定。

②招标控制价的编制程序

a.确定招标控制价的编制单位。招标控制价应由具有编制能力的招标人或受其委托,由具有相应资质的工程造价咨询人编制。工程造价咨询人不得同时接受招标人和投标人对同一工程的招标控制价和投标报价的编制。

b.收集编制资料。其包括全套施工图纸及现场地质、水文、地上情况的有关资料;招标文件;领取招标控制价计算书、报审的有关表格。

c.编制招标控制价。编制人员应严格按照国家的有关政策、规定,科学公正地编制招标控制价。

d.招标控制价审核。

③招标控制价文件的主要内容

a.招标控制价的综合编制说明。

b.招标控制价审定书、招标控制价计算书、带有价格的工程量清单、现场因素、各种施工措施费的测算明细及采用固定价格工程的风险系数测算明细等。

c.主要人工、材料、机械设备用量表。

d.招标控制价附件,如各种材料及设备的价格来源,现场的地质、水文、地上情况的有关资料,编制招标控制价所依据的施工方案或施工组织设计等。

e.招标控制价编制的有关表格。

④招标控制价的编制方法

我国目前锅炉工程项目施工招标控制价的编制,主要采用工程量清单计价,当采用定额计价时,招标控制价的编制可参照工程量清单计价方法来编制。

4.招标公告和投标邀请书的编制与发布

招标公告是指采用公开招标方式的招标人(包括招标代理机构)向所有潜在的投标人发出的一种广泛的通告。招标公告的目的是使所有潜在的投标人都具有公平的投标竞争的机会。招标人采用公开招标方式的,应当发布招标公告。招标公告必须通过一定的媒介进行传播。投标邀请书是指采用邀请招标方式的招标人,向三个以上具备承担招标项目能力、资信良好的特定法人或者其他组织发出的参加投标的邀请。

5.资格预审

资格预审是指招标人在招标开始之前或开始初期,由招标人对申请参加投标的潜在投标人进行资质条件、业绩、信誉、技术、资金等多方面情况进行资格审查。一般资格审查的内容包括:

(1)营业执照和资质证书;

(2)企业简历;

(3)质量保证措施;

(4)施工人员及施工机械设备简况;

(5)现在主要施工任务,包括在建和尚未开工工程一览表;

(6)资金或财务状况。

6.发售招标文件

招标文件一般发售给通过资格预审、获得投标资格的投标人。投标人在收到招标文件后,应认真核对,核对无误后应予以确认。招标文件的价格一般等于编制、印刷这些招标文件的成本,招标活动中的其他费用(如发布招标公告等)不应计入该成本。投标人购买招标

文件的费用,不论中标与否都不予退还。其中的设计文件,招标人可以酌收押金。对于开标后将设计文件予以退还的,招标人应当退还押金(不计利息)。

7.组织投标人现场踏勘和答疑

招标人在投标须知规定的时间组织投标人自费进行现场考察。其目的在于一方面让投标人了解工程项目的现场情况、自然条件、施工条件及周围环境条件,以便于编制投标书;另一方面也是要求投标人通过自己的实地考察确定投标的原则和策略,避免在合同履行过程中以不了解现场情况为理由推卸应承担的合同责任。

投标人在踏勘现场中如有疑问,应在投标预备会前以书面形式向招标人提出。投标踏勘现场的疑问,招标人可以书面形式答复,也可在投标预备会上答复,并以会议记录形式同时送达所有获得招标文件的投标人。

8.投标文件的接收

在投标截止时间前,招标人应做好投标文件的接收工作,并做好接收记录,向投标人出具标明签收人和签收时间的凭证。招标人应将所接收的投标文件在开标前妥善保存;在规定的投标截止时间后递交的投标文件,将不予接收或原封退回。

> **任务实施** ··•

按照给定任务,分析该锅炉工程项目的特性,依据招标相关理论基础,完成如下任务:

1.补充制定给定任务中缺少的施工招标条件;

2.编制该锅炉工程项目施工招标程序表。

> **复习自查** ··•

1.锅炉项目招标必须具备哪几个条件?

2.锅炉项目招标申请的前提是什么?

3.招标控制价需要考虑哪些因素?

4.锅炉项目招标资格预审必须具备什么资格文件?

任务 2.3　锅炉工程项目招标文件编制

> **学习目标** ··•

知识目标

1.精熟招标须知、合同条款及文件格式;

2.了解建设标准、图纸在招标中的地位。

能力目标

1.尝试利用理论技能知识编制工程量清单;

2.能够熟练编写投标函、商务标、技术标和资质标。

素质目标

1.探究招标文件内涵养成责任意识;

2.通过理解招标文件模式建立主人翁理念。

▶ **任务描述** ••

现有某生物质能源热电有限公司三台 UG – 35/3.82 – M 型电站锅炉拟维修、改造为 35 t/h 燃烧稻壳的生物质锅炉。该项目主要工作范围包括锅炉及其附属设备工程,汽轮机、发电机组系统工程,电气工程,热工仪表与控制装置工程,化学水工程等。现决定对该项目进行施工招标。

▶ **知识导航** ••

工程招标文件是由招标单位或其委托的咨询公司编制并发布的进行工程招标的纲领性、实施性文件,其内容包括投标须知等。

2.3.1 投标须知

投标人须知是招标投标活动应遵循的程序规则和对投标的要求。但投标人须知不是合同文件的组成部分,有合同约束力的内容应在构成合同文件组成部分的合同条款、技术标准与要求等文件中界定。

投标人须知包括投标人须知前附表、正文和附表格式等内容。

1.投标人须知前附表

投标人须知前附表的主要作用有两个方面,一是将投标人须知中的关键内容和数据摘要列表起到强调和提醒的作用,为投标人迅速掌握投标人须知内容提供方便,但必须与招标文件相关章节内容衔接一致;二是对投标人须知正文中应由前附表明确的内容给予具体约定(表 2 –1)。

表 2 –1 投标人须知前附表

项号	条款号	内容	说明与要求
1	1.1	工程名称	招标工程项目名称
2	1.1	建设地点	工程建设地点
3	1.1	建设规模	
4	1.1	承包方式	
5	1.1	质量标准	工程质量标准
6	2.1	招标范围	
7	2.2	工期要求	____年____月____日计划开工;____年____月____日计划竣工;施工总工期:____日历天
8	3.1	资金来源	
9	4.1	投标人资质等级要求	[行业类别][资质类别][资质等级]
10	4.2	资格审查方式	
11	13.1	工程计价方式	
12	15.1	投标有效期	____日历天(从投标截止日算起)
13	16.1	投标担保金额	不少于投标总价____%或____元

表 2 − 1(续)

项号	条款号	内容	说明与要求
14	5.1	勘查现场	集合时间：＿＿年＿＿月＿＿日＿＿时＿＿分 集合地点：＿＿
15	17.1	投标人替代方案	
16	18.1	投标文件份数	一份正本，＿＿份副本
17	21.1	投标文件提交地点截止时间	收件人：＿＿；地点：＿＿ ＿＿年＿＿月＿＿日＿＿时＿＿分
18	25.1	开标	开标时间：＿＿年＿＿月＿＿日＿＿时＿＿分；地点：＿＿
19	33.4	评标方法及标准	
20	38.3	履约担保金额	投标人提供的履约担保金额为(合同价款的＿＿%或＿＿万元) 招标人提供的支付担保金额为(合同价款的＿＿%或＿＿万元)

2. 总则

(1)项目概况

应说明项目已具备的招标条件、项目招标人、招标代理机构、项目名称、建设地点等。

(2)资金来源和落实情况

应说明项目的资金来源、出资比例、资金落实情况等。

(3)招标范围、计划工期和质量要求

应说明招标范围、计划工期和质量要求等。

(4)投标人资格要求

对于已进行资格预审的,投标人应是符合资格预审条件,并且收到招标人发出投标邀请书的单位;对于未进行资格预审的,应在此按照招标公告规定投标人资格要求。

(5)踏勘现场

招标人根据项目的具体情况可以组织潜在投标人踏勘项目现场,向其介绍工程场地和相关环境的有关情况。

(6)投标预备会

是否召开投标预备会,以及何时召开,由招标人根据项目具体需要和招标进程安排确定。

(7)分包

由招标人根据项目具体特点来判断是否允许分包。如果允许分包,可进一步明确分包内容的名称或要求,以及分包项目金额和资质条件等方面的限制。

(8)偏离

《评标委员会和评标方法暂行规定》中规定,招标人根据项目的具体特点来设定非实质性要求和条件允许偏离的范围与幅度。

(9)保密

要求参加招标投标活动的各方对招标文件和投标文件中的商务与技术等秘密保密。

3.招标文件

招标文件是对招标投标活动具有法律约束力的最主要文件。投标人须知应该阐明招标文件的组成、招标文件的澄清和修改。

（1）招标文件的组成内容

招标文件包括招标公告（或投标邀请书，视情况而定）、投标人须知、评标办法、合同条件及格式、工程量清单、图纸、技术标准和要求、投标文件格式、投标人须知前附表规定的其他材料。招标人根据项目具体特点来判定投标人须知前附表中载明需要补充的其他材料，如地质勘察报告等。

（2）招标文件的澄清与修改

当投标人对招标文件有疑问时，可以要求招标人对招标文件予以澄清；招标人可以主动修改招标文件。招标人对已发出的招标文件进行必要的澄清或修改时，应当在招标文件要求提交投标文件的截止时间至少15日前，以书面形式通知所有招标文件接受人，但不指明澄清问题的来源。招标文件的澄清与修改构成招标文件的组成部分。

4. 投标文件

投标文件是投标人响应和依据招标文件向招标人发出的要约文件。在投标人须知中对投标文件的组成、投标报价、投标有效期、投标保证金、资格审查资料、备选方案和投标文件的编制与递交提出明确要求。

投标文件的组成内容有投标函及投标函附录、商务标和技术标三部分。

2.3.2 合同条款及文件格式

合同条款可以依据《中华人民共和国合同法》《施工招标文件范本》，或者结合行业合同示范文本的合同条款编制招标项目的合同条款。

《建设工程施工合同（示范文本）》（GF-2017-0201）的合同文本一般由《协议书》《通用条款》《专用条款》三部分及相关合同附件组成。

合同附件包括合同协议书、履约担保书、预付款担保书、工程质量保修书等文件，其格式如下：

1. 合同格式1

合同协议书

发包人（全称）：＿＿＿＿＿＿＿＿＿＿＿＿＿＿＿＿＿＿＿＿＿＿＿＿＿＿＿＿＿＿

承包人（全称）：＿＿＿＿＿＿＿＿＿＿＿＿＿＿＿＿＿＿＿＿＿＿＿＿＿＿＿＿＿＿

依照《中华人民共和国合同法》《中华人民共和国建筑法》及其他有关法律、行政法规，遵循平等、自愿、公平和诚实信用的原则，双方就本锅炉工程项目施工事项协商一致，订立本合同。

1. 工程概况

工程名称：＿＿＿＿＿＿＿＿＿＿＿＿＿＿＿＿＿＿＿＿＿＿＿＿＿＿＿＿＿＿＿＿

工程地点：＿＿＿＿＿＿＿＿＿＿＿＿＿＿＿＿＿＿＿＿＿＿＿＿＿＿＿＿＿＿＿＿

工程内容：＿＿＿＿＿＿＿＿＿＿＿＿＿＿＿＿＿＿＿＿＿＿＿＿＿＿＿＿＿＿＿＿

群体工程应付承包人承揽工程项目一览表（略）

2. 工程承包范围

承包范围：＿＿＿＿＿＿＿＿＿＿＿＿＿＿＿＿＿＿＿＿＿＿＿＿＿＿＿＿＿＿＿＿

3. 合同工期

开工日期：＿＿＿＿＿＿＿＿＿＿＿＿＿＿＿＿＿＿＿＿＿＿＿＿＿＿＿＿＿＿＿＿

竣工日期：_____

合同工期总日历天数：_____天。

4. 质量标准

工程质量标准：_____

5. 合同价款

金额(大写)：_____元(人民币)

￥：_____

6. 组成合同的文件

(1)本合同协议书；

(2)中标通知书；

(3)投标书及其附件；

(4)合同专用条款；

(5)本合同通用条款；

(6)标准、规范及有关技术文件；

(7)图纸；

(8)工程量清单；

(9)工程报价单或预算书。

双方有关工程的洽商、变更等书面协议或文件视为本合同的组成部分。

7. 本协议书有关词语含义与合同《通用条款》中分别赋予它们的定义相同。

8. 承包人向发包人承诺按照合同约定进行施工、竣工并在质量保修期内承担工程质量保修责任。

9. 发包人向承包人承诺按照合同约定的期限和方式支付合同价款其他应当支付的款项。

10. 合同生效

合同订立时间：____年____月____日

合同订立地点：_____

本合同双方约定____后生效。

发　包　人：(公章)　　　　　　承　包　人：(公章)

地　　　址：　　　　　　　　　地　　　址：

法定代表人：(签字)　　　　　　法定代表人：(签字)

委托代理人：(签字)　　　　　　委托代理人：(签字)

电　　　话：　　　　　　　　　电　　　话：

传　　　真：　　　　　　　　　传　　　真：

开 户 银 行：　　　　　　　　　开 户 银 行：

账　　　号：　　　　　　　　　账　　　号：

邮 政 编 码：　　　　　　　　　邮 政 编 码：

2.合同格式2

工程质量保修书

发包人(全称):＿＿＿＿＿＿＿＿＿＿＿＿＿＿＿＿＿＿＿＿＿＿＿＿＿＿＿

承包人(全称):＿＿＿＿＿＿＿＿＿＿＿＿＿＿＿＿＿＿＿＿＿＿＿＿＿＿＿

发包人、承包人根据《中华人民共和国建筑法》《建设工程项目质量管理条例》和《房屋建筑工程质量保修办法》,经协商一致,对＿＿＿＿＿＿＿＿＿(工程全称)签订工程质量保修书。

1.工程质量保修范围和内容

承包人在质量保修期内,按照有关法律、法规、规章的管理规定和双方约定,承担本工程质量保修责任。

质量保修范围包括＿＿＿＿＿＿工程,以及双方约定的其他项目。具体保修的内容,双方约定见下文。

2.质量保修期

双方根据《建设工程项目质量管理条例》及有关规定,约定本工程的质量保修期如下:

(1)设计文件规定的该工程合理使用年限;

(2)＿＿＿＿＿＿＿年;

(3)设备安装工程为＿＿＿＿＿＿＿年;

(4)其他项目保修期限约定见质量保修责任。

3.质量保修责任

(1)属于保修范围、内容的项目,承包人应当在接到保修通知之日起7天内派人保修。承包人不在约定期限内派人保修的;发包人可以委托他人修理。

(2)发生紧急抢修事故的,承包人在接到事故通知后,应当立即到达事故现场抢修。

(3)对于涉及结构安全的质量问题,应当按照相关的规定,立即向当地建设行政主管部门报告;采取安全防范措施;由原设计单位或者具有相应资质等级的设计单位提出保修方案,承包人实施保修。

(4)质量保修完成后,由发包人组织验收。

4.保修费用

保修费用由造成质量缺陷的责任方承担。

5.其他

双方约定的其他工程质量保修事项:

＿＿＿＿＿＿＿＿＿＿＿＿＿＿＿＿＿＿＿＿＿＿＿＿＿＿＿＿＿＿＿＿＿＿＿＿

＿＿＿＿＿＿＿＿＿＿＿＿＿＿＿＿＿＿＿＿＿＿＿＿＿＿＿＿＿＿＿＿＿＿＿＿

本工程质量保修书由施工合同发包人、承包人双方在竣工验收前共同签署,作为施工合同附件,其有效期限至保修期满。

发　包　人(公章):　　　　　　承　包　人(公章):

法定代表人(签字):　　　　　　法定代表人(签字):

＿＿＿年＿＿＿月＿＿＿日　　　　＿＿＿年＿＿＿月＿＿＿日

3. 合同格式3

承包人银行履约保函格式

致:(发包人名称)_____

　　签于(承包人名称)_____(以下称"承包人")已与(招标人名称)_____(以下称"发包人")就(招标工程项目名称)_____签署了承包合同(以下简称"合同"),你方在上述合同中要求承包人向你方提交下述金额的经认可银行开具的保函,作为承包人履行本合同责任的保证金。本行同意为承包人出具本保函。

　　本行在此代表承包人向你方承担支付人民币(大写)____元(￥____)的责任,并无条件受本保函的约束。

　　承包人在合同履行过程中,由于资金、技术、质量或非不可抗力等原因给你方造成经济损失时,在你方第一次书面提出要求得到上述金额内的任何付款时,本行于_____内给予支付,不挑剔、不争辩也不要求你方出具证明或说明背景、理由。

　　本行放弃你方应先向承包人要求赔偿上述金额后再向本行提出要求的权利。

　　本行进一步同意在你方和承包人之间的合同条件、合同项下的工程或合同文件发生变化、补充和修改后,本行承担本保函的责任也不改变,有关上述变化、补充和修改也无须通知本行。

　　本保函直至工程竣工验收合格后28天内一直有效。

银行名称:(盖章)_____
银行法定代表人或负责人:_____(签字或盖章)
地　　　　址:_____
邮政编码:_____
日　　期:____年____月____日

4. 合同格式4

承包人履约担保书格式

致:(发包人名称)_____

　　鉴于(承包人名称)_____(以下简称"承包人")已与(发包人名称)(以下简称"发包人")就(工程名称)_____签订了合同(下称"合同");

　　鉴于你方在合同中要求承包人向你方提交下述全额的履约担保,作为承包人履行本合同责任的保证,本担保人同意为承包人出具本担保书;

　　本担保书,本担保人向你方承担支付人民币(大写)_____元(￥_____)的责任,并无条件受本担保书的约束。

　　承包人在履行合同中,由于资金、技术、质量或非不可抗力等原因给你方造成经济损失时,当你方以书面提出要求得到上述金额内的任何付款时,本担保人将无条件地于_____日内予以支付。

　　本担保人不承担超过本担保书金额的责任。

　　除你方以外,任何人都无权对本担保书的责任提出履行要求。

担保人:_____(盖章)
法定代表人或委托人:_____(签字或盖章)
日　　期:____年____月____日

5.合同格式5

承包人预付款银行保函格式

致:(发包人名称)_____

根据(招标工程项目名称)_____工程施工合同专用条款第_____条的约定,(承包人名称)_____(以下称"承包人")应向你方提供人民币(大写)____元(¥____)的预付款银行保函,以保证其履行合同的上述条款。

本银行受承包人委托,作为保证人,当你方书面提出要求得到上述金额内的任何付款时,就无条件地、不可撤销地于_____内给予支付,以保证在承包人没有履行或部分履行合同专用条款第_____条的责任时,你方可以向承包人收回全部或部分预付款。

本行进一步同意:在你方和承包人之间的合同条件、合同项下的工程或合同文件发生变化、补充和修改后,本行承担本保函的责任也不改变,有关上述变化、补充和修改也无须通知本行。

本保函有效期从工程预付款支付之日起至你方向承包人收回全部预付款之日止。

银行名称:_____(盖章)
银行法定代表人或负责人:_____(签字或盖章)
地　　址:_____
邮政编码:_____
日　　期:____年____月____日

6.合同格式6

发包人支付担保银行保函格式

致:(承包人名称)_____

鉴于(承包人名称)_____(以下称"承包人")已与(报标人名称)_____(以下称"发包人")就(招标工程项目名称)_____签署了承包合同(以下简称"合同"),你方在上述合同中要求发包人向你方提交下述金额的经认可银行开具的支付担保保函,作为发包人履行本合同责任的保证金。本行同意为发包人出具本担保保函。

本行在此代表发包人向你方承担支付人民币(大写)____元(¥____)的责任,发包人在合同履行过程中,由于资金不足或非不可抗力等原因给你方造成经济损失或不按约定付款时,在你方以书面形式提出要求得到上述金额内的任何付款时,本行于_____内给予支付,不挑剔、不争辩也不要求你方出具证明或说明背景、理由。

本行放弃你方应先向发包人要求赔偿上述金额后再向本行提出要求的权利。

本行进一步同意在你方和承包人之间的合同条件,合同项下的工程或合同文件发生变化、补充和修改后,本行承担本保函的责任也不改变,有关上述变化,补充和修改也无须通知本行。

本保函直至发包人依据合同付清应付给你方按合同约定的一切款项后28天内一直有效。

银行名称:_____(盖章)
银行法定代表人或负责人:_____(签字或盖章)
地　　址:_____
邮政编码:_____
日　　期:____年____月____日

7.合同格式7

发包人支付担保书

致:(承包人名称)_____

根据本担保书,(发包人名称)_____作为委托人(以下简称"发包人")和(担保人名称)_____作为担保人(以下简称"承包人")共同向债权人(承包人名称)_____(以下规称"担保人")承担支付(大写)____元(¥____)的责任,发包人和担保人均受本担保书的约束。

鉴于发包人已于____年____月____日与承包人为(工程合同名称)_____的履行签订了工程承发包合同(下称"合同"),我方愿意为发包人和你方签署的工程承发包合同提供支付担保(下文中的合同包括合同中规定的合同协议书、合同文件等)。

本担保书的条件是:如果发包人在发行上述合同过程中,由于资金不足或非不可抗力等原因给承包人造成经济损失或不按合同约定付款时,当承包人以书面形式提出要求得到上述金额内的任何付款时,担保人将于_____日予以支付。

本担保人不承担超过本担保书金额的责任。

本担保书直至合同终止,发包人付清应付给你方按合同约定的一切款项后28天内有效。

担　保　人:_____(盖章)

法定代表人或委托人:_____(签字或盖章)

地　　　址:_____

邮政编码:_____

日　　　期:____年____月____日

2.3.3　锅炉工程项目建设标准及图纸

技术标准和要求也是构成合同文件的组成部分。技术标准的内容主要包括各项工艺指标施工要求、材料检验标准,以及各分部分项工程施工成形后的检验手段和验收标准等。

设计图纸是合同文件的重要组成部分,是编制工程量清单及投标报价的重要依据,也是进行施工及验收的依据。通常招标时的图纸并不是工程所需的全部图纸,在投标人中标后还会陆续发布新的图纸及对招标时的图纸进行修改。因此,在招标文件中,除了附上招标图纸外,还应该列明图纸目录。图纸目录一般包括序号、图名、图号、版本、出图日期等。图纸目录及相对应的图纸将对施工过程的合同管理及争议解决发挥重要作用。

2.3.4　锅炉工程建设项目工程量清单

1.工程量清单的概念

工程量清单是说明锅炉工程项目分部分项工程项目、措施项目、其他项目的名称和相应数量及规费、税金项目等内容的明细清单。

2.工程量清单包含的内容

(1)组成

招标工程量清单封面、招标工程量清单扉页、工程计价总说明、分部分项工程和措施项目计价表、总价措施项目清单与计价表、其他项目计价表(工程量清单中此表不含索赔与现场签证计价汇总表、费用索赔申请表及现场签证表三个表格)、规费税金项目计价表、主要材料工程设备一览表等。

(2)总说明应按下列内容填写

①工程概况:建设规模、工程特征、计划工期、施工现场实际情况、自然地理条件、环境保护要求等。

②工程招标和专业工程发包范围。

③工程量清单编制依据。

④工程质量、材料、施工等的特殊要求。

⑤其他需要说明的问题。

3.工程清单格式

(1)工程量清单格式1

封面

工程量清单

	_____工程

招标人:_____(单位签字盖章)

法定代表人:_____(签字盖章)

中介机构:_____(盖章)

造价工程师及注册证号:_____(签字盖执业专用章)

编制时间:

(2)工程量清单格式2

填表须知

填表须知

1.工程量清单及其计价格式中所有要求签字、盖章的地方,必须由规定的单位和人员签字、盖章。

2.工程量清单及其计价格式中的任何内容不得随意删除或涂改。

3.工程量清单计价格式中列明的所有需要填报的单价和合价,投标人均应填报,未填报的单价和合价,视为此项费用已包含在工程量清单的其他单价和合价中。

4.金额(价格)均应以_____(币)表示。

(3)工程量清单格式3

总说明

第　页共　页

总说明应按下列内容填写:

1.工程概况:建设规模、工程特征、计划工期、施工现场实际情况,交通运输情况、自然地理条件、环境保护要求等。

2.工程招标和分包范围。

3.工程量清单编制依据。

4.工程质量、材料、施工等的特殊要求。

5.招标人自行采购材料的名称、规格型号、数量、单价、金额等。

6.其他项目清单中招标人部分的(包括预留金、材料购置费等)金额数量。

7.其他须说明的问题。

(4)工程量清单格式4(表2-2)

表2-2　分部分项工程量清单

序号	项目编号	项目名称	计量单位	工程数量
	规范9位编码+3位清单扩充码	按建设部计价规范或省项目指引附录A、B、C、D和附录E的项目名称与项目特征并结合拟建工程实际确定		

(5)工程量清单格式5(表2-3)

表2-3　措施项目清单

序号	项目名称
	只需列出措施项目名称即可

(6)工程量清单格式6(表2-4)

表2-4　其他项目清单

序号	项目名称
	招标人部分
	投标人部分

(7)工程量清单格式7(表2-5)

表2-5　零星工作项目表

序号		名称	计量单位	数量
1	人工			
2	材料			
3	机械			

2.3.5 招标文件投标函格式

投标函部分是招标人提出要求,由投标人表示参与该招标工程投标的意思表示的文件,由投标人按照招标人提出的格式,无条件地填写。

(1)投标函部分格式1

法定代表人身份证明书

单位名称:_____

单位性质:_____

地　　址:_____

成立时间:____年____月____日

经营期限:_____

姓　　名:_____

性　　别:_____

年　　龄:_____

职　　务:_____

系(投标单位代表)_____的法定代表人。

特此证明。

投标人:_____(盖章)

日　　期:____年____月____日

(2)投标函部分格式2

投标文件签署授权委托书

本授权委托书声明:我_____(姓名)系(投标名称)_____的法定代表人,现授权委托(单位名称)_____的(姓名)_____为我公司签署本工程的投标文件的法定代表人授权委托代理人,我承认代理人全权代表。

代理人无转委托权,特此委托。

代理人:(签字)_____性别:_____年龄:_____

身份证号码:_____

投标人:(盖章)_____

法定代表人:(签字或盖章)_____

授权委托日期:_____年_____月_____日

(3)投标函部分格式3

投标函

致:(招标人名称)_____

1.根据你方招标工程项目编号为(项目编号)_____的(工程项目名称)_____工程招标文件,遵照《中华人民共和国招标投标法》等有关规定,经踏勘项目现场和研究上述

招标文件的投标须知、合同条款、图纸、工程建设标准和工程量清单及其他有关文件后,我方愿以人民币(大写)_____元(¥_____)的投标报价并按上述图纸、合同条款、工程建设标准和工程量清单(如有时)的条件要求承包上述工程的施工、竣工,并承担任何质量缺陷保修责任。

2. 我方已详细审核全部招标文件,包括修改文件(如有时)及有关附件。

3. 我方承认投标函附录是我方投标函的组成部分。

4. 一旦我方中标,我方保证按合同协议书中规定的工期(工期)_____日历天内完成并移交全部工程。

5. 如果我方中标,我方将按照规定提交上述总价_____%的银行保函或上述总价_____%的由具有担保资格和能力的担保机构出具的履约担保书作为履约担保。

6. 我方同意所提交的投标文件在招标文件的投标须知中规定的投标有效期内有效,在此期间内如果中标,我方将受此约束。

7. 除非另外达成协议并生效,你方的中标通知书和本投标文件将成为约束双方的合同文件的组成部分。

8. 我方将与本投标函一起,提交人民币(大写)_____元(¥_____)作为投标担保。

投 标 人:(盖章)_____

单位地址:_____

法定代表人或其委托代理人:(签字或盖章)_____

邮政编码:_____

电   话:_____

传   真:_____

开户银行名称:_____

开户银行账号:_____

开户银行地址:_____

开户银行电话:_____

日   期:_____年_____月_____日

(4)投标函部分格式4(表2-6)

表2-6 投标函附表

序号	项目内容	合同条款号	约定内容	备注
1	履约保证金 银行保函金额 履约担保书金额		合同价款的( )% 合同价款的( )%	
2	施工准备时间		签订合同后( )天	
3	误期违约金额		( )元/天	
4	误期赔偿费限额		合同价款( )%	

表 2 – 6(续)

序号	项目内容	合同条款号	约定内容	备注
5	提前工期奖		( )元/天	
6	施工总工期		( )日历天	
7	质量标准			
8	工程质量违约金最高限额		( )元	
9	预付款金额		合同价款的( )%	
10	预付款保函金额		合同价款的( )%	
11	进度款付款时间		签发月付款凭证后( )天	
12	竣工结算款付款时间		签发竣工结算付款凭证后( )天	
13	保修期		依据保修书约定的期限	

(5)投标函部分格式5

投标担保银行保函

致:(招标人姓名)_____

签于(投标人姓名)_____(以下称"投标人")已拟向贵方递交招标工程项目编号为(项目编号)_____的(招标工程项目名称)的投标书(以下称"标书"),根据招标文件的规定,投标单位须按规定的投标金额由其委托的银行出具一份投标保函(下称"保函")作为履行招标文件中规定的义务担保,我行同意为投标人出具人民币(大写)_____元(￥_____)的保函作为向贵方的投标担保,如果:

(1)投标人在标书中规定的标书有效期内撤回标书;

(2)投标人在标书有效期内接到贵方所发的中标通知书后,

①未能或拒绝根据投标须知的规定,按要求签署协议书;

②未能或拒绝按投标须知的规定,提供履约保证金。

我行保证在收到贵方索款的书面要求后,凭贵方出具的索款凭证,向贵方支付上述款项。

本保函在投标须知的投标有效期延后28天(含第28天)或延长的投标有效期满后28天内保持有效。推迟标书有效期无须通知银行,任何索款要求应在上述日期前交到银行。

银行名称:_____(盖章)

银行法定代表人或负责人:_____(签字或盖章)

地　　址:_____

邮政编码:_____

日　　期:_____年_____月_____日

(6)投标函部分格式6

投标担保书

致:(招标人名称)_____

根据本担保书,(投标人名称)_____作为委托人(以下简称"投标人")和(担保机构名称)_____作为担保人(以下简称"担保人")共同向(招标人名称)_____(以下简称"招标人")承担支付人民币(大写)_____元(￥_____)的责任,投标人和担保人均受本担保书的约束。

鉴于投标人于_____年_____月_____日参加招标人的(工程项目名称)_____的投标,本担保人愿为投标人提供投标担保。

本担保书的条件是:如果投标人在投标有效期内收到你方的中标通知书后:

(1)不能或拒绝按投标须知的要求签署合同协议书;

(2)不能或拒绝按投标须知的规定提交履约保证金。

只要你方指明产生上述任何一种情况的条件时,则本担保人在接到你方以书面形式的要求后,即向你方支付上述全部款额,无须你方提出充分证据证明其要求。

本担保人不承担支付下述金额的责任:

(1)大于本担保书规定的金额;

(2)大于投标人投标价与招标人中标价之间的差额的金额。

担保人在此确认,本担保书责任在投标有效期或延长的投标有效期满后28天内有效,若延长投标有效期无须通知本担保人,但任何索款要求应在上述投标有效期内送达本担保人。

担　保　人:(盖章)_____
法定代表人或委托代理人:(签字或盖章)_____
地　　　址:_____
邮政编码:_____
日　　　期:_____年_____月_____日

2.3.6　招标文件商务标格式

在工程量清单计价方式下,计价表采用综合单价的形式,包括人工费、材料费、机械使用费、管理费、利润并考虑相关的风险因素。利用综合单价分项计算清单项目,汇总后得到总报价。工程量清单计价格式中所有要求签字、盖章的地方,必须由规定的单位和人员签字、盖章。工程量清单计价格式中列明的所有需要填报的单价和合价,投标人均应填报,未填报的单价和合价,视为此项费用已包含在工程量清单的其他单价和合价中。

(1)商务标部分格式1

封面

_____工程
投标人:_____(单位签字和盖章)
法定代表人:_____(签字盖章)
造价工程师级注册号:_____(签字盖执业专用章)
编制时间:_____

（2）商务标部分格式2

投标总价

建设单位：_____

工程名称：_____

投标报价（小写）：_____

（大写）：_____

投标人：_____（单位签字和盖章）

法定代表人：_____（签字盖章）

编制时间：_____

（3）商务标部分格式3（表2-7）

表2-7 工程项目总价表

第 页共 页

序号	单项工程名称	金额/元
	合计	

（4）商务标部分格式4（表2-8）

表2-8 单项工程费汇总表

第 页共 页

序号	单项工程名称	金额/元
	合计	

（5）商务标部分格式5（表2-9）

表2-9 单位工程费汇总表

第 页共 页

序号	单项工程名称	金额/元
1	分部分项工程量清单计价合价	
2	措施项目清单计价合价	
3	其他项目清单计价合价	
4	规费（列出名称和计算公式）	
5	税金（列出计算公式）	
	合计	

（6）商务标部分格式6（表2-10）

表2-10　分部分项工程量清单计价表

第　　页共　　页

序号	项目编码	项目名称 （项目特征）	计量单位	工程数量	金额/元	
					综合单价	合价
	按清单填写	按清单填写	按清单填写	按清单填写		
		本页小计				
		合计				

（7）商务标部分格式7（表2-11）

表2-11　措施项目清单计价表

第　　页共　　页

序号	项目名称	金额/元
	除按清单填写外,同时列出计算公式	
	合计	

（8）商务标部分格式8（表2-12）

表2-12　其他项目清单计价表

第　　页共　　页

序号	项目名称	金额/元
1	招标人部分（按清单填写）	（按清单填写）
2	投标人部分	
	合计	

（9）商务标部分格式9（表2-13）

表2-13　零星工作项目计价表

第　　页共　　页

序号	名称	计量单位	数量	金额/元	
				综合单价	合价
1	人工（按清单填写）	按清单填写	按清单填写		
	小计				
	材料（按清单填写）	按清单填写	按清单填写		
	小计				
	机械（按清单填写）	按清单填写	按清单填写		
	小计				
	合计				

（10）商务标部分格式10（表2-14）

表2-14　分部分项工程量清单综合单价分析表

第　　页共　　页

序号	项目编码	项目名称	工程内容	综合单价组成/元					综合单价
				人工费	材料费	机械费	管理费	利润	
	按清单填写	按清单填写	每项清单组价内容						

（11）商务标部分格式11（表2-15）

表2-15　措施项目费分析表

第　　页共　　页

序号	措施项目名称	措施项目内容	单位	数量	综合单价组成/元					小计
					人工费	材料费	机械费	管理费	利润	
	按清单填写	措施项目中内容								

（12）商务标部分格式12（表2-16）

表2-16　主要材料价格表

第　　页共　　页

序号	材料编号	材料名称	规格型号等特殊要求	单位	单价/元
				按清单填写	按清单填写

2.3.7 招标文件技术标格式

建筑工程施工投标竞争不仅是投标价格的竞争,投标人的组织管理能力、质量保证能力、安全施工措施等也是投标竞争的重要内容。招标人在招标文件中提供技术部分的格式,就是要求投标人按照格式填写该部分内容,反映出投标人在技术管理上的能力,作为评标的重要内容。

1. 施工组织设计

投标人应编制施工组织设计,其内容应符合投标须知所规定的基本内容。编制具体要求是:编制时应采用文字并结合图表形式说明各分部分项工程的施工方法;拟投入的主要施工机械设备情况、劳动力计划等;结合招标工程特点提出切实可行的工程质量、安全生产、文明施工、工程进度、技术组织措施,同时应对关键工序、复杂环节重点提出相应技术措施,如冬雨期施工技术措施、减少扰民噪声、降低环境污染技术措施、地下管线及其他地上地下设施的保护加固措施等。

施工组织设计除采用文字表述外应附下列图表。

(1)拟投入的主要施工机械设备表(表2－17)。

表2－17 拟投入的主要施工机械设备表

(工程名称)_____工程   第 页共 页

序号	机械或设备名称	型号规格	数量	国别产地	制造年份	额定功率/kW	生产能力	用于施工部位	备注

(2)劳动力计划表(表2－18)。

表2－18 劳动力计划表

(工程名称)_____工程   单位:人

工种	按工程和施工阶段投入劳动力情况					

(3)计划开、竣工日期和施工进度网络图。

①投标人应提交的施工进度网络图或施工进度表,说明按招标文件要求的工期进行施工的各个关键日期。中标的投标人还应按合同条件有关条款的要求提交详细的施工进度计划。

②施工进度表可采用网络图(或横道图)表示,说明计划开工日期和各分项工程各阶段的完工日期和分包合同签订的日期。

③施工进度计划应与施工组织设计相适应。

(4)施工总平面图。

投标人应提交一份施工总平面图,绘出现场临时设施布置图表并附文字说明,说明临时设施、加工车间、现场办公、设备及仓储、供电、供水、卫生、生活等设施的情况和布置。

(5)临时用地表(表2-19)。

表2-19 临时用地表

(工程名称)_____工程   第 页共 页

用途	面积/m²	位置	需用时间
合计			

2. 项目管理机构配备情况

工程项目施工是一个十分复杂的过程,涉及工程技术、工期、质量、安全、投资、材料、设备、合同等诸方面因素的管理,组织协调工作量庞大。因此,招标人要求投标人必须配备项目管理机构,开展各项工程管理工作。项目管理机构的配备情况应在投标文件中按招标人的要求提供相应资料。

(1)项目管理机构配备情况表(表2-20)。

表2-20 项目管理机构配备情况表

(工程名称)_____工程   第 页共 页

职务	姓名	职称	执业或职业资格证书					已承担在建工程情况	
			证书名称	级别	证号	专业	原服务单位	项目数	主要项目名称

(2)项目经理简历表(表2-21)。

表2-21 项目经理简历表

(工程名称)_____工程

姓名		性别		年龄	
职务		职称		学历	
参加工作时间		担任项目经理年限			
执业资格证书编号					

表 2 - 21（续）

在建和已完成工程项目情况					
建设单位	项目名称	建设规模	开、竣工时间	在建或已完	工程质量

（3）项目技术负责人简历表（表 2 - 22）。

表 2 - 22　项目技术负责人简历表

（工程名称）_____工程

姓名		性别		年龄	
职务		职称		学历	
参加工作时间		担任技术负责人年限			
在建和已完成工程项目情况					
建设单位	项目名称	建设规模	开、竣工时间	在建或已完	工程质量

（4）项目管理机构配备情况辅助说明材料。

辅助说明资料主要包括管理机构的机构设置、职责分工、有关复印证明资料及投标人认为有必要提供的资料。辅助说明资料格式不做统一规定，由投标人自行设计。

项目管理班子配备情况辅助材料另附（与投标文件一起装订）。

3. 拟分包项目情况表（表 2 - 23）

表 2 - 23　拟分包项目情况表

（工程名称）_____工程　　　　　　　　　　　　　　　　　　　　　　第　页共　页

分包人名称		地址			
法定代表人		营业执照号码		资质等级证书号码	
拟分包的工程项目		主要内容	预计造价/万元		已经做过的类似工程

2.3.8　招标文件资格标格式

对投标人的资格审查分为资格预审和资格后审。一般情况下，公开招标的项目大多采用资格预审方式，但对于一些工期要求比较紧，工程技术、结构不复杂的项目，为了早日开工,可不进行资格预审,而进行资格后审。同时有些邀请招标的项目也进行资格后审。资格后审则要求在招标文件中加入资格审查的内容,投标人在报送投标文件的同时还要报送资格审查资料。评标委员会在正式评标前,首先进行投标人资格审查,淘汰不合格的投标者,对其投标文件不予评审。

1. 资格审查申请书

资格审查申请书

致:(招标人名称)_____

1. 经授权作为代表,并以(投标人名称)_____(以下简称"投标人")的名义,在充分理解投标人资格审查文件的基础上,本申请书签字人在此以(工程项目名称)_____中下列标段的投标人身份,向你方提出资格审查申请:

项目名称	标段号

2. 本申请书附有下列内容的正本文件的复印件:

(1)投标人的法人营业执照;

(2)投标人的(施工资质等级)_____证书;

(3)总公司所在地(适用于投标人是集团公司的情形),或所有者的注册地(适用于投标人是合伙或独资公司的情形)。

3. 你方授权代表可调查、审核我方提交的与本申请书相关的声明、文件和资料,并通过我方的开户银行和客户,澄清申请书中有关财务和技术方面的问题。本申请书还将授权给有关的任何个人或机构及其授权代表,按你方的要求提供必要的相关资料,以核实本申请书中提交的或与本申请人的资金来源、经验和能力有关的声明和资料。

4. 你方授权代表可以通过下列人员得到进一步的资料:

一般咨询和管理方面咨询:	
联系人1:	电话:
联系人2:	电话:

有关人员方面咨询:	
联系人1:	电话:
联系人2:	电话:

有关技术方面咨询:	
联系人1:	电话:
联系人2:	电话:

有关财务方面咨询：	
联系人1：	电话：
联系人2：	电话：

5.本申请充分理解下列情况：

(1)资格审查合格的投标人才有可能被授予合同；

(2)你方保留更改本招标项目的规模和金额的权利。前述情况发生时，投标仅面向资格审查合格且能满足变更后要求的投标人。

6.如为联合体投标，随本申请。我们提供联合体各方的详细情况，包括资金投入(及其他资源投入)和盈利(亏损)协议。我们还将说明各方在每个合同价中以百分比形式表示的财务方面及合同执行方面的责任。

7.我们确认如果我方中标，则我方的投标文件和与之相应的合同将：

(1)得到签署，从而我方受到法律约束；

(2)如为联合体中标，则随同提交一份联合体协议，规定如果联合体被授予合同，则联合体各方共同的和分别的责任。

8.下述签字人在此声明，本申请书中所提交的声明和资料在各方面都是完整、真实和准确的。

签名：	签名：
姓名：	姓名：
兹代表(申请人或联合体主办人)	兹代表(联合体成员1)
申请人或联合体主办人盖章	联合体成员1盖章
签字日期：	签字日期：

签名：	签名：
姓名：	姓名：
兹代表(联合体成员2)	兹代表(联合体成员3)
联合体成员2盖章	联合体成员3盖章
签字日期：	签字日期：

2.资格审查申请书附表(附表1)

附表1　投标人一般情况表

1	企业名称：	
2	总部地址：	
3	当地代表处地址：	
4	电话：	联系人：

附表1(续)

5	传真:	电子信箱:
6	注册地:	注册年份(请附营业执照复印件):
7	公司资质等级(请附有关复印件)	
8	公司(是否通过、何种)质量保证体系认证(请附复印件并提供认证机构年审监督报告)	
9	主营范围 1. _____ 2. _____ 3. _____ 4. _____ ……	
10	作为总承包人经历年数	
11	作为分包人经历年数	
12	其他需要说明的情况	

附表2 近三年类似工程营业额数据表

投标人或联合体成员名称:_____

近三年营业额		
财务年度	营业额/元	备注
第一年(应明确公元纪年)		
第二年(应明确公元纪年)		
第三年(应明确公元纪年)		

附表3 近三年已完工程及目前在建工程一览表

投标人或联合体成员名称:_____

序号	工程名称	合同身份	监理单位	合同金额/万元	结算金额/万元	竣工质量标准	竣工日期
1							
2							
3							
4							

附表4 财务状况表

1. 开户情况

开户银行	银行名称:	
	银行地址:	
	电话:	联系人及职务:
	传真:	电传:

2.近三年每年资产负债情况

财务状况	近三年(应分别明确公元纪年)		
	第一年/元	第二年/	第三年/
1.总资产			
2.流动资产			
3.总负债			
4.流动负债			
5.税前利润			
6.税后利润			

3.未达到本项目现金流量需要提出的信贷计划(投标人在其他合同上投入的资金不在此范围内)

信息来源	信贷金额/万元

附表5　联合体情况表

成员身份	各方名称
1.主办人	
2.成员	
3.成员	
⋮	

附表6　类似工程经验表

合同号:

合同名称:

工程地址:

发包人名称:

发包人地址:

附表6(续)

与投标人所申请的合同相类似的工程性质和特点		
合同身份		
□独立承包人	□分包人	□联合体成员
合同总价		
合同授予时间		
完工时间		
合同工期		
其他要求(如施工经验、技术措施、安全措施)		

❯ 任务实施

按照给定任务,分析该工程项目的特性,依据前述任务给定的补充条件,完成如下任务:

1. 编制该锅炉工程项目招标文件明细;
2. 制定该项目技术标。

❯ 复习自查

1. 锅炉工程招标文件包括哪些内容?
2. 工程合同格式确定的依据是什么?
3. 锅炉招标工程商务标的内容有哪些?
4. 锅炉工程技术标有哪些文件?

任务2.4 锅炉工程项目招标的开标、评标与定标

❯ 学习目标

知识目标

1. 熟悉锅炉工程项目招标中的开标流程;
2. 懂得评标的方法与技巧。

能力目标

1. 通过模拟掌握开标、评标过程和内涵;
2. 熟悉锅炉工程项目开标、评标、定标操作。

素质目标

1. 研究评标、定标技巧,形成认真工作习惯;
2. 对招标过程养成责任关怀和创新意识。

▶ **任务描述** ....●

现有某生物质能源热电有限公司三台 UG – 35/3.82 – M 型电站锅炉拟维修、改造为 35 t/h 燃烧稻壳的生物质锅炉。项目招标文件已经发布,共计有 A、B、C、D、E 五家单位递交了投标文件。

▶ **知识导航** ....●

2.4.1　锅炉工程项目招标的开标

开标就是招标单位在招标文件中规定的时间、地点,由投标方、工程项目的建设单位及其上级主管部门、项目的投资部门,当地建设主管部门或招投标管理部门参加,也可以邀请当地公正部门参加,当众启封标书,公布各家的报价及标书的主要内容。公证人员在开标结果的登记表上签字,作为开标的正式记录。如因特殊情况不能按标书规定的日期开标,招标单位必须提前通知各参加单位。

1. 开标程序

开标会议的程序如下:

主持人宣布开标会议开始→介绍参加开标会议的单位和人员名单→宣布监标、唱标、记录人员名单→重申评标原则、评标方法→检查投标人提交的投标文件的密封情况,并宣读核查结果→宣读投标人投标报价、工期、质量、主要材料用量、投标保证金或者投标保函优惠条件等→宣布评标期间的有关事项→监标人宣布工程标底价格(设有标底的)→宣布开标会结束,转入评标阶段。

2. 无效投标文件

当投标文件出现下列情形之一的应作为无效投标文件(废标)处理。无效投标文件不得进入评标阶段。

(1)逾期送达的或者未送达指定地点的。

(2)投标文件未按招标文件要求密封的。

(3)投标文件无单位盖章并无法定代表人或法定代表人授权的代理人签字或盖章的,委托代表人签字或盖章未提供有效的"授权委托书"原件的。

(4)投标文件未按招标文件规定的格式填写、内容不全或关键字迹模糊、无法辨认的。

(5)投标人递交两份或多份内容不同的投标文件,或在一份投标文件中对同一招标项目报有两个或多个报价,且未书面声明以哪个报价为准的(按招标文件规定提交备选投标方案的除外)。

(6)投标人未按照招标文件的要求提供投标保证金或者投标保函的。

(7)组成联合体投标的,投标文件未附联合体各方共同投标协议的。

(8)投标人名称或组织结构与资格预审时不一致的。

2.4.2　锅炉工程项目招标的评标

评标就是对所有投标单位的标书从技术、商务、法律、施工管理等方面进行分析和评定，评标工作根据内容简繁，可在开标当场进行，也可以在开标后的其他时间进行，自开标至定标的期限，小型工程不超过 10 天，大中型工程不超过 30 天，特殊情况可以适当延长。

小型工程由于发包工作内容较为简单，可以采用即开、即评、即定的方式由评标委员会及时确定中标人，这种方式称为专家评议法。大型复杂工程因评审内容复杂、涉及面宽，通常需采用初评、详评两阶段评标法进行。初评对投标人的资格、投标保证的有效性、报送资格的完整性、投标书与招标文件的要求有无实质性背离和报价计算的正确性等方面进行响应性审查。详评是对各投标书进行技术和商务两方面的评审，具体的评审方法可分为经评审的最低投标价法和综合评估法。

1. 评标组织

评标由招标人依法组建的评标委员会负责。评标委员会由招标人的代表和有关技术、经济等方面的专家组成，其负责人由建设单位法定代表人或授权人担任，成员人数为 5 人以上单数，其中技术、经济等方面的专家不得少于成员总数的三分之二。

2. 评标内容

评标一般要经过符合性审查、实质性审查和复审三个阶段，但不实行合理低价中标的计标，可不进行复评。

（1）评标的准备

评标委员会成员在正式对投标文件进行评审前，应当认真研究招标文件，了解招标文件规定的评标标准和方法。

（2）初步评审

初步评审的内容包括对投标文件的符合性评审、技术性评审和商务性评审。

（3）投标文件的澄清、说明或补正

评标时，若发现投标文件的内容含义不明确、对同类问题表述不一致或者有明显文字和计算错误，评标委员会可以以书面方式要求投标人做必要的澄清、说明或补正，但不得超出投标文件的范围或改变投标文件的实质性内容。

3. 评标原则和纪律

（1）评标原则

①竞争择优。

②公平、公正、科学合理。

③质量好，履约率高，价格、工期合理，施工方法先进。

④反对不正当竞争。

（2）评标纪律

①评标由评标委员会依法进行，任何单位和个人不得非法干预、影响评标的过程和结果。

②评标委员会成员应当客观、公正地履行职务，遵守职业道德，对所提出的评审意见承担个人责任。

③评标委员会成员不得私下接触任何投标人及与招标结果有利害关系的人，不得收受投标人、中介人及其他利害关系人的财物或者其他好处。

④评标委员会成员和参与评标的有关工作人员不得透露对投标文件的审查、澄清、评

价和比较的有关资料,中标候选人的推荐情况,以及与评标有关的其他任何情况。

⑤在投标文件的评审和比较、中标候选人推荐及授予合同的过程中,投标人向招标人和评标委员会施加影响的任何行为,都将会导致其投标被拒绝。

⑥中标人确定后,招标人不对未中标人就评标过程以及未能中标原因做出任何解释。未中标人不得向评标委员会组成成员或其他有关人员咨询评标过程的情况和索要材料。

⑦招标人应当采取必要的措施,保证评标在严格保密的情况下进行。

4.评标标准和方法

评标委员会应按照招标文件确定的评标标准和办法,对实质上响应招标文件要求的投标文件的报价、工期、质量、主要材料用量、施工方案或施工组织设计、投标人以往业绩、社会信誉及以往履行合同情况、优惠条件等方面进行综合评审和比较,向招标人提出书面评标报告,并推荐合格的中标候选人。评标委员会成员对评标结果签字确认。

评标办法可以采用综合评标法、经评审的最低投标价法或者法律法规允许的其他评标办法。

(1)综合评标法

综合评标法即最大限度地满足招标文件中规定的各项综合评价标准,将报价、施工组织设计、质量保证、工期保证、业绩与信誉等赋予不同的权重,用打分或折算货币的方法,评出中标人。

(2)经评审的最低投标价法

经评审的最低投标价法即能满足招标文件的实质性要求,选择经评审的最低投标价格(投价格低于成本的除外)的投标人为中标人。

评标委员会经评审,认为所有投标都不符合招标文件要求的,可以否决所有投标。依法必须进行招标的项目的所有投标被否决的,招标人应当依法重新招标。

5.评标报告

评标报告是评标委员会评标结束后提交给招标人的一份重要文件。

评标报告的内容应包括基本情况和数据表,评标委员会成员名单,开标记录,符合要求的投标一览表,废标情况说明,评标标准,评标方法或者评标因素一览表,经评审的价格或者评分比较一览表,经评审的投标人排序,推荐的中标候选人名单与签订合同前要处理的事宜,澄清、说明、补正事项纪要。

2.4.3 锅炉工程项目招标的定标

招标人自开标之日起,除特殊情况外,一般应当在开标之日起30天内确定中标人。招标人根据评标委员会提出的书面评标报告和推荐的中标候选人确定中标人,也可以授权评标委员会直接确定中标人。招标单位应在定标7天后发出中标通知,同时抄送未中标单位,抄报招标投标办事机构。依法必须进行招标的项目,招标人应当自确定中标人之日起15天内向有关行政监督部门提交招标情况的书面报告。未中标的投标单位应在接到通知7天内退还招标文件及有关资料,同时领回投标保证金。

1.签发中标通知

定标之后招标人应及时签发中标通知。投标人在收到中标通知书后要出具书面回执,证实已经收到中标通知书。

中标通知书对招标人和中标人具有法律效力。中标通知书发出后,招标人改变中标结果的,或者中标人放弃中标项目的,应当依法承担法律责任。

2. 提交履约担保,订立书面合同

招标人与中标人应当自中标通知书发出之日起30日内,按照招标文件和中标人的投标文件订立承发包合同。招标人和中标人不得再行订立背离合同实质性内容的其他协议。双方就合同达成协议后,正式签订合同,招标工作结束。

中标通知书的格式如下:

中标通知书

(中标人名称)_____:

（招标人名称）_____ 的（工程项目名称）_____ 于 _____ 年 _____ 月 _____日公开开标后,已完成评标工作并报招标管理机构核准,现确定你单位为中标人,中标标价为人民币(大写)_____万元,中标工期自_____ 年 _____ 月 _____ 日开工。_____年_____月_____日竣工,总工期为_____日历天,工程质量要求符合(《工程施工质量验收规范》)_____标准。

你单位收到中标通知书后,在_____ 年 _____ 月 _____ 日 _____ 时前到(地点)_____ 与招标人签订合同。

招标人:_____（盖章）

法定代表人:_____（签字、盖章）

日　期:_____年_____月_____日

招标代理机构:_____（盖章）

法定代表人:_____（签字、盖章）

日　期:_____年_____月_____日

招标管理机构:_____（盖章）

审核人:_____（签字、盖章）

审核日期:_____年_____月_____日

▶ 任务实施

按照给定任务,解析五家投标单位投标文件,依据相关要求,完成如下任务:

1. 制定投标程序清单;

2. 编制评标章程,包括评标委员会、评标原则和评标标准。

▶ 复习自查

1. 开标流程有哪些?

2. 评标可以分为几个阶段?

3. 评标的方法有几种?

4. 中标通知书有哪些内容?

任务2.5　锅炉工程项目招标的其他问题

> **学习目标** ··•

知识目标

1. 分析投标公告和邀请书,凝聚其内涵;

2. 检视锅炉工程项目标底价格编制流程。

能力目标

1. 探索锅炉工程项目资格预审的要点;

2. 纯熟现场勘查内容及执行。

素质目标

1. 养成理论联系实践的习惯;

2. 塑造实事求是的态度。

> **任务描述** ··•

现有某生物质能源热电有限公司三台 UG – 35/3.82 – M 型电站锅炉拟维修、改造为 35 t/h 燃烧稻壳的生物质锅炉。项目已经过立项,属于自筹资金且资金全部到位,概算已经主管部门批准,施工图纸与资料不齐全。建设单位发布投标公告要求,具备建筑施工资质企业均可投标,同时考虑到本地企业和外地企业的地域区别,制定了两套标底,公告中声明可以不进行现场勘查。

> **知识导航** ··•

2.5.1　投标公告和投标邀请书

锅炉工程项目施工招标采用公开招标方式的,招标人应当发布招标公告,邀请不特定的法人或其他组织投标。依法必须进行施工招标项目的招标公告,应当在国家指定的报刊、信息网络和其他媒介上发布。采用邀请招标方式的,招标人应当向三家以上具备承担施工招标能力、资信良好的特定的法人或者其他组织发出投标邀请书。

招标公告或者投标邀请书应当至少载明下列内容:招标人的名称和地址;招标项目的内容、规模、资金来源;招标项目的实施地点和工期;获取招标文件或者资格预审文件的地点和时间;对招标文件或者资格预审文件收取的费用;对招标人的资质等级的要求。

招标人应当按招标公告或者投标邀请书规定的时间、地点出售招标文件或资格预审文件。自招标文件或者资格预审文件出售之日起至停止出售之日止,最短不得少于 5 个工作日。

1.采用资格预审方式的招标公告

招标公告

招标工程项目编号:(项目编号)_____

1.(招标人名称)_____的(招标工程项目名称)_____已由(项目批准机关名称)_____批准建设。现决定对该项目的工程施工进行公开招标,选定承包人。

2.本次招标工程项目的概况如下:

2.1(说明招标工程项目的性质、规模、结构类型、招标范围、标段及资金来源和落实情况等);

2.2 工程建设地点为(工程建设地点)_____。

2.3 计划开工日期为____年____月____日,计划竣工日期为____年____月____日,工期_____日历天;

2.4 工程质量要求符合(工程质量标准)_____标准。

3.凡具备承担招标工程项目的能力并具备规定的资格条件的施工企业,均可对上述(一个或多个)_____招标工程项目(标段)向招标人提出资格预审申请,只有资格预审合格的投标申请人才能参加投标。

4.投标申请人须是具备建设行政主管部门核发的(行业类别)(资质类别)(资质等级)_____以上资质的法人或其他组织。自愿组成联合体的各方均应具备承担招标工程项目的相应资质条件;相同专业的施工企业组成的联合体,按照资质等级低的施工企业的业务许可范围承揽工程。

5.投标申请人可从_____处获取资格预审文件,时间为____年____月____日至____年____月____日,每天上午____时____分至____时____分,下午____时____分至____时____分(公休日、节假日除外)。

6.资格预审文件每套售价为人民币_____元,售后不退。如需邮购,可以书面形式通知招标人,并另加邮费每套人民币_____元。招标人在收到邮购款后_____日内,以快递方式向投标申请人寄送资格预审文件。

7.资格预审申请书封面上应清楚地注明"《招标工程项目名称》(标段名称)_____投标申请人资格预审申请书"字样。

8.资格预审申请书须密封后,于(预审文件提交截止年)_____年(预审文件提交截止月)_____月(预审文件提交截止日)_____日(预审文件提交截止时)_____时以前送至(提交预审文件地址)_____处,逾期送达或不符合规定的资格预审申请书将被拒绝。

9.资格预审结果将及时告知投标申请人,并预计于____年____月____日发出资格预审合格通知书。

10.凡资格预审合格的投标申请人,请按照资格预审合格通知书中确定的时间、地点和方式获取招标文件及有关资料。

招 标 人：_____

办公地址：_____

邮政编码：_____联系电话：_____

传　　真：_____联系人：_____

招标代理机构：_____

办公地址：_____

邮政编码：_____联系电话：_____

传　　真：_____联系人：_____

日　　期：____年____月____日

2.采用资格后审方式的招标公告

投标邀请书

招标工程项目编号：_____（项目编号）

致:（投标邀请人名称）_____

1.（招标人名称）_____的（招标工程项目名称）_____已由（项目批准机关名称）_____批准建设。现决定对该项目的工程施工进行邀请招标,选定承包人。

2.本次招标工程项目的概况如下:

2.1（说明招标工程项目的性质、规模、结构类型、招标范围、标段及资金来源和落实情况等）。

2.2 工程建设地点为（工程建设地点）_____。

2.3 计划开工日期为____年____月____日,计划竣工日期为____年____月____日,工期_____日历天。

2.4 工程质量要求符合（工程质量标准_____）_____标准。

3.本工程对投标申请人的资格审查采用资格后审方式,主要资格审查标准和内容详见招标文件中的资格审查文件。只有资格审查合格的投标申请人才有可能被授予合同。

4.如你方对本工程上述（一个或多个）_____招标工程项目（标段）感兴趣,请从_____处购买招标文件、资格预审文件和其他相关资料,时间为____年____月____日至____年____月____日,每天上午____时____分至____时____分,下午____时____分至____时____分（公休日、节假日除外）。

5.招标文件每套售价为人民币_____元,售后不退。投标人需交纳图纸押金人民币_____元。当投标人退还全部图纸时,该押金将同时退还给投标人（不计利息）。本公告第4条所述的资料如需邮寄,可以书面形式通知招标人。并另加邮费每套_____元。招标人在收到邮购款后_____日内,以快递方式向投标申请人寄送上述资料。

6.投标申请人在提交投标文件时,应按照有关规定提供不少于投标总价的_____元的投标保证金或投标保函。

7.投标文件提交的截止时间为____年____月____日____时____分,提交到_____。逾期送达的投标文件将被拒绝。

8.招标工程项目的开标将于上述投标截止的同一时间在_____公开进行,投标人的法人代表或其委托代理人应准时参加。

> 招　标　人：_____
>
> 办公地址：_____
>
> 邮政编码：_____联系电话：_____
>
> 传　　真：_____联系人：_____
>
> 招标代理机构：_____
>
> 办公地址：_____
>
> 邮政编码：_____联系电话：_____
>
> 传　　真：_____联系人：_____
>
> 日　　期：____年____月____日

2.5.2　资格预审

1.分类

对投标人的资格审查可以分为资格预审与资格后审两种方式,资格预审在投标之前进行,资格后审在开标后进行。我国大多数地方采用的是资格预审方式。

招标人可以根据招标工程的需要,对投标申请人进行资格预审,也可以委托工程招标代理机构对投标申请人进行资格预审。实行资格预审时,招标人应当在招标公告或投标邀请书中明确对投标人资格预审的条件和获取资格预审文件的办法,并按照规定的条件和办法对报名或邀请投标人进行资格预审。

2.资格预审的内容

无论采用预审还是后审,都是主要审查投标申请人是否符合下列条件:

(1)具有独立订立合同的权利。

(2)具有履行合同的能力,包括专业、技术资格和能力,资金、设备和其他物质设施状况,管理能力,经验、信誉和相应的从业人员。

(3)没有处于被责令停业,投标资格被取消,财产被接管、冻结、破产状态。

(4)在最近三年内没有骗取中标和严重违约及重大工程质量问题。

(5)法律、行政法规规定的其他资格条件。

招标人应当在资格预审文件中载明资格预审的条件、标准和方法,不得以不合理的条件限制、排斥潜在的投标人,不得对潜在的投标人实行歧视性待遇。任何单位和个人不得以行政手段或其他不合理的方式限制投标人的数量。

投标申请人资格预审合格通知书

致:(预审合格的投标申请人名称)_____

　　鉴于你方参加了我方组织的招标编号为_____的(工程项目名称)_____工程施工投标资格预审,并经我方审定,资格预审合格。现通知你方作为资格预审合格的投标人就上述工程施工进行密封投标,并将有关事宜告知如下:

　　1.凭本通知书于____年____月____日至____年____月____日,每天上午____时____分至____时____分,下午____时____分至____时____分(公休日、节日除外)到_____购买招标文件,招标文件售价为人民币_____元,无论是否中标,该费用不予退还。另需交纳图纸押金人民币_____元,当投标人退还图纸时,该押金同时退还给投标人(不计利息)。上述资料如需邮寄,可以书面通知招标人,并另加邮寄费用每套人民币_____元,招标人在收到邮购款_____日内,以快递方式向投标人寄送上述资料。

　　2.收到通知后_____日内,请以书面形式予以确认。如果你方不准备参加该投标,请于____年____月____日前通知我方,谢谢合作。

招 标 人:_____

办公地址:_____

邮政编码:_____联系电话:_____

传   真:_____联系人:_____

招标代理机构:_____

办公地址:_____

邮政编码:_____联系电话:_____

传   真:_____联系人:_____

日   期:____年____月____日

2.5.3　锅炉工程项目标底价格编制

1.工程标底的概念

　　工程标底是指招标人根据招标项目的具体情况编制的,完成招标项目所需的全部费用,是依据国家规定的计价依据和计价办法计算出来的工程造价,是招标人对锅炉工程项目的期望价格。标底由成本、利润、税金等组成,一般应控制在批准的总概算及投资包干限额内。

　　《中华人民共和国招标投标法》没有明确规定招标工程是否必须设置标底价格,招标人可根据工程的实际情况自己决定是否需要编制标底价格。一般情况下,即使采用无标底招标方式进行工程招标,招标人在招标时还是需要对招标工程的建造费用做出估计,使心中有一基本价格底数。同时,由此也可对各个投标报价的合理性做出理性的判断。

2.标底价格的确定方式

　　我国目前常用标底价格的确定方式有定额计价方式和工程量清单计价方式。

（1）定额计价方式

用定额计价方式确定工程标底价格，一般采用以下两种方法。

①单位估价法

单位估价法是定额计价方式常采用的方法。该方法根据施工图和预算定额，通过计算分项工程量、分项直接工程费，将分项直接工程费汇总成单位工程直接工程费后，再根据措施费费率、间接费费率、利润率、税率分别计算出各项费用和税金，最后汇总成单位工程造价。

②实物金额法

当预算定额中只有人工、材料、机械台班消耗量，而没有定额基价的货币量时，可以采用实物金额法来计算工程造价。实物金额法的基本做法是，先算出分项工程的人工、材料、机械台班消耗量，然后汇总成单位工程的人工、材料、机械台班消耗量，再将这些消耗量分别乘以各自的单价，最后汇总成单位工程直接费用。后面各项费用的计算同单位估价法。

（2）工程量清单计价方式

业主或标底编制人以工程量清单为平台，根据建筑企业平均社会水平的技术、财力、物力、管理能力及市场的人工、材料、机械价格等确定工程标底。

价格由五部分费用组成：分部分项工程量清单计价费、措施项目清单计价费、其他项目清单计价费、规费和税金。

①分部分项工程量清单计价费

分部分项工程量清单计价是对招标方提供的分部分项工程量进行计价的。分部分项工程量清单计价有两种方法：预算定额调整法和工程成本测算法。

②措施项目清单计价费

标底编制人需要对招标方提供的措施项目清单表中的内容逐项计价。如果标底编制人认为表内提供的项目不全，亦可列项补充。

③其他项目清单计价费

其他项目清单按招标人和投标人分别计价。

投标人部分由投标人或标底编制人填写。其中总承包服务费要根据工程规模、工程复杂程度、投标人的经营范围，划分拟分包工程，一般是按不大于分包工程总造价的5%计取。

零星工作项目表由招标人提供具体项目和数量，由投标人或标底编制人对其进行计价。

零星工作项目计价表中的单价为综合单价，其中人工费综合了管理费与利润。材料费综合了材料购置费及采购保管费。机械综合了机械台班使用费、车船使用税及设备的调遣费。

④规费

规费亦称地方规费，是税金之外由政府机关或政府有关部门收取的各种费用，各地收取内容多有不同。在标底编制时应按工程所在地的有关规定计算此项费用，例如定额测定费、工程排污费、水电增容费等。

⑤税金

税金包括营业税、城市维护建设税、教育费附加三项内容。根据工程所在地的不同,税率也有所区别,标底编制时应按工程所在地规定的税率计取税金。

工程标底价格 = 分部分项工程量清单计价费 + 措施项目清单计价费 + 其他项目清单计价费 + 规费 + 税金。

2.5.4 锅炉工程项目现场勘查

招标人根据项目具体情况,按照投标须知中规定的时间组织潜在投标人勘察项目现场,向其介绍工程场地和相关环境的有关情况,投标人以此获取认为有必要的信息,并据此做出关于投标策略和投标报价的决定。

招标人可以向投标人介绍以下有关现场的情况:

(1)施工现场是否达到招标文件规定的条件;

(2)施工现场的地理位置和地形、地貌;

(3)施工现场的地质、土质、地下水位、水文等情况;

(4)施工现场气候条件,如气温、湿度、风力等;

(5)现场环境,如交通、供水、污水排放、生活用电、通信等;

(6)工程在施工现场的位置或布置;

(7)临时用地、临时设施搭建等。

招标人向投标人提供的有关现场的资料和数据是招标人现有的能被投标人利用的资料,招标人对投标人由此而做出的任何推论、理解和结论概不负责。

对于潜在投标人在阅读招标文件和现场踏勘中提出的疑问,招标人可以用召开投标预备会的方式解答。投标预备会一般在投标单位审查施工图纸和编制投标预算进行到一段时间(通常为两周),在进行完现场踏勘后,由招标人组织召开。所有潜在投标人应参加投标预备会。会议的主要目的是澄清招标文件中的疑问,解答投标人对招标文件和现场中提出的疑问和问题。

投标预备会纪要应形成书面文件,并将同时送达所有获取招标文件的单位,并且均应以书面形式予以签收确认。

投标人和标底编制人员在领取招标文件、图纸和有关技术资料及勘查现场后有疑问,应以书面形式提出,招标人应于投标截止时间至少 15 日前。以书面形式解答,并将解答同时送达所有获取招标文件的单位,并且均应以书面形式予以签收确议。

招标人对已发出的招标文件确需进行澄清或者修改的,应当在招标文件规定的提交投标文件截止时间至少 15 日前,以书面形式通知所有获取招标文件的单位。任何口头上的修改澄清、答疑一律视为无效。澄清、修改、答疑等补充文件作为招标文件的组成部分,与招标文件具有同等效力,当招标文件、修改补充通知、澄清纪要、答疑纪要的内容互相矛盾时,以最后发出的通知(或答疑纪要)或修改文件为准。

为了使投标人在编写投标文件时充分响应招标文件的澄清纪要、修改及答疑纪要的内容,招标人可根据情况适当延长投标截止时间,具体时间修改应当在修改补充通知中明确。

> ▶ **任务实施** ┄┄┄┄┄┄┄┄┄┄┄┄┄┄┄┄┄┄┄┄┄┄┄┄┄┄┄┄┄┄┄┄┄•

按照给定任务,分析建设单位对该锅炉工程项目制定的相关要求,完成如下任务:

1. 该任务制定的条件有哪些问题?

2. 该锅炉工程项目需要什么样的资质?

> ▶ **复习自查** ┄┄┄┄┄┄┄┄┄┄┄┄┄┄┄┄┄┄┄┄┄┄┄┄┄┄┄┄┄┄┄┄┄•

1. 招标公告的格式如何?

2. 资格预审方式有几种?

3. 工程底价确定方式有几种?

4. 现场勘查纪要是招标文件的组成部分吗?

> ▶ **项目评量** ┄┄┄┄┄┄┄┄┄┄┄┄┄┄┄┄┄┄┄┄┄┄┄┄┄┄┄┄┄┄┄┄┄•

学生任务评量见表 2 - 24。

表 2 - 24 "锅炉项目招标"学生任务评量表

各位同学:

1. 教师针对下列评量项目并依据"评量标准",从 A、B、C、D、E 中选定一个对学生操作进行评分,学生在教师评价前进行自评,但自评不计入成绩。

2. 此项评量满分为 100 分,占学期成绩的 10%。

评量项目	学生自评与教师评价(A ~ E)	
	学生自评分	教师评价分
1. 平时成绩(20 分)		
2. 实作评量(40 分)		
3. 任务完成(20 分)		
4. 课堂表现(20 分)		

> ▶ **项目小结** ┄┄┄┄┄┄┄┄┄┄┄┄┄┄┄┄┄┄┄┄┄┄┄┄┄┄┄┄┄┄┄┄┄•

通过对招标项目的种类、方式、范围等的了解,掌握锅炉工程项目招标是一项系统工程及如何操纵这个系统工程。

通过实操演练锅炉工程项目招标程序,了解招标的操作流程。

通过招标文件的编制,掌握如何运用理论知识于生产实践中。

本项目的学习内容如图 2 - 2 所示。

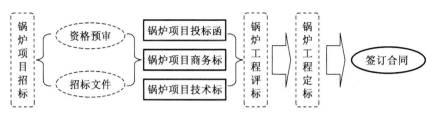

图 2 - 2　本项目的学习内容

　　锅炉工程项目招标既是锅炉安装工程技术能力的应用,也是文字组织能力和综合能力的体现,是一项综合能力极强的课程。

项目3　锅炉工程项目投标

> **项目描述** ···•

锅炉工程项目的投标包括四项内容,一是工程项目施工投标程序,二是工程项目投标的决策和技巧,三是工程项目投标文件的编制与递交,四是工程项目合同与合同管理。

锅炉工程项目的投标程序一般按获得招标信息→资格预审→购买招标文件和相关资料→研究招标文件、现场勘查,参加标前会议并提出异议→制订施工方案和计划→核定工程量确定报价→编制投标文件并递交→参加开标会议→获得中标通知书→签订合同进行。

锅炉项目投标的第一个重点在于投标决策和技巧,针对项目招标是投标还是弃标,不但要从技术、经济、管理、信誉等主观因素考虑,还要从竞争对手和态势、业主和监理因素及风险的客观因素考虑。

锅炉工程项目投标的第二个重点在于投标文件的编制递交,要充分了解投标文件的组成、注意事项,如工期、质量、价格等方面,并在细节上下功夫,如装订、密封、递交时间等。投标文件的编制是能否中标的关键,其内容的翔实性、可行性是评标与定标的主要参考依据。

锅炉工程项目的合同在获得中标通知书后签订;合同的内容要求法律概念清晰、主体分明;合同的订立要求遵循平等、自愿、公平、诚实信用、合法和公序良俗原则。

本项目旨在引领学生熟悉锅炉工程项目投标的程序,理解锅炉工程项目施工投标的决策与技巧,熟练锅炉工程项目投标文件的编制,善于分析和解构锅炉工程项目合同内涵并进行管理。

目的:通过情景模拟、项目实操,完成招投标文件编制,认知合同通用条款并能够编制。
预期结果:以实现对锅炉工程项目投标的认知、文件编制与合同应用和管理。

> **教学环境** ···•

教学场地是锅炉安装模拟仿真实训室和锅炉模型实训室。学生利用多媒体教室进行理论知识的学习、小组工作计划的制订、实施方案的讨论等;利用实训室进行锅炉工程项目投标文件的编制、投标流程的模拟、合同的执行与管理等项目的认知和训练。

> **任务描述** ···•

拟将某生物质能源热电有限公司三台 UG – 35/3.82 – M 型电站锅炉改造为 SHL35 – 3.82/450 – S 型生物质锅炉并进行安装。该项目主要工作范围包括锅炉及其附属设备工程,汽轮机、发电机组系统工程,电气工程,热工仪表与控制装置工程,化学水工程等。经可行性分析后,公司决定对该锅炉工程项目的锅炉设备改造、安装部分进行投标。

任务 3.1 锅炉工程项目投标的程序

> **学习目标** ....●

知识目标

1. 探究锅炉项目投标条件;

2. 掌握锅炉项目投标程序。

能力目标

1. 熟练进行锅炉项目投标内容编制;

2. 建构投标模型以应用于锅炉项目投标。

素质目标

1. 主动参与投标文件编制并具备创新意识;

2. 融合自主学习和课堂学习于一体。

> **知识导航** ....●

3.1.1 锅炉工程项目投标人应具备的条件

1. 投标的概念

投标是指投标单位根据建设单位的招标条件,提出完成招标工程的方法、措施和报价,争取得到项目承包权的活动。投标既是建筑企业取得工程施工合同的主要途径,又是建筑企业经营决策的重要组成部分。投标是针对招标的工程项目,力求实现决策最优化的活动。

2. 投标人的概念

《中华人民共和国招标投标法》规定,投标人是指响应招标、参加投标竞争的法人或者其他组织。所谓响应招标,主要是指投标人对招标人在招标文件中提出的实质性要求和条件,比如工期、质量、实施范围等作答,做出响应。

《中华人民共和国招标投标法》还规定,依法招标的科研项目允许个人参加投标,投标的个人适用本法有关投标人的规定。因此,投标人除了包括法人、其他组织,还应当包括自然人。随着我国建筑市场的不断发展和成熟,自然人作为投标人的情形也会经常出现。

3. 投标人应具备的条件

投标人应具备承担招标项目的能力,若国家对投标人资格有规定或招标文件对投标人资格条件有规定,那么投标人应首先具备这些规定的条件。招标人资格必须满足招标文件的要求,一般招标通过资格预审来检验投标人的资格。根据《中华人民共和国招标投标法》规定,投标人应具备下列条件:

(1)投标人应具备承担招标项目的能力;国家有关规定或者招标文件对投标人资格条件有规定的,投标人应当具备规定的资格条件。

(2)投标人应当按照招标文件的要求编制投标文件,投标文件应当对招标文件提出的要求和条件做出实质性响应。

（3）投标文件的内容应当包括拟派出的项目负责人与主要技术人员的简历、业绩和拟用于完成招标项目的机械设备等。

（4）投标人应当在招标文件所要求提交投标文件的截止时间前,将投标文件送达投标地点。招标人收到投标文件后,应当签收保存,不得开启。

（5）投标人在招标文件要求提交投标文件的截止时间前,可以补充、修改或者撤回已提交的投标文件,并书面通知招标人。补充、修改的内容为投标文件的组成部分。

（6）投标人根据招标文件载明的项目实际情况,拟在中标后将中标项目的部分非主体、非关键性工作委托他人完成的,应当在投标文件中载明。

（7）两个以上法人或者其他组织可以组成一个联合体,以一个投标人的身份共同投标。但是,联合体各方均应当具备承担招标项目的相应能力及相应资格条件。各方应当签订共同投标协议,明确约定各方拟承担的工作和相应的责任,并将共同投标协议连同投标文件一并提交给招标人。联合体中标的联合体各方应当共同与招标人签订合同,就中标项目向招标人承担连带责任。

（8）投标人不得相互串通投标报价,不得排挤其他投标人的公平竞争,损害招标人或者他人的合法权益。

（9）投标人不得以低于合理预算成本的报价竞标,也不得以他人名义投标或者以其他方式弄虚作假,骗取中标。

所谓合理预算成本,即按照国家有关成本核算的规定计算的成本。

3.1.2 锅炉工程项目施工投标程序

从施工企业参与投标的角度,投标工作的程序如图3－1所示。

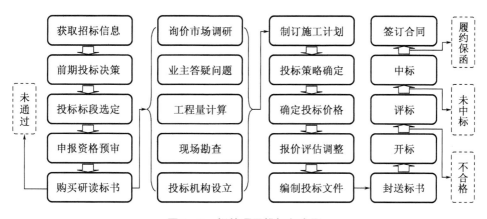

图3－1 锅炉项目投标程序图

3.1.3 锅炉工程项目施工投标内容

锅炉工程项目施工投标内容与要点包括根据获得的网络信息或相关信息,检视自身资格状况,组织申报资格预审→组织管理、财务、技术和相关具备一定施工经验的工程人员,认真研读招标文件→组织具备一定阅历的施工人员,现场踏勘→依据招标文件、资料和图纸,结合现场勘查结果,参加标前会议,提出质询→计算和校核工程量→制订施工计划→确

定投标报价→编制投标文件→递送投标文件。具体内容如下：

1. 申报资格预审

在获取招标信息决定参加投标后，就可以从招标人处获得资格预审调查表，准备并提交资格预审资料，接受招标单位的资格预审。

资格预审一般审查投标单位的资质等级、营业执照、以往从事类似项目的业绩证明资料、具有完成投标项目的技术能力和管理能力的证明资料、能够证明企业运营和财务状况良好的资料，以及联合承包、分包的企业实力的证明资料等。

填表分析时，既要针对工程特点下功夫填好各个栏目，又要仔细分析针对业主考虑的重点，全面反映出本公司的施工经验、施工水平和施工组织能力。使资格预审文件既能达到业主的要求，又能反映自己的优势，给业主留下深刻印象。

资格预审申请书必须在招标人规定的截止时间之前递交到招标人指定的地点，超过截止时间递交的申请书将不被接受。资格预审申请书一般递交一份原件和若干份副本（资格预审文件中规定），并分别由信封密封，信封上写明资格预审的工程名称及申请人的名称和住址。递交后，做好资格审查表的跟踪工作，以便及时发现问题，补充资料。

2. 研读招标文件

投标人通过资格预审取得投标资格，按照招标公告规定的时间、地址向招标单位购买招标文件。招标文件是投标和报价的重要依据，对其理解的深度将直接影响到投标结果，因此应该组织有力的设计、施工、商务、估价等专业人员仔细分析研究。

（1）检查文件是否齐全、是否有缺失，有无字迹不清楚，有无翻译错误，有无含糊不清、前后矛盾之处。

（2）投标班子的全体人员认真研读，各负其责，技术、商务等分工合作研读技术卷、图纸、商务、投标须知和报价等要求。

（3）研读完招标文件后，全体人员讨论招标文件存在的问题，做好备忘录，等待现场踏勘了解，或在答疑会上以书面形式提出质询，要求招标人澄清。

（4）研究招标文件的要求，掌握招标范围、图纸、技术规范、工程量清单，熟悉投标书的格式、签署方式、密封方法和标志，明确投标截止日期，以免错失投标机会。

（5）研究、分析评标办法和合同授予标准。确定是综合评议法还是经评审的最低投标报价法；综合评议法是定性还是定量；经评审的最低投标报价法是在质量、工期满足招标文件的要求的条件下，明确相应招标文件要求，投标价格最低的投标人中标。

（6）研究合同协议书、通用条款和专用条款。合同形式是总价合同还是单价合同，价格是否可以调整，分析拖延工期的罚款，保修期的长短和保证金的额度；研究付款方式、违约责任等。根据权利义务关系分析风险，将风险考虑到报价中。

3. 现场踏勘

现场踏勘是投标中极其重要的准备工作，招标人一般在招标文件中会明确现场踏勘的时间和地点。现场考察既是投标人的权力也是招标人的义务，投标人在报价以前必须认真地进行施工现场考察，全面、仔细地调查了解工地及其周围的政治、经济、地理等情况。按照惯例，投标人提出的报价一般被认为是在现场考察的基础上编制的。一旦价格报出后，投标人就无权因为现场考察不周、情况了解不细或因素考虑不全而提出修改投标报价或提出补偿等要求。

踏勘现场之前，通过仔细研究招标文件，对招标文件中的工作范围、专用条款，以及设

计图纸和说明,拟定调研提纲,确定重点要解决的问题。进行现场考察应侧重以下几个方面:

(1)施工现场是否达到招标文件规定的条件,如"三通一平"等。

(2)投标工程与其他工程之间的关系,与其他承包商或分包商之间的关系。

(3)工地现场形状和地貌、地质、地下水条件、水文,管线设置等情况。

(4)施工现场的气候条件,如气温、降水量、湿度、风力等。

(5)现场环境,如交通、电力、水源、污水排放,有无障碍物等。

(6)临时用地、临时设施搭建等,工程施工过程中临时使用的工棚、材料堆场及设备设施所占的地方。

(7)工地附近治安情况。

除了调查施工现场的情况外,还应了解工程所在地的政治形势、经济形势、法律法规、风俗习惯、自然条件、生产和生活条件,调查发包人和竞争对手。通过调查,采取相应对策,提高中标的可能性。

4.参加标前会议,提出质询

根据招标文件存在的问题,结合现场踏勘后存在的疑问,投标人应以书面形式在标前会议上提出,招标人以书面形式答复。这种书面答复同招标文件同样具有法律效力。

5.计算和校核工程量

工程量的多少将直接影响到工程计价和中标的机会,无论招标文件是否提供工程量清单,投标人都应该认真按照图纸计算工程量。

对于工程量清单招标方式,不允许改动清单,以响应招标文件;但需要按图核定工程量,做到心中有数。

对于单价合同,如发现工程量与核实结果不符,可在编制报价时策略调整。

对于总价合同,若工程量核实有出入,须先向招标单位核实,而后在投标时附上说明。

对于定额计价招标方式,除按图和现场进行工程量计算外,要考量地区、定额影响。工程量计取必须与现场实际相符合,与施工方法相吻合。

6.制订施工计划

施工项目投标的竞争主要是价格的竞争,而价格的高低与所采用的施工方案及施工组织计划密切相关,所以在确定标价前必须编制好施工规划。

施工规划一般包括各分部分项工程施工方法、施工进度计划、施工机械计划、材料设备计划和劳动力安排计划,以及临时生产、生活设施计划。制定的主要依据是设计图纸、规范和工程量、招标文件要求的开工竣工日期及对市场材料、设备、劳动力价格的调查等。编制施工规划时要注意:

(1)选择和确定主要部位施工方法;

(2)选择施工机械和施工设施;

(3)编制施工进度计划。

施工规划的制订应在技术和工期两方面吸引招标人,对投标人来说能降低成本,增加利润。在投标过程中编制的施工规划,其深度和广度都比不上施工组织设计。如果中标,再编制施工组织设计。

7.确定投标报价

投标报价是根据招标文件的要求和项目的具体特点,结合现场踏勘的情况,按照市场

情况和企业实力自主报价。报价是投标竞争的核心,报价过高会失去承包机会,过低可能中标,但会给工程带来亏本的风险。

（1）投标报价的计算依据

招标文件→设计图纸、工程量清单及技术说明书→工程预算定额及各种费用定额规定→材料价格、采购地点及供应方式→图纸会审和现场踏勘后问题材料→企业内部定额、取费、价格等规定、标准→施工方案、进度计划等→各种不可预见费用。

（2）投标报价的原则

在进行标价计算时一般应遵循以下原则：

①要综合考虑单价合同、总价合同、成本加酬金合同方式,使费用内容和细目具备计算深度,进而与合同形式相协调。

②要以施工方案、进度计划等基本条件为依托。

③要以企业定额作为计算人工、材料、机械台班消耗量的基本依据,能够反映企业技术和管理水平。

④要充分考虑勘察成果、市场价格和行情资料因素来编制基价,确定调价方法。

⑤报价计算方法必须严格按照招标文件的要求和格式,不得改动,科学严谨,简明实用。

（3）投标报价的编制方法

与招标文件的计价方式相对应,投标报价的编制方法可以分为定额计价模式和工程量清单计价模式两种。

①定额计价模式投标报价。

定额计价模式投标报价即工程概预算,按照定额规定的分部分项工程子项目逐项计算工程量,套用定额计价或市场价格确定直接工程费,再按照规定的费用定额记取各项费用,最后汇总形成总价。

②工程量清单计价模式投标报价。

投标人以复核过的工程量清单为基础,填报清单中各个项目的单价,这里单价是指综合单价。

综合单价分为全费用综合单价和部分费用综合单价。

①全费用综合单价 = 直接工程费 + 措施费 + 间接费 + 利润 + 税金 + 风险金等全部费用

$$合价 = 工程量 \times 全费用综合单价$$

$$投标总价 = \Sigma 合价$$

②部分综合单价 = 人工费 + 材料费 + 机械费 + 管理费 + 利润 + 风险基金

$$合价 = 部分综合费用单价 \times 工程量$$

$$投标总价 = 合价 + 措施项目费 + 其他项目费 + 规费 + 税金$$

（4）确定投标价格

计算出的投标价格只是待定的暂时标价,还需做以下两方面的工作：

①复核报价的准确性。

复核指标包括单价的合理性、单位工程造价、用工指标、用料指标、分项工程价值比例、各类费用比例是否正常。查找是否存在漏算、重复计算的项目。

②根据报价策略调整报价。

企业的投标目标的不同,出发点的不同,采取的报价策略也不同。经多方面客观而慎重分析,根据投标报价决策和确定报价策略,调整一些项目的单价、利润、管理费等,重新修正报价,确定一个具有竞争力的报价作为最终的投标报价。

8.编制投标文件

投标文件的组成必须与招标文件的规定一致,不能带有任何附加条件,否则可能导致文件被否定或作废。

9.递送投标文件

递送投标文件也称递标,是指投标人在规定的截止日期之前,将准备好的所有投标文件密封递送给招标人的行为。

全部投标文件编制好后,按招标文件的要求加盖投标人印章并经法定代表人及委托代理人签字,密封后送达指定地点,逾期作废。但也不宜过早,以便在发生新情况时可做更改。

投标文件送达并被确认合格后,投标人应从收件处领取回执作为凭证。投标文件发出后,在规定的截止日期前或开标前。投标人仍可修改标书的某些事项。

招标人要求交纳投标保证金的,投标人应在递交投标书的同时交纳。

投标人递交投标文件后,便是参加开标会议了。通过了解竞标对手的投标报价和其他数据,可以找到差距,积累经验,进一步提高自身的管理、技术能力。

在招标人评标期间,投标人应对评标人提出的各种质疑给予说明澄清,必要时也要向招标人进行商谈。如最终得到招标人签发的中标通知书,则应在规定时间内与招标人签订合同,并在以后的规定时日内办理履约保函。最终在合同规定的时间进驻现场。至此,招投标工作即告结束,招投标双方进入合同履行期。

▶ 任务实施

按照给定任务。分析锅炉工程项目技术特点,结合本公司具体情况,完成如下任务:

1.决策公司应该从整体工作范围内选择哪一个标段;

2.绘制投标流程框图并用语言描述。

▶ 复习自查

1.锅炉工程项目投标需要具备哪些条件?

2.锅炉工程项目投标程序有几个重要的节点?

3.如何计算锅炉工程项目投标报价?

4.递标过程中由于时间原因没有封标是可以的吗?

任务 3.2 锅炉工程项目施工投标的决策与技巧

▶ 学习目标

知识目标

1.运用项目决策理论进行锅炉工程项目选择决策;

2.了解投标报价技巧并实施投标。

能力目标

1.尝试对不同锅炉工程项目进行投标决策;

2.建立投标报价决策机制并应用。

素质目标

1.秉持创新态度学习投标决策与报价;

2.建立责任关怀理念执行投标报价。

> **知识导航** ·······································••••

3.2.1 锅炉工程项目施工投标项目选择决策

1.投标决策的概念

投标决策是指承包商选择和确定投标项目和指定投标行动方案的过程。

投标决策的核心是决策者在期望的利润和承担的风险之间进行权衡,做出选择。要求决策者广泛深入地对项目和项目的业主、项目的自然环境和设计环境、建设监理和投标的竞争对手进行调研,收集信息,做到知己知彼,保证投标决策的正确性。

决策内容一般包括三个方面(图 3 - 2)。

图 3 - 2 决策内容

2.投标项目选择决策

通过招标公告或者投标邀请函获得招标信息,结合企业财力资源、技术资源、管理资源等,以获得生存和利润为目标,从企业内部和外部情况及项目特点来考虑选择工程项目进行投标,这就是投标项目选择决策。

影响投标决策的因素如下:经过广泛、深入的调查研究,获取大量有关投标主观环境详尽的信息,利用这些可靠的信息资料,结合投标时期企业外部环境和内部条件客观原因,找出影响投标的影响因素,进行科学的分析决策。

(1)影响投标决策的主观因素

技术因素→专业人才→解决难题能力→实践经验→机具设备→合作伙伴

↓

经济因素→资金实力→机具设备→担保能力→税款和保险→抗风险实力

↓

管理因素→人力→财力→物力

↓

信誉因素→经验→口碑

（2）影响投标决策的客观因素

业主和监理的因素→竞争对手和竞争形势→风险因素。

3. 选择投标项目的步骤和方法

（1）选择投标项目的目的

取得业务→创立和提高企业信誉→扩大影响获取的丰厚利润。

（2）选择决策的方法

一般来说，投标项目的选择决策方法分为两种，定性决策的方法和定量决策的方法，其中定量决策的方法包括评分法、决策树法、线性规划法和概率分析法等。

①定性决策的方法

在掌握大量信息的基础上，从影响投标决策的主客观因素出发，根据招标项目的特点，结合企业经营状况，充分预测到竞争对手的投标策略，全面分析考虑选择投标对象，依靠企业投标决策人员，或聘请有关专家，经过科学的分析研究方法选择投标项目。

②定量决策的方法

a. 评分法　承包商只对一个项目的投标机会进行决策时用此方法，也称多指标评价法。确定影响决策的因素为评价指标→确定各指标权重→指标量化打分→指标得分→与最低分数比较→决定是否参加投标。

b. 决策树法　模仿树木生长过程，从出发点开始不断分枝表示所分析问题的各种发展可能性，并以分枝的期望值利润最大的项目为选择的依据。此法在多个项目选择一项进行投标的过程中应用较多。

3.2.2　锅炉工程项目施工投标项目报价决策

根据企业自身的现实情况、工程特点、投标者的数量、主要竞争对手的优势、竞争实力的强弱和支付条件等主客观因素统筹考虑报价，一般可采用高、中、低三套报价方案计算。

1. 高价盈利策略（20%～30%利润）

在报价过程中以较大利润为投标目标的策略。这种策略的使用通常基于以下情况：

精——专业技术要求高、技术密集型的项目，并且投标的公司在此方面有特长及良好的声誉。

险——支付条件不理想、风险大的项目。

优——竞争对手少，各方面自己都占绝对优势的项目。

急——交货期甚短，设备和劳力超常规的项目，可增收加急费。

特——特殊约定（如保密单位）需有特殊条件的项目，如港口海洋工程等，需要特别设备。

小——总价较低的小工程，投标的公司不是特别想干，报价较高，不中标也无所谓。

2. 保本微利策略（0～10%利润）

如果夺标的目的是在该地区打开局面，树立信誉、占领市场和建立样板工程，则可采取保本微利策略。甚至不排除承担风险，宁愿先亏后盈。这种策略适用于以下情况：

（1）投标对手多、竞争激烈、支付条件好、项目风险小。

（2）工作较为简单，技术难度小、工作量大、配套数量多，但一般公司都可以做。

（3）为开拓市场急于寻找客户，能够维持日常费用，可以支付开支，够本就行。

（4）本公司在此地区干了很多年，现在面临断档，有大量的设备处置费用。

（5）该项目本身前景看好，为本公司创建业绩。

（6）该项目分期执行或该公司保证能以上乘质量赢得信誉，续签其他项目。

（7）有可能在中标后，将工程的一部分以更低价格分包给某些专业承包商。

3. 低价亏损策略

低价亏损策略是指在报价中不仅不考虑企业利润，相反考虑一定的亏损后提出的报价策略。使用该投标策略时应注意：一是按最低价确定中标单位；二是这种报价方法属于正当的商业竞争行为。这种报价策略通常只用于以下情况：

（1）市场竞争激烈，承包商又急于打入该市场创建业绩。

（2）某些分期建设工程，对第一期工程以低价中标，工程完成得好，则能获得业主信任，有希望继续承包后期工程，补偿第一期工程的低价损失。

3.2.3 锅炉工程项目施工投标报价技巧

投标报价技巧是指投标人通过投标决策确定的既能提高中标率，又能在中标后获得期望效益的编制投标文件及其标价的方针、策略和措施。具体投标报价技巧包括以下几点：

1. 不平衡报价法

不平衡报价法是相对通常的平衡报价（正常报价）而言的。指在总价基本确定以后，在保证总价不变的情况下，通过调整内部各分项的报价，达到既不提高总价影响中标，又能在结算时得到理想的经济效益的目的。可以调整的项目包括：

（1）能够早日收到价款的项目，单价可以定得高一些；后期工程项目单价可适当降低。

（2）估计今后会增加工程量的项目，单价可定得高一些。

（3）无工程量而只报单价的项目，可适当提高单价的报价。

（4）暂定工程或暂定数额的报价，又叫任意项目或选择项目，如果估计今后会发生的项目，可适当提高单价，反之，则应降低单价。

（5）图纸不明确的，估计明确后工程量要增加的，可以提高单价；工程内容说明不清楚的，单价可适当降低，待索赔时再提高价格。

值得注意的是，在使用不平衡报价法时，调整的项目单价不能畸高畸低，容易引起评标委员会的注意，导致废标。一般幅度在 15%～30%，而且报价高低相互抵消，不影响总价。

2. 突然降价法

由于投标竞争激烈，投标竞争犹如一场没有硝烟的战争，所谓兵不厌诈，可在整个报价过程中先抑后扬，制造假象，迷惑对手。到投标截止前几小时，突然前往投标，并压低投标价，不给对方修改投标文件或报价的机会，从而使对手措手不及而败北。

3. 先亏后赢法

对大型分期建设工程，一期少算利润争取中标；二期凭借第一期经验、临时设施及信誉，容易中标，再将一期利润补回。采用这种方法应首先确认业主是否按照最低价确定中标单位，同时要求承包商拥有十分雄厚的实力和很强的管理能力。

4. 多方案报价法

有些招标文件工程范围不是很明确、条款不清楚或不公正、或技术规范要求过于苛刻时，可在充分估计投标风险的基础上，按多方案报价处理。先按照原招标文件报一个价；再向招标单位提出，如果某些条款做某些变动，则报价可以降低多少，由此报出一个较低的价格，以吸引招标单位，增加中标概率。

> **任务实施** ....

　　按照给定任务,根据决策投标的标段,分析其技术、管理及现场特点,结合公司优势,完成如下任务:模拟工程项目施工招标开标、评标和定标过程。

　　要求如下:

　　(1)资质预审模拟。

　　(2)模拟进行招标文件发放、组织现场勘查,召开投标预备会等工作。

　　(3)开标过程模拟。

　　(4)评标过程模拟。

> **复习自查** ....

　　1.锅炉项目投标决策有几种方式?

　　2.锅炉工程项目投标报价决策的计算方法有几类?

　　3.低价亏损策略是否可取?

　　4.突然降价法是否是不道德行为?

任务 3.3　锅炉工程项目施工投标文件的编制与递交

> **学习目标** ....

　　知识目标

　　1.探究锅炉工程项目投标文件的组成;

　　2.解析锅炉项目投标文件编制步骤。

　　能力目标

　　1.熟练进行不同项目投标文件组合;

　　2.准确执行锅炉投标文件编制步骤进行投标文件编制。

　　素质目标

　　1.秉持真实、责任意识完成投标文件编制任务;

　　2.建立创新理念学习投标文件编制。

> **知识导航** ....

3.3.1　锅炉工程项目施工投标文件的组成

　　投标文件也叫作投标书或报价文件,常用的投标文件的格式文本包括以下几部分:

　　1.投标函部分

　　投标函部分主要是对招标文件中的重要条款做出响应,包括法定代表人身份证明书、投标文件签署授权委托书、投标函、投标函附录、投标担保等。

　　(1)法定代表人身份证明书、投标文件签署授权委托书是证明投标人的合法性及商业资信的文件,应按实填写。如果法定代表人亲自参加投标活动,则不需要有授权委托书。

但一般情况下,法定代表人都不亲自参加,因此,用授权委托书来证明参与投标活动代表进行各项投标活动的合法性。

(2)投标函是承包商向发包方发出的要约,表明投标人完全愿意按照招标文件的规定完成任务。写明自己的标价、完成的工期、质量承诺,并对履约担保、投标担保等做出具体明确的意思表示,加盖投标人单位公章,并由其法定代表人签字和盖章。

(3)投标函附录是明示投标文件中的重要内容和投标人的承诺的要点。

(4)投标担保是用来确保合格者投标及中标者签约和提供发包人所要求的履约担保和预付款担保,可以采用现金、现金支票、保兑支票、银行汇票和在中国注册的银行出具的银行保函,保险公司或担保公司出具的投标保证书等多种形式,金额一般不超过投标价的2%,最高不得超过80万元。投标人按招标文件的规定提交投标担保,投标担保属于投标文件的一部分,未提交视为没有实质上响应招标文件,导致废标。

①招标文件规定投标担保采用银行保函方式的,投标人提交由担保银行按招标文件提供的格式文本签发的银行保函,保函的有效期应当超出投标有效期30天。

②招标文件规定投标担保采用支票或现金方式时,投标人可不提交投标担保书,在投标担保书格式文本上注明已提交的投标保证的支票或现金的金额。

2.商务标部分(投标报价部分)

商务标部分因报价方式的不同而有不同文本,按照目前《建设工程工程量清单计价规范》的要求,商务标应包括投标总价及工程项目总价表、单项工程费汇总表、单位工程费汇总表、分部分项工程量清单计价表、措施项目清单计价表、其他项目清单计价表、零星工作项目计价表、分部分项工程量清单综合单价分析表、措施费项目分析表和主要材料价格表。

3.技术标部分

对于大中型工程和结构复杂、技术要求高的工程来说,技术标往往是能否中标的决定性因素。技术标通常由施工组织设计、项目管理班子配备情况、项目拟分包情况、企业信誉及实力四部分组成,具体内容如下:

(1)施工组织设计。

施工组织设计包括工程概况及施工部署、分部分项工程主要施工方法、工程投入的主要施工机械设备情况、劳动力安排计划、确保工程质量的技术组织措施、确保安全生产及文明施工的技术组织措施、确保工期的技术组织措施等。标前施工组织设计可以比中标后编制的施工组织设计简略。

(2)项目管理班子配备情况。

项目管理班子配备情况表、项目经理简历表、项目技术负责人简历表和项目管理班子配备情况辅助说明资料等。

(3)项目拟分包情况。

如果投标决策中标后拟将部分工程分包出去的,应按规定格式如实填表。如果没有工程分包出去,则在规定表格填上"无"。

(4)企业信誉及实力。

企业概况、已建和在建工程、获奖情况及相应的证明资料。

投标文件是整个投标活动的书面成果,是招标人评标、选择中标人、签订合同的重要依据。投标文件必须从实质上响应招标文件在法律、商务、技术上的要求,不带任何附加条件,避免在评标时因为格式的问题而成为废标。

3.3.2 锅炉工程项目施工投标文件的编制步骤

编制投标文件,首先要满足招标文件的各项实质性要求,其次要贯彻企业从实际出发决策确定的投标策略和技巧,按招标文件规定的投标文件格式文本填写。具体步骤如下:

1. 准备工作

编制投标文件的准备工作主要包括熟读招标文件、勘查现场、参加答疑会议、市场调查及询价、定额资料和标准图集的准备等。

(1)组建投标班子,确定该工程项目投标文件的编制人员。

一般由三类人员组成:经营管理类人员、技术专业类人员、商务金融类人员。

(2)收集有关文件和资料。

投标人应收集现行的规范、预算定额、费用定额、政策调价文件,以及各类标准图等。上述文件和资料是编制投标报价书的重要依据。

(3)分析研究招标文件。

招标文件是编制投标文件的主要依据,也是衡量投标文件响应性的标准,投标人必须仔细分析研究。重点放在投标须知、合同专用条款、技术规范、工程量清单和图纸等部分。要领会业主的意图,掌握招标文件对投标报价的要求,预测承包该工程的风险,总结存在的疑问,为后续的踏勘现场、标前会议、编制标前施工组织设计和投标报价做准备。

(4)踏勘现场。

投标人的投标报价一般被认为是在现场考察的基础上,考虑了现场的实际情况后编制的,在合同履行中不允许承包人因现场考察不周调整价格。投标人应做好下列现场勘查工作:

①现场勘察前充分准备 认真研究招标文件中的发包范围和工作内容、合同专用条款、工程量清单、图纸及说明等,明确现场勘查要解决的重点问题。

②制定现场考察提纲 按照保证重点、兼顾一般的原则有计划地进行现场勘查,重点问题一定要勘察清楚,尽可能多了解一些一般情况。

(5)市场调查及询价。

材料和设备在工程造价中一般达到50%以上,报价时应谨慎对待材料和设备供应。通过市场调查和询价,了解市场建筑材料价格和分析价格变动趋势,随时随地能够报出体现市场价格和企业定额的各分部分项工程的综合单价。

2. 编制施工组织设计

标前施工组织设计又称施工规划,内容包括施工方案、施工方法、施工进度计划、用料计划、劳动力计划、机械使用计划、工程质量和施工进度的保证措施、施工现场总平面图等,由投标班子中的专业技术人员编制。

3. 校核或计算工程量

(1)校核或计算工程量的方法。

①如果招标文件同时提供了工程量清单和图纸,投标人一定根据图纸对清单工程量进行校对,因为它直接影响投标报价和中标机会。校核时,可根据招标人规定的范围和方法。如果招标人规定中标后调整工程量清单的误差或按实际完成的工程量结算工程款,投标人应详细全面地进行校对,为今后的调整做准备;如果招标人采用固定总价合同工程量清单的差错不予调整的,则不必详细全面地进行校对,只需对工程量大和单价高的进行校对,工

程量差错较大的子项采用扩大标价法报价,以避免损失过大。

②在招标文件仅提供施工图纸的情况下计算工程量,为投标报价做准备。

(2)校核工程量的目的。

①核实承包人承包的合同数量义务,明确合同责任。

②查找工程量清单与图纸之间的差异,为中标后调整工程量或按实际完成的工程量结算工程价款做准备。

③通过校核,掌握工程量清单的工程量与图纸计算的工程量的差异,为应用报价技巧做准备。

4. 计算投标报价

(1)从实际情况出发,通过投标决策确定投标期望利润率和风险费用。

(2)按照招标文件的要求,确定采用定额计价方式还是工程量清单计价方式计算投标报价。

5. 编制投标文件

投标人按招标文件提供的投标文件格式,填写投标文件。

投标人在投标文件编制全部完成后,应认真进行核对、整理和装订成册,再按照招标文件的要求进行密封和标志,并在报送所规定的截止时间以前将投标文件递交给招标人。

3.3.3 锅炉工程项目投标文件编制注意事项

(1)投标文件必须使用招标人提供的投标文件格式,不能随意更改。

(2)规定格式的每一空格都必须填写,如有空缺,则被视为放弃意见。若有重要数字不填写的,比如工期、质量、价格未填,将被作为废标处理。

(3)保证计算数字及书写正确无误,单价、合价、总标价及其大、小写数字均应仔细反复核对。按招标人要求修改的错误,应由投标文件原签字人签字并加盖印章证明。

(4)投标文件必须字迹清楚,签名及印签齐全,装帧美观大方。

(5)编制投标文件正本一份,副本按招标文件要求份数编制,并注明“正本”“副本”;当正本与副本不一致时,以正本为准。

(6)投标文件编制完成后应按招标文件的要求整理、装订成册、密封和标志。做好保密工作。

(7)投递标书不宜太早,通常在截止日期前 1～2 天内递标,但也必须防止投递标书迟,超过截止时间送达的标书是无效的。

▶ 任务实施

根据选定的标段和开标、评标与定标的模拟过程,完成如下任务:编制工程项目施工投标文件。

要求:1. 根据不同企业的基础资料所提供的资格预审文件的基本格式,编写资格预审文件,装订成册。

2. 编写施工组织设计和工程报价书,并按招标文件要求进行签章、密封、标记,按要求截止时间递交标书。

▶ 复习自查

1. 施工投标文件由几部分构成?
2. 施工组织设计的内容有哪些?
3. 工程投标工程量计算的依据是什么?
4. 投标中标书投递越早越占有先机,对吗?

任务3.4 锅炉工程项目合同与管理

▶ 学习目标

知识目标
1. 精熟合同与合同法;
2. 运用锅炉工程项目合同体系进行合同管理。
能力目标
1. 建构锅炉工程项目施工合同模板;
2. 流畅编写锅炉工程项目施工合同。
素质目标
1. 养成人文关怀情结来建立节能理念;
2. 整合多学科知识与技能并进行创新。

▶ 知识导航

3.4.1 合同与合同法

1. 合同的概念

合同,也就是协议,是作为平等主体的自然人、法人、其他组织之间设立、变更、终止民事权利义务的约定、合意。

《中华人民共和国合同法》(以下简称《合同法》)第二条规定:"合同是平等主体的自然人、法人、其他组织之间设立、变更、终止民事权利义务关系的协议。婚姻、收养、监护等有关身份关系的协议,适用其他法律规定。"

2. 合同的分类

合同的分类是指依一定标准对合同所做的划分,下面列举几种常见的分类:

合同类型
- 有名合同与无名合同:根据法律上是否为合同确定特定的名称并设有相应规范
- 双务合同与单务合同:根据权利义务分担方式是否双方互负对待给付义务的合同
- 有偿合同与无偿合同:根据当事人取得权利是否偿付代价划分
- 诺成合同与实践合同:根据合同的成立或生效是否以交付标的物为合同的成立要件划分
- 要式合同与不要式合同:根据合同的成立或生效是否应有特定的形式划分
- 主合同与从合同:根据合同相互间的主从关系划分

3. 合同法律关系

（1）法律关系的概念

所谓法律关系是指由法律规范产生和调整的、以主体之间的权利和义务关系的形式表现出来的特殊的社会关系。法律关系由法律关系主体（简称主体）、法律关系客体（简称客体）及法律关系内容（简称内容）三要素构成。

（2）合同法律关系

合同是法律关系体系中的一个重要部分，它既是民事法律关系体系中的一部分，同时也属于经济法律关系的范畴，在人们的社会生活中广泛存在。合同法律关系是由合同法律规范调整的，主体法律关系也是由主体、客体和内容三个要素构成的。

4. 合同法的基本原则

（1）平等原则

《合同法》第三条规定：合同当事人的法律地位平等，双方是在权利义务对等的基础上，经过充分协商达成一致的意思表示，共同实现经济利益。

（2）自愿原则

《合同法》第四条规定：当事人依法享有自愿订立合同的权利，任何单位和个人不得非法干预。

（3）公平原则

《合同法》第五条规定：当事人应当遵循公平原则确定各方的权利和义务。

（4）诚实信用原则

《合同法》第六条规定：当事人行使权利、履行义务应当遵循诚实信用原则。

（5）合法原则

《合同法》要求当事人在订立及履行合同时，应当遵守法律、法规，不得扰乱社会经济秩序。

（6）公序良俗原则

公序良俗是公共秩序与善良风俗的简称。我国《中华人民共和国民法通则》第七条和《合同法》第七条都做出规定：当事人订立履行合同，应当遵守法律、行政法规，尊重社会公德，不得扰乱社会经济秩序、损害社会公共利益。

5. 合同订立

（1）合同订立的概念

合同订立是指当事人通过一定程序、协商一致在其相互之间建立合同关系的一种法律行为。它描述的是一个过程，是动态行为与静态协议的统一体。

（2）合同订立的构成

合同订立的构成见表 3 - 1。

表 3 - 1　合同订立的构成表

序号	构成要素	要点
1	主体	双方或多方当事人
2	当事人	具有相应的民事权利能力和民事行为能力
3	程序或方式	要约和承诺两个阶段缺少任何一个阶段不能订立合同
4	一致性	协商并取得一致意见
5	结果	确立了合同权利、义务关系

（3）合同订立的程序

合同订立的程序,指当事人双方通过对合同条款进行协商达成协议的过程。合同订立采取要约、承诺的方式。

①要约。

要约是一方当事人希望和他人订立合同的意思表示,该意思表示应当符合:内容具体确定,表明经受要约人承诺,要约人即受该意思表示约束。

在建设工程合同订立过程中,投标人的投标文件、工程报价单等属于要约。

希望别人向自己发出要约的意思表示称之为要约邀请,如投标邀请书、招标文件等均属于要约邀请。

②承诺。

承诺是受要约人同意要约的意思表示。

在建设工程合同订立过程中,招标人发出中标通知书的行为是承诺。

承诺的内容应当与要约的内容一致。受要约人对要约的内容做出实质性变更的,为新要约。

③要约和承诺的生效。

a. 要约到达受要约人时生效。

b. 承诺通知到要约人时生效。

（4）合同的成立

①不要式合同的成立是指合同当事人对合同的标的、数量等内容协商一致。如果法律法规、当事人对合同的形式、程序无特殊要求,则承诺生效时合同成立。

②要式合同的成立指当事人采用合同书形式订立合同的,自双方当事人签字或者盖章时合同成立。

（5）合同的内容

合同的内容见表 3 - 2。

表 3 - 2　合同的内容

内容	概念	要点
当事人	合同必须具备的条款,当事人是合同的主体	主体
标的	当事人权利义务所共同指向的对象	客体
数量	衡量合同标的多少的尺度	数字、计量单位
质量	标准、技术要求	内在素质、外观形态
价款	一方当事人向对方当事人所付代价的货币支付	价款、报酬
履行	当事人是否按时履行或延期履行的客观标准	期限、地点、方式
违约	约定的法律规定或应当承担的法律责任	责任条款
争议	合同履行过程中对产生争议的解决方法	协商、仲裁

（6）合同的形式

合同形式指协议内容借以表现的形式。合同的形式由合同的内容决定并为内容服务。

①书面形式。

书面形式指合同书、信件和数据电文（包括电报、电传、传真、电子数据交换和电子邮件）等可以有形地表现所载内容的形式，建设工程合同应当采用书面形式。

②口头形式。

口头形式指当事人以对话的方式达成的协议。一般用于数额较小或现款交易。

③其他形式。

其他形式指推定形式和默示形式。

（7）合同订立过程中的法律责任

当事人在订立合同过程中有下列情形之一，给对方造成损失的，应当承担损害赔偿责任：

①假借订立合同，恶意进行磋商。

②故意隐瞒与订立合同有关的重要事实或提供虚假情况。

③有其他违背诚实信用原则的行为。

当事人在订立合同过程中知悉的商业秘密，无论合同是否成立，都不得泄露或者不正当地使用。泄露或者不正当地使用该商业秘密给对方造成损失的，应当承担损害赔偿责任。

6．合同的效力

（1）合同的生效

合同生效是指合同发生法律效力，即对合同当事人乃至第三人发生强制性的约束力。合同之所以具有法律约束力，并非来源于当事人的意志，而是来源于法律的赋予。

合同成立后，必须具备相应的法律条件才能生效，否则合同是无效的。合同生效应当具备以下条件：

①当事人具有相应的民事权利能力和民事行为能力。在建设工程合同中，合同当事人一般应当具有法人资格，并且承包人还应当具备相应的资质等级。

②当事人的意思表示必须真实。如建设工程合同的订立，一方采用欺诈、胁迫的手段订立的合同，就是表示不真实的合同，这样的合同就欠缺生效的条件。

③不违反法律或者社会公共利益。

（2）合同的生效时间

对于合同的生效时间，主要规定有：

①合同成立生效。

②批准登记生效。

③约定生效。

（3）效力待定合同

效力待定合同是指行为人未经权利人同意而订立的合同。效力待定合同主要有以下几种情况：

①限制民事行为能力人订立的合同。此种合同经法定代理人追认后，该合同有效。

②无权代理合同。这种合同具体又分为三种情况：

a.行为人没有代理权。

b.无权代理人超越代理权。

c.代理权终止后以被代理人的名义订立合同。

对于无权代理合同，《合同法》规定："未经被代理人追认，对被代理人不发生效力，由行为人承担责任。"但是,"相对人有理由相信行为人有代理权的,该代理行为有效"。

(4)无效合同

合同无效是相对于有效合同而言的,它是指当事人违反了法律规定的条件而订立的合同,国家不承认其效力,自始、确定、当然不发生法律效力,这样的合同,称为无效合同。

(5)可变更或可撤销合同

可变更合同是指合同部分内容违背当事人的真实意思表示,当事人可以要求对该部分内容的效力予以撤销的合同。可撤销合同是指虽经当事人协商一致,但因非对方的过错而导致一方当事人意思表示不真实,允许当事人依照自己的意思,使合同效力归于消灭的合同。

(6)当事人名称或者法定代表人变更不对合同效力产生影响

合同生效后,当事人不得因姓名、名称的变更或者法定代表人、负责人、承办人的变动而不履行合同义务。

(7)当事人合并或分立后对合同效力的影响

《合同法》规定,订立合同后当事人与其他法人或组织合并,合同的权利和义务由合并后的新法人或组织承担,合同仍然有效。

订立合同后分立的,分立的当事人应及时通知对方,并告知合同权利和义务的承担人,双方可以重新协商合同的履行方式。如果分立方没有告知或分立方的该合同责任归属通过协商对方当事人仍不同意,则合同的权利义务由分立后的法人或组织连带负责,即享有连带债权,承担连带债务。

7.合同的履行

合同的履行是指合同生效以后,合同当事人依照合同的约定,全面、适当地完成合同义务的行为。合同履行的原则如下:

①全面履行原则。

②诚实信用原则。

③实际履行原则。

8.合同争议处理方式

合同争议是指当事人双方对合同订立和履行情况及不履行合同的后果所产生的纠纷。对合同订立产生的争议,往往是对合同是否成立及合同的效力产生分歧;对合同履行情况产生的争议,往往是对合同是否履行或者是否已按合同约定履行产生的异议;而对并不履行合同的后果产生的争议,则是对没有履行合同或者没有完全履行合同的责任应由哪方承担责任和如何承担责任而产生的纠纷。选择适当的解决方式,及时解决合同争议,不仅关系到维护当事人的合同利益和避免损失的扩大,而且对维护社会经济秩序有重要作用。

合同争议的解决通常有以下几种处理方式:和解、调解、仲裁、诉讼。

3.4.2 锅炉工程项目合同体系

按照项目任务的结构分解,就得到不同层次、不同种类的合同,它们共同构成工程的合同体系(图3-3)。

在一个工程中,这些合同都是为了完成业主的工程项目目标,都必须围绕这个目标签订和实施。由于这些合同之间存在着复杂的内部联系,构成了该工程的合同网络。其中,工程承包合同是最有代表性、最普遍,也是最复杂的合同类型,在工程项目的合同体系中处于主导地位,是整个工程项目合同管理的重点。无论是业主、监理工程师或承包商都将它作为合同管理的主要对象。

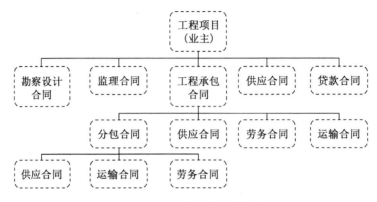

图3－3　建设工程合同体系

3.4.3　锅炉工程项目施工合同

建设工程施工合同(示范文本)

第一部分　协议书

发包人(全称)：_____

承包人(全称)：_____

依照《中华人民共和国合同法》《中华人民共和国建筑法》及其他有关法律、行政法规、遵循平等、自愿、公平和诚实信用的原则,双方就本建设工程施工项协商一致,订立本合同。

一、工程概况

工程名称：_____

工程地点：_____

工程内容：_____

群体工程应附承包人承揽工程项目一览表(附件1)

工程立项批准文号：_____

资金来源：_____

二、工程承包范围

承包范围：_____

三、合同工期

开工日期：_____

竣工日期：_____

合同工期总日历天数：_____

四、工程质量标准

工程质量标准：_____

五、合同价款

金额(大写)：_____元(人民币)

¥:_____

六、组成合同的文件

组成本合同的文件包括:

1. 本合同协议书

2. 中标通知书

3. 投标书及其附件

4. 本合同专用条款

5. 本合同通用条款

6. 标准、规范及有关技术文件

7. 图纸

8. 工程量清单

9. 工程报价单或预算书

双方有关工程的洽商、变更等方面协议或文件视为本合同的组成部分。

七、本协议书中有关词语含义本合同第二部分《通用条款》中分别赋予它们的定义相同。

八、承包人向发包人承诺按照合同约定进行施工、竣工并在质量保修期内承担工程质量保修责任。

九、发包人向承包人承诺按照合同约定的期限和方式支付合同价款及其他应当支付的款项。

十、合同生效

合同订立时间:____年____月____日

合同订立地点:_____

本合同双方约定_____ 后生效

发包人:(公章)_____	承包人:(公章)_____
住　所:_____	住　所:_____
法定代表人:_____	法定代表人:_____
委托代表人:_____	委托代表人:_____
电　话:_____	电　话:_____
传　真:_____	传　真:_____
开户银行:_____	开户银行:_____
账　号:_____	账　号:_____
邮政编码:_____	邮政编码:_____

第二部分　通用条款

一、词语定义及合同文件

1. 词语定义

下列词语除专用条款另有约定外,应具有本条所赋予的定义:

1.1 通用条款:是根据法律、行政法规规定及建设工程施工的需要订立,通用于建设工程施工的条款。

1.2 专用条款:是发包人与承包人根据法律、行政法规规定,结合具体工程实际,经协商达成一致意见的条款,是对通用条款的具体化、补充或修改。

1.3 发包人:指在协议书中约定,具有工程发包主体资格和支付工程价款能力的当事人及取得该当事人资格的合法继承人。

1.4 承包人:指在协议书中约定,被发包人接受的具有工程施工承包主体资格的当事人及取得该当事人资格的合法继承人。

1.5 项目经理:指承包人在专用条款中指定的负责施工管理和合同履行的代表。

1.6 设计单位:指发包人委托的负责本工程设计并取得相应工程设计资质等级证书的单位。

1.7 监理单位:指发包人委托的负责本工程监理并取得相应工程监理资质等级证书的单位。

1.8 工程师:指本工程监理单位委派的总监理工程师或发包人指定的履行本合同的代表,其具体身份和职权由发包人承包人在专用条款中约定。

1.9 工程造价管理部门:指国务院有关部门、县级以上人民政府建设行政主管部门或其委托的工程造价管理机构。

1.10 工程:指发包人承包人在协议书中约定的承包范围内的工程。

1.11 合同价款:指发包人承包人在协议书中约定,发包人用以支付承包人按照合同约定完成承包范围内全部工程并承担质量保修责任的款项。

1.12 追加合同价款:指在合同履行中发生需要增加合同价款的情况,经发包人确认后按计算合同价款的方法增加的合同价款。

1.13 费用:指不包含在合同价款之内的应当由发包人或承包人承担的经济支出。

1.14 工期:指发包人承包人在协议书中约定,按总日历天数(包括法定节假日)计算的承包天数。

1.15 开工日期:指发包人承包人在协议书中约定,承包人开始施工的绝对或相对的日期。

1.16 竣工日期:指发包人承包人在协议书中约定,承包人完成承包范围内工程的绝对或相对的日期。

1.17 图纸:指由发包人提供或由承包人提供并经发包人批准,满足承包人施工需要的所有图纸(包括配套说明和有关资料)。

1.18 施工场地:指由发包人提供的用于工程施工的场所及发包人在图纸中具体指定的供施工使用的任何其他场所。

1.19 书面形式:指合同书、信件和数据电文(包括电报、电传、传真、电子数据交换和电子邮件)等可以有形地表现所载内容的形式。

1.20 违约责任:指合同一方不履行合同义务或履行合同义务不符合约定所应承担的责任。

1.21 索赔:指在合同履行过程中,对于并非自己的过错,而是应由对方承担责任的情况造成的实际损失,向对方提出经济补偿和(或)工期顺延的要求。

1.22 不可抗力:指不能预见、不能避免并不能克服的客观情况。

1.23 小时或天:本合同中规定按小时计算时间的,从事件有效开始时计算(不扣除休息时间);规定按天计算时间的,开始当天不计入,从次日开始计算。时限的最后一天是休息日或者其他法定节假日的,以节假日次日为时限的最后一天,但竣工日期除外。时限的最后一天的截止时间为当日24时。

2. 合同文件及解释顺序

2.1 合同文件应能相互解释,互为说明。除专用条款另有约定外,组成本合同的文件及优先解释顺序如下:

(1)本合同协议书。

(2)中标通知书。

(3)投标书及其附件。

(4)本合同专用条款。

(5)本合同通用条款。

(6)标准、规范及有关技术文件。

(7)图纸。

(8)工程量清单。

(9)工程报价单或预算书。

合同履行中,发包人承包人有关工程的洽商、变更等书面协议或文件视为本合同的组成部分。

2.2 当合同文件内容含糊不清或不相一致时,在不影响工程正常进行的情况下,由发包人承包人协商解决。双方也可以提请负责监理的工程师做出解释。双方协商不成或不同意负责监理的工程师做出解释。双方协商不成或不同意负责监理的工程师的解释时,按本通用条款第37条关于争议的约定处理。

3. 语言文字和适用法律、标准及规范

3.1 语言文字

本合同文件使用汉语语言文字书写、解释和说明。如专用条款约定使用两种以上(含两种)语言文字时,汉语应为解释和说明本合同的标准语言文字。

在少数民族地区,双方可以约定使用少数民族语言文字书写和解释、说明本合同。

3.2 适用法律和法规

本合同文件适用国家的法律和行政法规。需要明示的法律、行政法规,由双方在专用条款中约定。

3.3 适用标准、规范

双方在专用条款内约定适用国家标准、规范的名称;没有国家标准、规范但有行业标准、规范的,约定适用行业标准、规范的名称;没有国家和行业标准、规范的,约定适用工程所在地地方标准、规范的名称。发包人应按专用条款约定的时间向承包人提供一式两份约定的标准、规范。

国内没有相应标准、规范的,由发包人按专用条款约定的时间向承包人提出施工技术要求,承包人按约定的时间和要求提出施工工艺,经发包人认可后执行。发包人要求使用

国外标准、规范的,应负责提供中文译本。

本条所发生的购买、翻译标准、规范或制定施工工艺的费用,由发包人承担。

4.图纸

4.1 发包人应按专用条款约定的日期和套数,向承包人提供图纸。承包人需要增加图纸套数的,发包人应代为复制,复制费用由承包人承担。发包人对工程有保密要求的,应在专用条款中提出保密要求,保密措施费用由发包人承担,承包人在约定保密期限内履行保密义务。

4.2 承包人未经发包人同意,不得将本工程图纸转给第三人。工程质量保修期满后,除承包人存档需要的图纸外,应将全部图纸退还给发包人。

4.3 承包人应在施工现场保留一套完整图纸,供工程师及有关人员进行工程检查时使用。

二、双方一般权利和义务

5.工程师

5.1 实行工程监理的,发包人应在实施监理前将委托的监理单位名称、监理内容及监理权限以书面形式通知承包人。

5.2 监理单位委派的总监理工程师在本合同中称工程师,其姓名、职务、职权由发包人承包人在专用条款内写明。工程师按合同约定行使职权,发包人在专用条款内要求工程师在行使某些职权前需要征得发包人批准的,工程师应征得发包人批准。

5.3 发包人派驻施工场地履行合同的代表在本合同中也称工程师,其姓名、职务、职权由发包人在专用条款内写明,但职权不得与监理单位委派的总监理工程师职权相互交叉。双方职权发生交叉或不明确时,由发包人予以明确,并以书面形式通知承包人。

5.4 合同履行中,发生影响发包人承包人双方权利或义务的事件时,负责监理的工程师应依据合同在其职权范围内客观公正地进行处理。一方对工程师的处理有异议时,按本通用条款第37条关于争议的约定处理。

5.5 除合同内明确约定或经发包人同意外,负责监理的工程师无权解除本合同约定的承包人的任何权利与义务。

5.6 不实行工程监理的,本合同中工程师专指发包人派驻施工场地履行合同的代表,其具体职权由发包人在专用条款内写明。

6.工程师的委派和指令

6.1 工程师可委派工程师代表行使合同约定的自己的职权,并可在认为必要时撤回委派。委派和撤回均应提前7天以书面形式通知承包人,负责监理的工程师还应将委派和撤回通知发包人。委派书和撤回通知作为本合同附件。

工程师代表在工程师授权范围内向承包人发出的任何书面形式的函件,与工程师发出的函件具有同等效力。承包人对工程师代表向其发出的任何书面形式的函件有疑问时,可将此函件提交工程师,工程师应进行确认。工程师代表发出指令有失误时,工程师应进行纠正。

除工程师或工程师代表外,发包人派驻工地的其他人员均无权向承包人发出任何指令。

6.2 工程师的指令、通知由其本人签字后,以书面形式交给项目经理,项目经理在回执上签署姓名和收到时间后生效。确有必要时,工程师可发出口头指令,并在 48 小时内给予书面确认,承包人对工程师的指令应予执行。工程师不能及时给予书面确认的,承包人应于工程师发出口头指令后 7 天内提出书面确认要求。工程师在承包人提出确认要求后 48 小时内不予答复的,视为口头指令已被确认。

承包人认为工程师指令不合理,应在收到指令后 24 小时内向工程师提出修改指令的书面报告,工程师在收到承包人报告后 24 小时内做出修改指令或继续执行原指令的决定,并以书面形式通知承包人。紧急情况下,工程师要求承包人立即执行的指令或承包人虽有异议,但工程师决定仍继续执行的指令,承包人应予执行。因指令错误发生的追加合同价款和给承包人造成的损失由发包人承担,延误的工期相应顺延。

本款规定同样适用于由工程师代表发出的指令、通知。

6.3 工程师应按合同约定,及时向承包人提供所需指令、批准并履行约定的其他义务。

由于工程师未能按合同约定履行义务造成工期延误,发包人应承担延误造成的追加合同价款,并赔偿承包人有关损失,顺延延误的工期。

6.4 如需更换工程师,发包人应至少提前 7 天以书面形式通知承包人,后任继续行使合同文件约定的前任的职权,履行前任的义务。

7. 项目经理

7.1 项目经理的姓名、职务在专用条款内写明。

7.2 承包人依据合同发出的通知,以书面形式由项目经理签字后送交工程师,工程师在回执上签署姓名和收到时间后生效。

7.3 项目经理按发包人认可的施工组织设计(施工方案)和工程师依据合同发出的指令组织施工。在情况紧急且无法与工程师联系时,项目经理应当采取保证人员生命和工程、财产安全的紧急措施,并在采取措施后 48 小时内向工程师提交报告。责任在发包人或第三人,由发包人承担由此发生的追加合同价款,相应顺延工期;责任在承包人,由承包人承担费用,不顺延工期。

7.4 承包人如需要更换项目经理,应至少提前 7 天以书面形式通知发包人,并征得发包人同意。后任继续行使合同文件约定的前任的职权,履行前任的义务。

7.5 发包人可以与承包人协商,建议更换其认为不称职的项目经理。

8. 发包人工作

8.1 发包人按专用条款约定的内容和时间完成以下工作:

(1)办理土地征用、拆迁补偿、平整施工场地等工作,使施工场地具备施工条件,在开工后继续负责解决以上事项遗留问题。

(2)将施工所需水、电、电讯线路从施工场地外部接至专用条款约定地点,保证施工期间的需要。

(3)开通施工场地与城乡公共道路的通道,以及专用条款约定的施工场地内的主要道路,满足施工运输的需要,保证施工期间的畅通。

(4)向承包人提供施工场地的工程地质和地下管线资料,对资料的真实准确性负责。

(5)办理施工许可证及其他施工所需证件、批件和临时用地、停水、停电、中断道路交通、爆破作业等的申请批准手续(证明承包人自身资质的证件除外)。

(6)确定水准点与坐标控制点,以书面形式交给承包人,进行现场交验。

(7)组织承包人和设计单位进行图纸会审和设计交底。

(8)协调处理施工场地周围地下管线和邻近建筑物、构筑物(包括文物保护建筑)、古树名木的保护工作,承担有关费用。

(9)发包人应做的其他工作,双方在专用条款内约定。

8.2 发包人可以将8.1款部分工作委托承包人办理,双方在专用条款内约定,其费用由发包人承担。

8.3 发包人未能履行8.1款各项义务,导致工期延误或给承包人造成损失的,发包人赔偿承包人有关损失,顺延延误的工期。

9.承包人工作

9.1 承包人按专用条款约定的内容和时间完成以下工作:

(1)根据发包人委托,在其设计资质等级和业务允许的范围内,完成施工图设计或与工程配套的设计,经工程师确认后使用,发包人承担由此发生的费用。

(2)向工程师提供年、季、月度工程进度计划及相应进度统计报表。

(3)根据工程需要,提供和维修非夜间施工使用的照明、围栏设施,并负责安全保卫。

(4)按专用条款约定的数量和要求,向发包人提供施工场地办公和生活的房屋及设施,发包人承担由此发生的费用。

(5)遵守政府有关主管部门对施工场地交通、施工噪音及环境保护和安全生产等的管理规定,按规定办理有关手续,并以书面形式通知发包人,发包人承担由此发生的费用,因承包人责任造成的罚款除外。

(6)已竣工工程未交付发包人之前,承包人按专用条款约定负责已完工程的保护工作,保护期间发生损坏,承包人自费予以修复;发包人要求承包人采取特殊措施保护的工程部位和相应的追加合同价款,双方在专用条款内约定。

(7)按专用条款约定做好施工场地地下管线和邻近建筑物、构筑物(包括文物保护建筑)、古树名木的保护工作。

(8)保证施工场地清洁符合环境卫生管理的有关规定,交工前清理现场达到专用条款约定的要求,承担因自身原因违反有关规定造成的损失和罚款。

(9)承包人应做的其他工作,双方在专用条款内约定。

9.2 承包人未能履行9.1款各项义务,造成发包人损失的,承包人赔偿发包人有关损失。

三、施工组织设计和工期

10.进度计划

10.1 承包人应按专用条款约定的日期,将施工组织设计和工程进度计划提交修改意见,逾期不确认也不提出书面意见的,视为同意。

10.2 群体工程中单位工程分期进行施工的,承包人应按照发包人提供图纸及有关资料的时间,按单位工程编制进度计划,其具体内容双方在专用条款中约定。

10.3 承包人必须按工程师确认的进度计划组织施工,接受工程师对进度的检查、监督。

工程实际进度与经确认的进度计划不符时,承包人应按工程师的要求提出改进措施,经工程师确认后执行。因承包人的原因导致实际进度与进度计划不符,承包人无权就改进措施提出追加合同价款。

11. 开工及延期开工

11.1 承包人应当按照协议书约定的开工日期开工。承包人不能按时开工,应当不迟于协议书约定的开工日期前7天,以书面形式向工程师提出延期开工的理由和要求。工程师应当在接到延期开工申请后的48小时内以书面形式答复承包人。工程师在接到延期开工申请后48小时内不答复,视为同意承包人要求,工期相应顺延。工程师不同意延期要求或承包人未在规定时间内提出延期开工要求,工期不予顺延。

11.2 因发包人原因不能按照协议书约定的开工日期开工,工程师应以书面形式通知承包人,推迟开工日期。发包人赔偿承包人因延期开工造成的损失,并相应顺延工期。

12. 暂停施工

工程师认为确有必要暂停施工时,应当以书面形式要求承包人暂停施工,并在提出要求后48小时内提出书面处理意见。承包人应当按工程师要求停止施工,并妥善保护已完工程。

承包人实施工程师做出的处理意见后,可以书面形式提出复工要求,工程师做出的处理意见后,可以书面形式提出复工要求,工程师应当在48小时内给予答复。工程师未能在规定时间内提出处理意见,或收到承包人复工要求后48小时内未予答复,承包人可自行复工。因发包人原因造成停工的,由发包人承担所发生的追加合同价款,赔偿承包人由此造成的损失,相应顺延工期;因承包人原因造成停工的,由承包人承担发生的费用,工期不予顺延。

13. 工期延误

13.1 因以下原因造成工期延误,经工程师确认,工期相应顺延:

(1)发包人未能按专用条款的约定提供图纸及开工条件。

(2)发包人未能按约定日期支付工程预付款、进度款,致使施工不能正常进行。

(3)工程师未按合同约定提供所需指令、批准等,致使施工不能正常进行。

(4)设计变更和工程量增加。

(5)一周内非承包人原因停水、停电、停气造成停工累计超过8小时。

(6)不可抗力。

(7)专用条款中约定或工程师同意工期顺延的其他情况。

13.2 承包人在13.1款情况发生后14天内,就延误的工期以书面形式向工程师提出报告。工程师在收到报告后14天内予以确认,逾期不予确认也不提出修改意见,视为同意顺延工期。

14. 工程竣工

14.1 承包人必须按照协议书约定的竣工日期或工程师同意顺延的工期竣工。

14.2 因承包人原因不能按照协议书约定的竣工日期或工程师同意顺延的工期竣工的,承包人承担违约责任。

14.3 施工中发包人如需提前竣工,双方协商一致后应签订提前竣工协议,作为合同文件组成部分。提前竣工协议应包括承包人为保证工程质量和安全采取的措施、发包人为提前竣工提供的条件及提前竣工所需的追加合同价款等内容。

四、质量与检验

15. 工程质量

15.1 工程质量应当达到协议书约定的质量标准,质量标准的评定以国家或行业的质量检验评定标准为依据。因承包人原因工程质量达不到约定的质量标准,承包人承担违约责任。

15.2 双方对工程质量有争议,由双方同意的工程质量检测机构鉴定,所需费用及因此造成的损失,由责任方承担。双方均有责任,由双方根据其责任分别承担。

16. 检查和返工

16.1 承包人应认真按照标准、规范和设计图纸要求及工程师依据合同发出的指令施工,随时接受工程师的检查检验,为检查检验提供便利条件。

16.2 工程质量达不到约定标准的部分,工程师一经发现,应要求承包人拆除和重新施工,承包人应按工程师的要求拆除和重新施工,直到符合约定标准。因承包人原因达不到约定标准,由承包人承担拆除和重新施工的费用,工期不予顺延。

16.3 工程师的检查检验不应影响施工正常进行。如影响施工正常进行,检查检验不合格时,影响正常施工的费用由承包人承担。除此之外影响正常施工的追加合同价款由发包人承担,相应顺延工期。

16.4 因工程师指令失误或其他非承包人原因发生的追加合同价款,由发包人承担。

17. 隐蔽工程和中间验收

17.1 工程具备隐蔽条件或达到专用条款约定的中间验收部位,承包人进行自检,并在隐蔽或中间验收前48小时以书面形式通知工程师验收。通知包括隐蔽和中间验收的内容、验收时间和地点。承包人准备验收记录,验收合格,工程师在验收记录上签字后,承包人可进行隐蔽和继续施工。验收不合格,承包人在工程师限定的时间内修改后重新验收。

17.2 工程师不能按时进行验收,应在验收前24小时以书面形式向承包人提出延期要求,延期不能超过48小时。工程师未能按以上时间提出延期要求,不进行验收,承包人可自行组织验收,工程师应承认验收记录。

17.3 经工程师验收,工程质量符合标准、规范和设计图纸等要求,验收24小时后,工程师不在验收记录上签字,视为工程师已经认可验收记录,承包人可进行隐蔽或继续施工。

18. 重新检验

无论工程师是否进行验收,当其要求对已经隐蔽的工程重新检验时,承包人应按要求进行剥离或开孔,并在检验后重新覆盖或修复。检验合格,发包人承担由此发生的全部追加合同价款,赔偿承包人损失,并相应顺延工期。检验不合格,承包人承担发生的全部费用,工期不予顺延。

19. 工程试车

19.1 双方约定需要试车的,试车内容应与承包人承包的安装范围相一致。

19.2 设备安装工程具备单机无负荷试车条件,承包人组织试车,并在试车前48小时以书面形式通知工程师。通知包括试车内容、时间、地点。承包人准备试车记录,发包人根据承包人要求为试车提供必要条件。试车合格,工程师在试车记录上签字。

19.3 工程师不能按时参加试车,须在开始试车前24小时以书面形式向承包人提出延期要求,延期不能超过48小时。工程师未能按以上时间提出延期要求,不参加试车,应承认试车记录。

19.4 设备安装工程具备无负荷联动试车条件,发包人组织试车,并在试车前48小时以书面形式通知承包人。通知包括试车内容、时间、地点和对承包人的要求,承包人按要求做好准备工作。试车合格,双方在试车记录上签字。

19.5 双方责任

(1)由于设计原因试车达不到验收要求,发包人应要求设计单位修改设计,承包人按修改后的设计重新安装。发包人承担修改设计、拆除及重新安装的全部费用和追加合同价款,工期相应顺延。

(2)由于设备制造原因试车达不到验收要求,由该设备采购一方负责重新购置或修理,承包人负责拆除和重新安装。设备由承包人采购的,由承包人承担修理或重新购置、拆除及重新安装的费用,工期不予顺延;设备由发包人采购的,发包人承担上述各项追加合同价款,工期相应顺延。

(3)由于承包人施工原因试车不到验收要求,承包人按工程师要求重新安装和试车,并承担重新安装和试车的费用,工期不予顺延。

(4)试车费用除已包括在合同价款之内或专用条款另有约定外,均由发包人承担。

(5)工程师在试车合格后不在试车记录上签字,试车结束24小时后,视为工程师已经认可试车记录,承包人可继续施工或办理竣工手续。

19.6 投料试车应在工程竣工验收后由发包人负责,如发包人要求在工程竣工验收前进行或需要承包人配合时,应征得承包人同意,另行签订补充协议。

五、安全施工

20. 安全施工与检查

20.1 承包人应遵守工程建设安全生产有关管理规定,严格按安全标准组织施工,并随时接受行业安全检查人员依法实施的监督检查,采取必要的安全防护措施,消除事故隐患。由于承包人安全措施不力造成事故的责任和因此发生的费用,由承包人承担。

20.2 发包人应对其在施工场地的工作人员进行安全教育,并对他们的安全负责。发包人不得要求承包人违反安全管理的规定进行施工。因发包人原因导致的安全事故,由发包人承担相应责任及发生的费用。

21. 安全防护

21.1 承包人在动力设备、输电线路、地下管道、密封防震车间、易燃易爆地段及临街交通要道附近施工时,施工开始前应向工程师提出安全防护措施,经工程师认可后实施,防护措施费用由发包人承担。

21.2 实施爆破作业,在放射、毒害性环境中施工(含储存、运输、使用)及使用毒害性、腐蚀性物品施工时,承包人应在施工前14天以书面形式通知工程师,并提出相应的安全防护措施,经工程师认可后实施,由发包人承担安全防护措施费用。

22. 事故处理

22.1 发生重大伤亡及其他安全事故,承包人应按有关规定立即上报有关部门并通知工程师,同时按政府有关部门要求处理,由事故责任方承担发生的费用。

22.2 发包人承包人对事故责任有争议时,应按政府有关部门的认定处理。

六、合同价款与支付

23. 合同价款及调整

23.1 招标工程的合同价款由发包人承包人依据中标通知书中的中标价格在协议书内约定。非招标工程的合同价款由发包人承包人依据工程预算书在协议书内约定。

23.2 合同价款在协议书内约定后,任何一方不得擅自改变。下列三种确定合同价款的方式,双方可在专用条款内约定采用其中一种:

(1)固定价格合同。

双方在专用条款内约定合同价款包含的风险范围和风险费用的计算方法,在约定的风险范围内合同价款不再调整。风险范围以外的合同价款调整方法应当在专用条款内约定。

(2)可调价格合同。

合同价款可根据双方的约定而调整,双方在专用条款内约定合同价款调整方法。

(3)成本加酬金合同。

合同价款包括成本和酬金两部分,双方在专用条款内约定成本构成和酬金的计算方法。

23.3 可调价格合同中合同价款的调整因素包括:

(1)法律、行政法规和国家有关政策变化影响合同价款。

(2)工程造价管理部门公布的价格调整。

(3)一周内非承包人原因停水、停电、停气造成停工累计超过8小时。

(4)双方约定的其他因素。

23.4 承包人应当在23.3款情况发生后14天内,将调整原因、金额以书面形式通知工程师,工程师确认调整金额后作为追加合同价款,与工程款同期支付。工程师收到求包人通知后14天内不予确认也不提出修改意见,视为已经同意该项调整。

24. 工程预付款

实行工程预付款的,双方应当在专用条款内约定发包人向承包人预付工程款的时间和数额,开工后按约定的时间和比例逐次扣回。预付时间应不迟于约定的开工日期前7天。发包人不按约定预付,承包人在约定预付时间7天后向发包人发出要求预付的通知,发包人收到通知后仍不能按要求预付,承包人可在发出通知后7天停止施工,发包人应从约定应付之日起向承包人支付应付款的贷款利息,并承担违约责任。

25. 工程量的确认

25.1 承包人应按专用条款约定的时间向工程师提交已完工程量的报告。工程师接到报告后7天内按设计图纸核实已完工程量(以下称计量),并在计量前24小时通知承包人,承包人为计量提供便利条件并派人参加。承包人收到通知后不参加计量,计量结果有效,作为工程价款支付的依据。

25.2 工程师收到承包人报告后7天内未进行计量,从第8天起,承包人报告中开列的工程量即视为被确认,作为工程价款支付的依据。若工程师不按约定时间通知承包人,致使承包人未能参加计量,计量结果无效。

25.3 对承包人超出设计图纸范围和因承包人原因造成返工的工程量,工程师不予计量。

26. 工程款(进度款)支付

26.1 在确认计量结果后 14 天内,发包人应向承包人支付工程款(进度款)。按约定时间发包人应扣回的预付款与工程款(进度款)同期结算。

26.2 本通用条款第 23 条确定合同价款的调整,第 31 条工程变更调整的合同价款及其他条款中约定的追加合同价款,应与工程款(进度款)同期调整支付。

26.3 发包人超过约定的支付时间不支付工程款(进度款),承包人可向发包人发出要求付款的通知,发包人收到承包人通知后仍不能按要求付款,可与承包人协商签订延期付款协议,经承包人同意后可延期支付。协议应明确延期支付的时间和从计量结果确认后第 15 天起应付款的贷款利息。

26.4 发包人不按合同约定支付工程款(进度款),双方又未达成延期付款协议,导致施工无法进行,承包人可停止施工,由发包人承担违约责任。

七、材料设备供应

27. 发包人供应材料设备

27.1 实行发包人供应材料设备的,双方应当约定发包人供应材料设备的一览表,作为本合同附件(略)。一览表包括发包人供应材料设备的品种、规格、型号、数量、单价、质量等级、提供时间和地点。

27.2 发包人按一览表约定的内容提供材料设备,并向承包人提供产品合格证明,对其质量负责。发包人在所供材料设备到货前 24 小时,以书面形式通知承包人,由承包人派人与发包人共同清点。

27.3 发包人供应的材料设备,承包人派人参加清点后由承包人妥善保管,发包人支付相应保管费用。因承包人原因发生丢失损坏,由承包人负责赔偿。

发包人未通知承包人清点,承包人不负责材料设备的保管,丢失损坏由发包人负责。

27.4 发包人供应的材料设备与一览表不符时,发包人承担有关责任。发包人应承担责任的具体内容,双方根据下列情况在专用条款内约定:

(1)材料设备单价与一览表不符,由发包人承担所有价差。

(2)材料设备的品种、规格、型号、质量等级与一览表不符,承包人可拒绝接收保管,由发包人运出施工场地并重新采购。

(3)发包人供应的材料规格、型号与一览表不符,经发包人同意,承包人可代为调剂串换,由发包人承担相应费用。

(4)到货地点与一览表不符,由发包人负责运至一览表指定地点。

(5)供应数量少于一览表约定的数量时,由发包人补齐,多于一览表约定的数量时,发包人负责将多出部分运出施工场地。

(6)到货时间早于一览表约定时间,由发包人承担因此发生的保管费用;到货时间迟于一览表约定的供应时间,发包人赔偿由此造成的承包人损失,造成工期延误的,相应顺延工期。

27.5 发包人供应的材料设备使用前,由承包人负责检验或试验,不合格的不得使用,检验或试验费用由发包人承担。

27.6 发包人供应材料设备的结算方法,双方在专用条款内约定。

28. 承包人采购材料设备

28.1 承包人负责采购材料设备的,应按照专用条款约定及设计和有关标准要求采购,并提供产品合格证明,对材料设备质量负责。承包人在材料设备到货前24小时通知工程师清点。

28.2 承包人采购的材料设备与设计标准要求不符时,承包人应按工程师要求的时间运出施工场地,重新采购符合要求的产品,承担由此发生的费用,由此延误的工期不予顺延。

28.3 承包人采购的材料设备在使用前,承包人应按工程师的要求进行检验或试验,不合格的不得使用,检验或试验费用由承包人承担。

28.4 工程师发现承包人采购并使用不符合设计和标准要求的材料设备时,应要求承包人负责修复、拆除或重新采购,由承包人承担发生的费用,由此延误的工期不予顺延。

28.5 承包人需要使用代用材料时,应经工程师认可后才能使用,由此增减的合同价款双方以书面形式议定。

28.6 由承包人采购的材料设备,发包人不得指定生产厂或供应商。

八、工程变更

29. 工程设计变更

29.1 施工中发包人需对原工程设计变更,应提前14天以书面形式向承包人发出变更通知。变更超过原设计标准或批准的建设规模时,发包人应报规划管理部门和其他有关部门重新审查批准,并由原设计单位提供变更的相应图纸和说明。承包人按照工程师发出的变更通知及有关要求,进行下列需要的变更:

(1)更改工程有关部分的标高、基线、位置和尺寸。

(2)增减合同中约定的工程量。

(3)改变有关工程的施工时间和顺序。

(4)其他有关工程变更需要的附加工作。

因变更导致合同价款的增减及造成的承包人损失,由发包人承担。延误的工期相应顺延。

29.2 施工中承包人不得对原工程设计进行变更。因承包人擅自变更设计发生的费用和由此导致发包人的直接损失,由承包人承担,延误的工期不予顺延。

29.3 承包人在施工中提出的合理化建议涉及对设计图纸或施工组织设计的更改及对材料、设备的换用,须经工程师同意。未经同意擅自更改或换用时,承包人承担由此发生的费用、并赔偿发包人的有关损失,延误的工期不予顺延。

工程师同意采用承包人合理化建议,所发生的费用和获得的收益,发包人承包人另行约定分担或分享。

30. 其他变更

合同履行中发包人要求变更工程质量标准及发生其他实质性变更,由双方协商解决。

31. 确定变更价款

31.1 承包人在工程变更确定后14天内,提出变更工程价款的报告,经工程师确认后调整合同价款。变更合同价款按下列方法进行:

(1)合同中已有适用于变更工程的价格,按合同已有的价格变更合同价款。

(2)合同中只有类似于变更工程的价格,可以参照类似价格变更合同价款。

(3)合同中没有适用或类似于变更工程的价格,由承包人提出适当的变更价格,经工程师确认后执行。

31.2 承包人在双方确定变更后14天内不向工程师提出变更工程价款报告时,视为该项变更不涉及合同价款的变更。

31.3 工程师应在收到变更工程价款报告之日起14天内予以确认,工程师无正当理由不确认时,自变更工程价款报告送达之日起14天后视为变更工程价款报告已被确认。

31.4 工程师不同意承包人提出的变更价款,按本通用条款第37条关于争议的约定处理。

31.5 工程师确认增加的工程变更价款作为追加合同价款,与工程款同期支付。

31.6 因承包人自身原因导致的工程变更,承包人无权要求追加合同价款。

九、竣工验收与结算

32. 竣工验收

32.1 工程具备竣工验收条件,承包人按国家工程竣工验收有关规定,向发包人提供完整竣工资料及竣工验收报告。双方约定由承包人提供竣工图的,应当在专用条款内约定提供的日期和份数。

32.2 发包人收到竣工验收报告后28天内组织有关单位验收,并在验收后14天内给予认可或提出修改意见。承包人按要求修改,并承担由自身原因造成修改的费用。

32.3 发包人收到承包人送交的竣工验收报告后28天内不组织验收,或验收后14天内不提出修改意见,视为竣工验收报告已被认可。

32.4 工程竣工验收通过,承包人送交竣工验收报告的日期为实际竣工日期。工程按发包人要求修改后通过竣工验收的,实际竣工日期为承包人修改后提请发包人验收的日期。

32.5 发包人收到承包人竣工验收报告后28天内不组织验收,从第29天起承担工程保管及一切意外责任。

32.6 中间交工工程的范围和竣工时间,双方在专用条款内约定,其验收程序按本通用条款32.1款至32.4款办理。

32.7 因特殊原因,发包人要求部分单位工程或工程部位甩项竣工的,双方另行签订甩项竣工协议,明确双方责任和工程价款的支付方法。

32.8 工程未经竣工验收或竣工验收未通过的,发包人不得使用。发包人强行使用时,由此发生的质量问题及其他问题,由发包人承担责任。

33. 竣工结算

33.1 工程竣工验收报告经发包人认可后28天内,承包人向发包人递交竣工结算报告及完整的结算资料,双方按照协议书约定的合同价款及专用条款约定的合同价款调整内容,进行工程竣工结算。

33.2 发包人收到承包人递交的竣工结算报告及结算资料后28天内进行核实,给予确认或者提出修改意见。发包人确认竣工结算报告通知经办银行向承包人支付工程竣工结算价款,承包人收到竣工结算价款后 14 天内将竣工工程交付发包人。

33.3 发包人收到竣工结算报告及结算资料后 28 天内无正当理由不支付工程竣工结算价款,从第 29 天起按承包人同期向银行贷款利率支付拖欠工程价款的利息,并承担违约责任。

33.4 发包人收到竣工结算报告及结算资料后 28 天内不支付工程竣工结算价款,承包人可以催告发包人支付结算价款。发包人在收到竣工结算报告及结算资料后 56 天内仍不支付的,承包人可以与发包人协议将该工程折价,也可以由承包人申请人民法院将该工程依法拍卖,承包人就该工程折价或者拍卖的价款优先受偿。

33.5 工程竣工验收报告经发包人认可后 28 天内,承包人未能向发包人递交竣工结算报告及完整的结算资料,造成工程竣工结算不能正常进行或工程竣工结算价款不能及时支付,发包人要求交付工程的,承包人应当交付;发包人不要求交付工程的,承包人承担保管责任。

33.6 发包人承包人对工程竣工结算价款发生争议时,按本通用条款第 37 条关于争议的约定处理。

34. 质量保修

34.1 承包人应按法律、行政法规或国家关于工程质量保修的有关规定,对交付发包人使用的工程在质量保修期内承担质量保修责任。

34.2 质量保修工作的实施。承包人应在工程竣工验收之前,与发包人签订质量保修书,作为本合同附件(略)。

34.3 质量保修书的主要内容包括:

(1)质量保修项目内容及范围。

(2)质量保修期。

(3)质量保修责任。

(4)质量保修金的支付方法。

十、违约、索赔和争议

35. 违约

35.1 发包人违约。当发生下列情况时发包人承担违约责任,赔偿因其违约给承包人造成的经济损失,顺延延误的工期:

(1)本通用条款第 24 条提到的发包人不按时支付工程预付款。

(2)本通用条款第 26.4 款提到的发包人不按合同约定支付工程款,导致施工无法进行。

(3)本通用条款第 33.3 款提到的发包人无正当理由不支付工程竣工结算价款。

(4)发包人不履行合同义务或不按合同约定履行义务的其他情况。

双方在专用条款内约定发包人赔偿承包人损失的计算方法或者发包人应当支付违约金的数额或计算方法。

35.2 承包人违约。当发生下列情况时承包人承担违约责任,赔偿因其违约发包人造成的损失:

（1）本通用条款第 14.2 款提到的因承包人原因不能按照协议书约定的竣工日期或工程师同意顺延的工期竣工。

（2）本通用条款第 15.1 款提到的因承包人原因工程质量达不到协议书约定的质量标准。

（3）承包人不履行合同义务或不按合同约定履行义务的其他情况。

双方在专用条款内约定承包人赔偿发包人损失的计算方法或者承包人应当支付违约金的数额可计算方法。

35.3 一方违约后，另一方要求违约方继续履行合同时，违约方承担上述违约责任后仍应继续履行合同。

36. 索赔

36.1 当一方向另一方提出索赔时，要有正当索赔理由，且有索赔事件发生时的有效证据。

36.2 发包人未能按合同约定履行自己的各项义务或发生错误及应由发包人承担责任的其他情况，造成工期延误和（或）承包人不能及时得到合同价款及承包人的其他经济损失，承包人可按下列程序以书面形式向发包人索赔：

（1）索赔事件发生后 28 天内，向工程师发出索赔意向通知。

（2）发出索赔意向通知后 28 天内，向工程师提出延长工期和（或）补偿经济损失的索赔报告及有关资料。

（3）工程师在收到承包人送交的索赔报告和有关资料后，于 28 天内给予答复，或要求承包人进一步补充索赔理由和证据。

（4）工程师在收到承包人送交的索赔报告和有关资料后 28 天内未予答复或未对承包人做进一步要求，视为该项索赔已经认可。

（5）当该索赔事件持续进行时，承包人应当阶段性向工程师发出索赔意向，在索赔事件终了后 28 天内，向工程师送交索赔的有关资料和最终索赔报告。索赔答复程序与（3）、（4）规定相同。

36.3 承包人未能按合同约定履行自己的各项义务或发生错误，给发包人造成经济损失，发包人可按 36.2 款确定的方式和时限向承包人提出索赔。

37. 争议

37.1 发包人承包人在履行合同时发生争议，可以和解或者要求有关主管部门调解。当事人不愿和解、调解或者和解、调解不成的，双方可以在专用条款内约定以下一种方式解决争议：

第一种解决方式：双方达成仲裁协议，向约定的仲裁委员会申请仲裁。

第二种解决方式：向有管辖权的人民法院起诉。

37.2 发生争议后，除非出现下列情况的，双方都应继续履行合同，保持施工连续，保护好已完工程：

（1）单方违约导致合同确已无法履行，双方协议停止施工。

（2）调解要求停止施工，且为双方接受。

（3）仲裁机构要求停止施工。

（4）法院要求停止施工。

十一、其他

38. 工程分包

38.1 承包人按专用条款的约定分包所承包的部分工程，并与分包单位签订分包合同。非经发包人同意，承包人不得将承包工程的任何部分分包。

38.2 承包人不得将其承包的全部工程转包给他人，也不得将其承包的全部工程肢解以后以分包的名义分别转包给他人。

38.3 工程分包不能解除承包人任何责任与义务。承包人应在分包场地派驻相应管理人员，保证本合同的履行。分包单位的任何违约行为或疏忽导致工程损害或给发包人造成其他损失，承包人承担连带责任。

38.4 分包工程价款由承包人与分包单位结算。发包人未经承包人同意不得以任何形式向分包单位支付各种工程款项。

39. 不可抗力

39.1 不可抗力包括因战争、动乱、空中飞行物体坠落或其他非发包人承包人责任造成的爆炸、火灾，以及专用条款约定的风雨、雪、洪、震等自然灾害。

39.2 不可抗力事件发生后，承包人应立即通知工程师，并在力所能及的条件下迅速采取措施，尽力减少损失，发包人应协助承包人采取措施。工程师认为应当暂停施工的，承包人应暂停施工。不可抗力事件结束后48小时内承包人向工程师通报受害情况和损失情况，以及预计清理和修复的费用。不可抗力事件持续发生，承包人应每隔7天向工程师报告一次受害情况。不可抗力事件结束后14天内，承包人向工程师提交清理和修复费用的正式报告及有关资料。

39.3 因不可抗力事件导致的费用及延误的工期由双方按以下方法分别承担：

（1）工程本身的损害、因工程损害导致第三人人员伤亡和财产损失及运至施工场地用于施工的材料和待安装的设备的损害，由发包人承担。

（2）发包人承包人人员伤亡由其所在单位负责，并承担相应费用。

（3）承包人机械设备损坏及停工损失，由承包人承担。

（4）停工期间，承包人应工程师要求留在施工场地的必要的管理人员及保卫人员的费用由发包人承担。

（5）工程所需清理、修复费用，由发包人承担。

（6）延误的工期相应顺延。

39.4 因合同一方迟延履行合同后发生不可抗力的，不能免除迟延履行方的相应责任。

40. 保险

40.1 工程开工前，发包人为建设工程和施工场内的自有人员及第三人人员生命财产办理保险，支付保险费用。

40.2 运至施工场地内用于工程的材料和待安装设备，由发包人办理保险，并支付保险费用。

40.3 发包人可以将有关保险事项委托承包人办理，费用由发包人承担。

40.4 承包人必须为人事危险作业的职工办理意外伤害保险，并为施工场地内自有人员生命财产和施工机械设备办理保险,支付保险费用。

40.5 保险事故发生时,发包人承包人有责任尽力采取必要的措施,防止或者减少损失。

40.6 具体投保内容和相关责任,发包人承包人在专用条款中约定。

41. 担保

41.1 发包人承包人为了全面履行合同,应互相提供以下担保:

(1)发包人向承包人提供履约担保,按合同约定支付工程价款及履行合同约定的其他义务。

(2)承包人向发包人提供履约担保,按合同约定履行自己的各项义务。

41.2 一方违约后,另一方可要求提供担保的第三人承担相应责任。

41.3 提供担保的内容、方式和相关责任,发包人承包人除在专用条款中约定外,被担保方与担保方还应签订担保合同,作为本合同附件。

42. 专利技术及特殊工艺

42.1 发包人要求使用专利技术或特殊工艺,就负责办理相应的申报手续,承担申报、试验、使用等费用;承包人提出使用专利技术或特殊工艺,应取得工程师认可,承包人负责办理申报手续并承担有关费用。

42.2 擅自使用专利技术侵犯他人专利权的,责任者依法承担相应责任。

43. 文物和地下障碍物

43.1 在施工中发现古墓、古建筑遗址等文物及化石或其他有考古、地质研究等价值的物品时,承包人应立即保护好现场并于4小时内以书面形式通知工程师,工程师应于收到书面通知后24小时内报告当地文物管理部门,发包人承包人按文物管理部门的要求采取妥善保护措施。发包人承担由此发生的费用,顺延延误的工期。

如发现后隐瞒不报,致使文物遭受破坏,责任者依法承担相应责任。

43.2 施工中发现影响施工的地下障碍物时,承包人应于8小时内以书面形式通知工程师,同时提出处置方案,工程师收到处置方案后24小时内予以认可或提出修正方案。发包人承担由此发生的费用,顺延延误的工期。

所发现的地下障碍物有归属单位时,发包人应报请有关部门协同处置。

44. 合同解除

44.1 发包人承包人协商一致,可以解除合同。

44.2 发生本通用条款第26.4款情况,停止施工超过56天,发包人仍不支付工程款(进度款),承包人有权解除合同。

44.3 发生本通用条款第38.2款禁止的情况,承包人将其承包的全部工程转包给他人或者肢解以后以分包的名义分别转包给他人,发包人有权解除合同。

44.4 有下列情形之一的,发包人承包人可以解除合同:

(1)因不可抗力致使合同无法履行。

(2)因一方违约(包括因发包人原因造成工程停建或缓建)致使合同无法履行。

44.5 一方依据44.2,44.3,44.4款约定要求解除合同的,应以书面形式向对方发出解除合同的通知,并在发出通知前7天告知对方,通知到达对方时合同解除。对解除合同有争议的,按本通用条款第37条关于争议的约定处理。

44.6 合同解除后,承包人应妥善做好已完工程和已购材料、设备的保护和移交工作,按发包人要求将自有机械设备和人员撤出施工场地。发包人应为承包人撤出提供必要条件,支付以上所发生的费用,并按合同约定支付已完工程价款。已经订货的材料、设备由订货方负责退货或解除订货合同,不能退还的货款和因退货、解除订货合同发生的费用,由发包人承担,因未及时退货造成的损失由责任方承担。除此之外,有过错的一方应当赔偿因合同解除给对方造成的损失。

44.7 合同解除后,不影响双方在合同中约定的结算和清理条款的效力。

45. 合同生效与终止

45.1 双方在协议书中约定合同生效方式。

45.2 除本通用条款第34条外,发包人承包人履行合同全部义务,竣工结算价款支付完毕,承包人向发包人交付竣工工程后,本合同即告终止。

45.3 合同的权利义务终止后,发包人承包人应当遵循诚实信用原则,履行通知、协助、保密等义务。

46. 合同份数

46.1 本合同正本两份,具有同等效力,由发包人承包人分别保存一份。

46.2 本合同副本份数,由双方根据需要在专用条款内约定。

47. 补充条款

双方根据有关法律、行政法规规定,结合工程实际经协商一致后,可对本通用条款内容具体化、补充或修改,在专用条款内约定。

第三部分　专用条款*

一、词语定义及合同文件

1. 词语定义

2. 合同文件及解释顺序

合同文件组成及解释顺序:＿＿＿＿＿＿＿＿＿＿＿＿＿＿＿＿＿＿＿＿＿＿＿＿＿

3. 语言文字和适用法律、标准及规范

3.1 本合同除使用汉语外,还使用＿＿＿＿＿＿＿语言文字。

3.2 适用法律和法规

需要明示的法律、行政法规:＿＿＿＿＿＿＿＿＿＿＿＿＿＿＿＿＿＿＿＿＿＿＿

3.3 适用标准、规范

适用标准、规范的名称:＿＿＿＿＿＿＿＿＿＿＿＿＿＿＿＿＿＿＿＿＿＿＿＿＿

发包人提供标准、规范的时间:＿＿＿＿＿＿＿＿＿＿＿＿＿＿＿＿＿＿＿＿＿＿

国内没有相应标准、规范时的约定:＿＿＿＿＿＿＿＿＿＿＿＿＿＿＿＿＿＿＿

4. 图纸

4.1 发包人向承包人提供图纸日期和套数:＿＿＿＿＿＿＿＿＿＿＿＿＿＿＿＿＿

发包人对图纸的保密要求:＿＿＿＿＿＿＿＿＿＿＿＿＿＿＿＿＿＿＿＿＿＿＿

使用国外图纸的要求及费用承担:＿＿＿＿＿＿＿＿＿＿＿＿＿＿＿＿＿＿＿＿

---

* 注:本条款只引用部分条款说明。

二、双方一般权利和义务

5. 工程师

5.2 监理单位委派的工程师

姓名：_____

职务：_____

发包人委托的职权：_____

需要取得发包人批准才能行使的职权：

5.3 发包人派驻的工程师

姓名：_____

职务：_____

职权：_____

5.6 不实行监理的,工程师的职权：_____

7. 项目经理

姓名：_____

职务：_____

8. 发包人工作

8.1 发包人应按约定的时间和要求完成以下工作：

(1)施工场地具备施工条件的要求及完成的时间：_____

(2)将施工所需的水、电、电讯线路接至施工场地的时间、地点和供应要求：_____
_____

(3)施工场地与公共道路的通道开通时间和要求：_____

(4)工程地质和地下管线资料的提供时间：_____

(5)由发包人办理的施工所需证件、批件的名称和完成时间：_____

(6)水准点与坐标控制点交验要求：_____

(7)图纸会审和设计交底时间：_____

(8)协调处理施工场地周围地下管线和邻近建筑物、构筑物(含文物保护建筑)、古树名木的保护工作：_____

(9)双方约定发包人应做的其他工作：_____

8.2 发包人委托承包人办理的工作：_____

9. 承包人工作

9.1 承包人应按约定时间和要求,完成以下工作：

(1)需由设计资质等级和业务范围允许的承包人完成的设计文件提交时间：_____
_____

(2)应提供计划、报表的名称及完成时间：_____

(3)承担施工安全保卫工作及非夜间施工照明的责任和要求：_____

(4)向发包人提供的办公和生活房屋及设施的要求：_____

(5)需承包人办理的有关施工场地交通、环卫和施工噪音管理等手续：_____
_____

(6)已完工程成品保护的特殊要求及费用承担：_____

(7)施工场地周围地下管线和邻近建筑物、构筑物(含文物保护建筑)、古树名木的保护

要求及费用承担：_____

(8)施工场清洁卫生的要求：_____

(9)双方约定承包人应做的其他工作：_____

三、施工组织设计和工期

10.进度计划

10.1 承包人提供施工组织设计(施工方案)和进度计划的时间：_____

工程师确认的时间：_____

10.2 群体工程中有关进度计划的要求：_____

13.工期延误

13.1 双方约定工期顺延的其他情况：_____

四、质量与验收

17.隐蔽工程和中间验收

17.1 双方约定中间验收部位：_____

19.工程试车

19.5 试车费用的承担：_____

五、安全施工

六、合同价款与支付

23.合同价款及调整

23.2 本合同价款采用_____方式确定。

(1)采用固定价格合同,合同价款中包括的风险范围：_____

风险费用的计算方法：_____

风险范围以外合同价款调整方法：_____

(2)采用可调价格合同,合同价款调整方法：_____

(3)采用成本加酬金合同,有关成本和酬金的约定：_____

23.3 双方约定合同价款的其他调整因素：_____

24.工程预付款

发包人向承包人预付工程款的时间和金额或占合同价款总额的比例：_____

扣回工程款的时间、比例：_____

25.工程量确认

25.1 承包人向工程师提交已完工程量报告的时间：_____

26.工程款(进度款)支付

七、材料设备供应

27.发包人供应

27.4 发包人供应的材料设备与一览表不符时,双方约定发包人承担责任如下：

(1)材料设备单价与一览表不符：_____

(2)材料设备的品种、规格、型号、质量等级与一览表不符：_____

(3)承包人可代为调剂申换的材料：_____

(4)到货地点与一览表不符：_____

(5)供应数量与一览表不符：_____

(6)到货时间与一览表不符：_____

27.6 发包人供应材料设备的结算方法：_____

28. 承包人采购材料设备

28.1 承包人采购材料设备的约定：_____

八、工程变更

九、竣工验收与结算

32. 竣工验收

32.1 承包人提供竣工图的约定：_____

32.6 中间交工工程的范围和竣工时间：_____

十、违约、索赔和争议

35. 违约

35.1 本合同中关于发包人违约的具体责任如下：

本合同通用条款第 24 条约定发包人违约应承担的违约责任：_____

本合同通用条款第 26.4 款(见 112 页)约定发包人违约应承担的违约责任：_____

本合同通用条款第 33.3 款(见 115 页)约定发包人违约应承担的违约责任：_____

双方约定的发包人其他违约责任：_____

35.2 本合同中关于承包人违约的具体责任如下：

本合同通用条款第 14.2 款(见 108 页)约定承包人违约承担的违约责任：_____

本合同通用条款第 15.1 款(见 109 页)约定承包人违约应承担的违约责任：_____

双方约定的承包人其他违约责任：_____

37. 争议

37.1 双方约定,在履行合同过程中产生争议时：

(1)请_____调解；

(2)采取第_____种方式解决,并约定向_____仲裁委员会提请仲裁或向_____人民法院提起诉讼。

十一、其他

38. 工程分包

38.1 本工程发包人同意承包人分包的工程：_____

分包施工单位为_____

39. 不可抗力

39.1 双方关于不可抗力的约定：_____

40. 保险

40.6 本工程双方约定投保内容如下：

(1)发包人投保内容：_____

发包人委托承包人办理的保险事项：_____

(2)承包人投保内容：_____

41. 担保

41.3 本工程双方约定担保事项如下：

(1)发包人向承包人提供履约担保,担保方式为_____担保合同作为本合同附件。

(2)承包人向发包人提供履约担保,担保方式为_____担保合同作为本合同附件。

(3)双方约定的其他担保事项：_____

46.合同份数

46.1 双方约定合同副本份数：_____

47.补充条款

3.4.4 锅炉工程施工合同管理

1.建设工程施工合同管理的概念

建设工程施工合同管理是指各级工商行政管理机关、建设行政主管机关,以及发包单位、监理单位、承包单位依据法律法规,采取法律的、行政的手段,对施工合同关系进行组织、指导、协调及监督,保护施工合同当事人的合法权益,处理施工合同纠纷,防止和制裁违法行为,保证施工合同贯彻实施的一系列活动。

施工合同管理划分为两个层次:第一个层次是国家行政机关对施工合同的监督管理;第二个层次是建设工程施工合同当事人及监理单位对施工合同的管理。各级工商行政管理机关、建设行政主管机关对施工合同属于宏观管理,建设单位(业主或监理单位),承包单位对施工合同进行具体的微观管理。

2.施工合同管理的工作内容

(1)施工合同的行政监管工作内容

行政主管部门要宣传贯彻国家有关经济合同方面的法律、法规和方针政策;组织培训合同管理人员,指导合同管理工作,总结交流工作经验;对建设工程施工合同签订进行审查,监督检查施工合同的签订、履行,依法处理存在的问题,查处违法行为。主要做好以下几方面的监管工作:

①加强合同主体资格认证工作。

②加强招标投标的监督管理工作。

③规范合同当事人签约行为。

④做好合同的登记、备案和鉴证工作。

⑤加强合同履行的跟踪检查。

⑥加强合同履行后的审查。

(2)业主(监理工程师)施工合同管理的主要工作内容

业主的主要工作是对合同进行总体策划和总体控制,对授标及合同的签订进行决策,为承包商的合同实施提供必要的条件,委托监理工程师监督承包商履行合同。

对实行监理的工程项目,监理工程师的主要工作由建设单位(业主)与监理单位通过《建设工程监理合同》约定,监理工程师必须站在公正的第三者的立场上对施工合同进行管理。其工作内容包括建筑工程施工合同实施全过程的进度管理、质量管理、投资管理和组织协调的全部或部分。

①协助业主起草合同文件和各种相关文件,参加合同谈判。

②解释合同,监督合同的执行,协调业主、承包商、供应商之间的合同关系。

③站在公正的立场上正确处理索赔与合同争议。

④在业主的授权范围内,处理工程变更,对工程项目进行进度控制、质量控制和费用控制。

(3)承包商施工合同管理的主要工作内容:

①合同订立前的管理:投标方向的选择、合同风险的总评价、合作方式的选择等。

②合同订立中的管理:合同审查、合同文本分析、合同谈判等。

③合同履行中的管理:合同分析、合同交底、合同实施控制、合同档案资料管理等。

④合同发生纠纷时的管理。

▶ 任务实施

按照给定任务,根据投标过程,包括决策、标书编制、开标、评标和定标结果完成签订该项目合同书。

要求:

1. 仔细分析建设工程合同示范文本内容;

2. 分析工程资料即合同环境,分小组讨论;

3. 填写工程施工合同,通用条款参照范本填写,专业条款自行拟定,采用标准格式。

▶ 复习自查

1. 工程合同订立采取什么方式?

2. 何谓无效合同?

3. 合同履行的基本原则是什么?

4. 工程合同范本一般有几种条款?

▶ 任务评量

学生任务评量见表3-3。

表3-3 "锅炉工程项目投标"学生任务评量表

各位同学:

1. 教师针对下列评量项目并依据"评量标准",从A、B、C、D、E中选定一个对学生操作进行评分,学生在教师评价前进行自评,但自评不计入成绩。

2. 此项评量满分为100分,占学期成绩的10%。

评量项目	学生自评与教师评价(A~E)	
	学生自评分	教师评价分
1. 平时成绩(20分)		
2. 实作评量(40分)		
3. 情景模拟(20分)		
4. 答辩评量(20分)		

▶ 项目小结

锅炉工程项目投标的学习需要从两方面进行。首先需要了解工程项目投标的程序,包括投标人具备的条件、投标报价等;重点在于如何编制投标文件,而投标文件的编写在专业理论基础上,最为重要的是要具备一定的施工经验。

编制投标文件需要从以下几点重点着手:

（1）施工组织设计

施工组织设计是招标中专家重点光顾的点——技术标，通过施工组织设计能够很好地了解投标单位的技术实力和施工经验。

（2）投标报价

投标报价是决定是否中标的关键点，也是企业利润高低的关键点——商务标，通过投标报价能够对工程"量"的理解更加深入。

（3）施工合同

合同是依据法律、招标文件形成的具有一定标准的文件，合同的拟订是投标的重点，尤其在合同拟定过程中的"要约"与"承诺"尤为关键。其内容如图3-4所示。

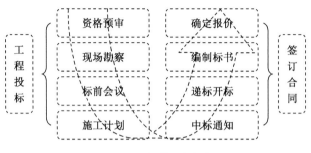

图3-4　锅炉工程投标

总之，锅炉工程项目投标是一个平等、自愿、公平、合法和具有公序良俗的过程。

项目4 锅炉工程项目质量检验

▶ 项目描述

锅炉是国民生产、生活中不可或缺的设备,锅炉的工作性质证明锅炉是一种具备高温、高压介质的特种设备;锅炉制造、安装质量的优劣,决定了锅炉运行的安全性、高效性和节能效果、环保效果。

本项目从锅炉制造、安装过程中质量检验所需的方法与机具设备出发,通过锅炉制造过程检验,安装过程检验阐述锅炉设备保证质量的重要性和基本方法。

工业锅炉的制造工艺从材料入厂→画线、下料→卷板、弯管、钻孔→焊接→组装→水压→砌筑→包装→调试→出厂等所有工序中,每一节点都需要分别选择、采用理化分析、外观检验、无损探伤和水压试验等检验手段来控制质量。

其中材料入厂需要理化分析和外观检验;画线、下料→卷板、弯管、钻孔需要进行外观检验;焊接需要外观检验、无损探伤;组装后的锅炉需要进行水压试验;砌筑→包装→调试→出厂需要进行外观检验。外观检验和无损探伤由生产单位专业检验人员执行,实行班组、质检员与质检科三级检验制度,锅炉水压试验由专业人员与特种设备监检人员共同完成。所有检验需要记录和存档,作为锅炉制造质量证明书的内容随锅炉转移。

工业锅炉的安装工艺包括施工准备→基础放线→钢结构安装→受热面安装→管路安装→水压试验→燃烧设备安装→辅机安装→烟风道、管道安装→电气安装→锅炉砌筑→锅炉试运→安全阀调试→竣工验收等项目,每一个节点都需要分别选择、采用外观检验、理化分析、无损探伤和水压试验等检验手段来保证安装质量。

锅炉安装是制造的延续,其质量检验总体上延续锅炉制造检验模式;不同点是在外观检验方面要求有通球试验等更严格的手段,且其外观检验都是随着安装过程动态进行的,要求每一个节点都需要做检验记录,即俗称的"工程内业",而且对工程内业与质量验收标准对照验评,评价其质量等级,以保证安装过程的质量控制。

无论是锅炉制造过程,还是安装过程,都需要执行企业通过的国际标准化组织(ISO)质量认证体系,检验只是其中一部分内容。

本项目旨在精熟锅炉工程项目质量检验的方法和检验记录形成。目的:通过现场实作手段认知锅炉检验的一般方法和机具,通过模拟、仿真情景了解锅炉设备制造工艺过程和质量检验节点,通过模拟与实作结合的方法掌握锅炉安装流程和过程中质量检验节点、方法。预期结果:实现对锅炉制造、安装工程项目进行检验并具备编写工程内业的能力。

▶ 教学环境

教学场地是锅炉制造、安装模拟仿真实训室和锅炉模型实训室。学生利用多媒体教室进行理论知识的学习,小组工作计划的制订,实施方案的讨论等;利用实训室进行锅炉制造、安装项目检验实操、工程检验记录编写和锅炉工程项目工艺过程的认知和训练。

任务4.1　锅炉工程项目质量检验的方法

▶ 学习目标

知识目标
1. 区辨不同锅炉质量检验方法的异同;
2. 精熟水压试验法的步骤与标准。

能力目标
1. 熟练按标准执行锅炉水压试验;
2. 建构锅炉质量检验模式并确定检验工艺。

素质目标
1. 养成责任意识进行锅炉质量检验;
2. 秉持安全理念执行检验标准。

▶ 任务描述

现有××清河泉生物质能源热电有限公司三台 SHL35 – 3.82/450 – S 型蒸汽锅炉、设备及系统安装任务;该锅炉原为 UG – 35/3.82 – M 型电站锅炉,经维修、改造为 35 t/h 燃烧稻壳的生物质锅炉。

▶ 知识导航

4.1.1　外观检验法

工业锅炉的检验,不论是制造检验、安装检验,还是运行检验,都要借助各种工具和仪器用肉眼去观察,看锅炉产品是否符合 TSG G0001—2019《锅炉安全技术监察规程》的规定,是否符合 GB 60273—2019《锅炉安装工程施工及验收规范》的要求。

外观检验是锅炉检验的最基本的方法。一般都是先进行外观检查,然后再根据不同的情况,分别确定采取哪种方法进行更深入的检验。

外观检验时,可以借助于放大镜、各种直尺、钢卷尺、焊缝检验尺、卡钳、游标卡尺、测厚仪、塞尺、手锤、粉线、铅锤等量具及工具,检查下列内容:

1. 外观几何尺寸的检查

外观几何尺寸检查主要是检查锅筒、集箱、受热面管子、钢架、炉排等各部位的外观几何尺寸,包括检查锅筒、集箱的挠度、弯曲管子的外形及变形情况、钢架的长度、扭曲、托架的位置、炉排各零部件的几何尺寸等。

对锅筒、集箱的管孔或接头的位置、管接头方位,同线度等也应进行检查。

2. 制造、安装的焊缝检查

(1)检查受压元件的制造、安装焊缝。

在检查受压元件的焊缝时,对制造及安装的焊缝都应检查。

①查看焊缝的宽度、高度是否符合要求,焊缝金属是否与母材圆滑过渡。

②查看焊缝及热影响区有无汽孔、裂纹、弧坑和夹渣。

③查看焊缝的咬边深度及长度是否符合《锅炉安全技术监察规程》的规定。

（2）检查受热面之外的其他构件的焊缝。

锅炉除受压元件以外的其他焊缝，均承受着各种动荷、静荷或交变载荷的作用力，有的构件还得在较高的温度下工作，所以对其焊缝容不得半点忽视，必须严格检查其外观尺寸，判断其有无夹渣、汽孔、裂纹、弧坑等缺陷，做到及时发现，及时处理。

（3）检查锅筒、集箱、受热面管子的本体及焊缝的腐蚀程度。

①严重腐蚀时，要测出其腐蚀深度、面积。

②焊缝的腐蚀，特别是在焊缝与母材结合处，应在原咬边基础上，将腐蚀程度—深度、长度分别测出。

③运行一段时间后，检查焊缝有无裂纹出现，弄清裂纹的长度及形状。

④查清管端的腐蚀情况，特别是管子与锅筒结合的根部，要测出其壁厚。

⑤查明受热面元件的结垢情况，测出结垢厚度，特别是结垢后的管内径还剩多少、占原管内径的百分比。

3. 受热面元件及其组合件的检验

对受热面元件及组合件要进行以下外观检查：

（1）集箱的相互位置是否正确。

（2）管排及管间距是否符合规范要求。

（3）管子对接口的错位及弯折度。

（4）管夹子或支吊架是否按 GB 60273—2019《锅炉安装工程施工及验收规范》的要求固定及支撑的，是否留有胀间隙。

（5）受压元件的形状及各部位尺寸是否符合锅炉管子的制造技术条件。

4. 炉墙、炉拱的检验

检查炉墙、炉拱的墙面平直度、砖缝的厚度和密封情况，检查炉拱及炉墙的烧损、磨损程度。

5. 密封性能检验

检查风，烟道和风箱的密封间隙及接合部位的密封性。

锅炉的外观检验还可借助手电筒、直板尺等工具测量其腐蚀深度，如图 4－1、图 4－2所示。图 4－1 为用手电筒在锅筒内壁的一端水平照射，其在有腐蚀的部位会呈现出阴影。在检查锅炉腐蚀部位时，应用检验锤将堆积在表面的污垢打下去，使其表面露出金属光泽，这样，测量才能准确。

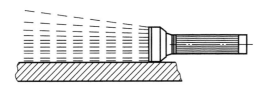

图 4－1　用光线直照检查腐蚀坑

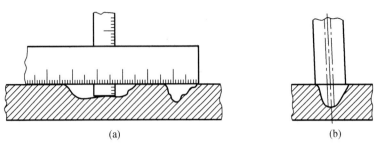

(a)   (b)

图 4 – 2 用直尺和深度游标卡尺测量腐蚀深度

腐蚀深度可用直尺和深度游标卡尺来测量,如图 4 – 2 所示。

可采用挂线法或拉钢丝法测量管排、管间距;用拉钢丝法或用直尺测量锅筒、集箱挠度,钢架的弯曲度。总之,锅炉外观检验的方法有很多,可视现场情况而定。

4.1.2　无损探伤法

无损探伤检验是利用 X 射线、γ 射线、超声波、磁性等物理现象,在不破坏焊件的情况下,检查焊缝内部缺陷的方法。几种常用无损探伤方法基本原理和检验方法如下:

1. 磁粉检验

磁粉检验(MT)是无损探伤检验方法之一,适用于检验焊缝表面或工件表面的裂纹,分层等线形缺陷,也用于检验距表面不深(≤6 mm)的区域内的各种缺陷。

其原理是外加一磁场,当磁力线通过完好的焊件时,它是直线进行的,当有缺陷存在时,经过这些缺陷的磁力线就会发生扰乱。在焊缝表面撒上铁粉时,磁扰乱部位的铁粉就吸附在焊缝上,而其他部位的铁粉不吸附,如图 4 – 3 所示。可通过铁粉吸附情况判断焊缝中缺陷的所在位置及大小。

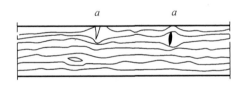

图 4 – 3　磁粉检验示意图

检验前,对受检表面应进行干燥和清渣处理,不得有污垢、锈蚀和松动的氧化皮等,当受检表面妨碍显示时,应进行打磨或喷砂处理。

磁粉探伤缺陷显露的程度和缺陷与磁力线的相对位置有关,与磁力线相垂直的缺陷显示得很清楚,如果缺陷和磁力线平行则显示得不够清楚。为避免缺陷漏检,每个受检区应进行两次检查,两次的磁力线方向大体上应互相垂直,每次检查的区域应有一定的重叠。

磁粉探伤方法只对能磁化的工件适用,对非铁磁材料是不适用的。而且经磁粉探伤的零件有剩磁存在,这对于某些零件来说是不允许的。

有关磁粉探伤问题可参见 EJ187 – 80《磁粉探伤标准》。

2. 着色探伤检验

着色探伤(CT)是液体渗透无损探伤方法的一种,它是把一种渗透力较强的液体(渗透液)涂抹在被检物的表面上,使渗透液浸透到缺陷的缝隙中,然后擦去金属表面的残余液体,并喷或涂以显示剂,依靠显示剂毛细作用,把渗入缺陷中的渗透液吸出,从而显现出缺陷的位置形状和大小。为了提高其探伤灵敏性,在渗透液中加入红色染料甚至加入一些荧光物质,从而发展了着色探伤法。

着色探伤法工作原理简单易懂,操作容易掌握,对操作技术要求不高。而且所需装置简单,一般只是三个小铁筒,可成套购买,便于广泛使用。

着色探伤可检查碳钢、不锈钢、有色金属、塑料等各种材料,且不受几何形状、尺寸大小的影响,一次探伤可测出任何方位的缺陷(如微裂纹、表面气孔、重皮、夹层等),灵敏度可达0.005~0.01 mm。

但着色探伤工序较复杂,使用的试剂大都是易燃易挥发物质,有的甚至稍有毒性。另外,这种方法不能发现表面没有开孔的缺陷(如皮下缺陷或内部夹渣等)。

着色探伤的基本工序:清洁探伤表面、干燥、施加渗透液、清除多余渗透液、涂敷显示剂、观察评定缺陷。

探伤前应去除焊缝或工件表面的焊渣、铁锈、油垢、泥土等,露出工件金属光泽,最好加工达到平滑光洁。

着色探伤应在光亮处,15~50 ℃条件下进行,温度不宜过低,以免冷冻。

工件清整后,应先用清洗剂清洗待检查表面,去除一切杂质与油垢。待工件表面干燥后,将渗透剂用毛笔或毛刷涂抹在表面上,为使渗透剂能很好地渗入细微的缺陷内部,要反复多涂抹几次,渗透时间最短不少于30 min。渗透剂经过充分渗透后,把残留在金属表面上的渗透剂用浸有汽油或煤油的干净纱布擦净,最后涂刷或喷刷一层显示剂,待显示剂自然干燥后或用热风吹干后,仔细观察显示剂上是否有着色渗透剂渗出,即可确定被检物表面有无裂纹等缺陷存在。

着色探伤的灵敏度主要取决于渗透液和显示液的物理特性,即表面张力与黏度。表面张力系数应为 $2.5 \times 10^{-5} \sim 2.8 \times 10^{-5}$ N/mm,黏度则影响渗透速度,黏度小则渗透速度加快,而且清洗也比较容易。

有关着色探伤的要求与标准,更详细的内容可参见标准 EJ186-80《着色探伤标准》。

3. X 射线及 γ 射线检验(RT)

X 射线和 γ 射线都是电磁波,都能不同程度地透过不透明的物体(其中包括金属),并和照相底片发生作用(图4-4),还能使某些化学元素和化合物发生荧光。因此,当射线通过被检查的焊缝时,由于焊缝内部的缺陷对射线的衰减和吸收能力不同,使得通过焊缝后的射线强度不同,作用在底片上使胶片感光程度也不同。将感光的胶片冲洗后,即可形象地用来判断和鉴定焊缝内部的缺陷。焊缝因有加强高度,在黑色的基本金属背景上呈浅黑色(甚至灰白色)的条状。焊缝中的缺陷在底片上得到不同的发黑,呈较黑的斑点或线条,其尺寸、形状与焊缝内部缺陷互相对应,可明显看出,如图4-5所示。

未焊透在底片上的特征是一条断续或连续的黑线,在不开坡口对接焊缝中,表征未焊透的黑线宽度常是较均匀的。V 型坡口焊缝中的未焊透在底片上呈断续的线条状,宽度不一致,黑度不均匀,线状条纹一边较直而且发黑。X 型坡口双面焊缝中部的未焊透呈现为黑色较规则的线状。角接接头、丁字接头的未焊透呈断续的线状。

裂缝(裂纹)在底片上的特征是略带曲折的波浪形黑色细条纹,有时也呈直线细条纹。轮廓较分明,两端尖细、中部稍宽、两端黑度渐浅最后消失。

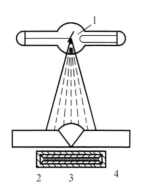

1—X 射线发生器;2—增感纸;3—底片;4—底片盆。

图 4-4 X 射线透视示意图

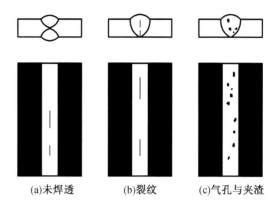

(a)未焊透   (b)裂纹   (c)气孔与夹渣

图 4-5 X 光透视底片的识别

气孔在底片上的特征是呈圆形、椭圆形或长圆形黑点,其黑度一般是中心处较深,并均匀地向边缘减轻。

夹渣在底片上的特征多呈现为不同形状的点状或条纹,点状夹渣呈单独的黑点,外围不规则,带有棱角,黑度较均匀。条状夹渣呈宽而短的粗线条状,形状不规则,黑度有大有小,变化没有规律。

射线探伤检验应在焊缝及热影响区表面质量外观检验合格后进行。焊缝表面的不规则程度应不妨碍底片上缺陷的辨认,应不掩盖焊缝中的缺陷或与之相混淆,例如咬边、焊瘤等,否则应在射线探伤照相之前适当修整。

射线探伤照相法按所需要达到的底片影像质量分为 A 级(普通级)、AB 级(较高级)和 B 级(高级),选用 B 级时,焊缝加强高应磨平。

锅炉受压元件对接焊缝(包括纵向、环向与坯料拼接焊缝)的射线照相质量要求应不低于 AB 级。

应根据射线透照厚度选择 X 光机的管电压 kV 数和 γ 射线能源。例如,通用 150 kV 的 X 光机可照射厚度为 ≤20 mm,250 kV 的 X 光机可检厚度为 ≤40 mm。钴 60 能源可检厚度为 60～150 mm,目前应用较广。铯 137、铱 192 能源可检 90 mm 以下的钢制件、灵敏度高,对人危害较小。用 4 MeV 电子直线加速器产生的高能 X 射线,对钢的穿透厚度为 50～250 mm,已在我国 6×10^5 kW 锅炉汽包检验工作中得到应用,实际照射厚度为 170 mm。

GB 3323—87《钢熔化焊对接接头射线照相和质量分级》根据缺陷性质和缺陷的尺寸与数量将焊缝质量分为四级。一级焊缝质量最高,缺陷最小;二、三级焊缝的内部缺陷依次增多,质量逐次下降;缺陷数量超过三级者为四级。各种产品的焊缝射线探伤检验要求达到哪个级别,由产品设计部门和监察部门决定。对锅炉制造行业来说,国家有关文件规定:

对于额定工作压力大于或等于 0.1 MPa(1 kgf/cm^2)的蒸汽锅炉,对接焊缝质量不低于Ⅱ级为合格;对于额定工作压力小于 0.1 MPa(1 kgf/cm^2)的蒸汽锅炉,对接焊缝质量不低于Ⅲ级为合格。

对于额定出口热水温度高于或等于 120 ℃的热水锅炉,对接焊缝质量不低于Ⅱ级为合格;对于额定出口热水温度低于 120 ℃的热水锅炉,对接焊缝质量不低于Ⅲ级为合格。

GB 3323—87《钢熔化焊对接接头射线照相和质量分级》对焊缝质量评级规定主要有:

（1）不允许存在的缺陷

Ⅰ级焊缝内应无裂纹、未熔合、未焊透和条状夹渣；Ⅱ级焊缝内应无裂纹、未熔合和未焊透；Ⅲ级焊缝内应无裂纹、未熔合，以及双面焊和加垫板的单面焊的未焊透。

（2）允许存在的圆形缺陷

长宽比小于或等于3的缺陷定义为圆形缺陷，它们可以是圆形、椭圆形、锥形或带有尾巴（在测定尺寸时应包括尾部）等不规则的形状，包括气孔、点状夹渣和夹钨。

圆形缺陷用评定区进行评定，评定区的大小根据透射工件厚度 t 规定为 $t \leqslant 25$ mm，评定区尺寸为 10×10 mm^2；$25 < t \leqslant 100$ mm，评定区尺寸为 10×20 mm^2；$t > 100$ mm，评定区尺寸为 10×30 mm^2。

不同尺寸的圆形缺陷，其危害程度有较大差异，因此评定圆形缺陷时应将不同大小缺陷尺寸按表4-1换算成缺陷点数，再按换算后的缺陷点数总和进行质量分级。

表4-1 缺陷尺寸与点数

缺陷长径 l/mm	$l \leqslant 1$	$1 < l \leqslant 2$	$2 < l \leqslant 3$	$3 < l \leqslant 4$	$4 < l \leqslant 6$	$6 < l \leqslant 8$	$l > 8$
点数	1	2	3	6	10	15	25

不记点数的缺陷尺寸规定为母材厚度 $t \leqslant 25$ mm，缺陷长径 $\leqslant 0.5$ mm 时不计；$25 < t \leqslant 50$ mm 时，缺陷长径 $\leqslant 0.7$ mm 时不计；$t > 50$ mm 时，缺陷长径 $\leqslant 1.4\%\,t$ 时不计。

当缺陷与评定区边界相接时，应把它划为该评定区内计算点数。当评定区附近缺陷较少，且认为只有该评定区大小划分级别不适当时（即按规定区评定刚刚超过某级别允许缺陷点数上限），经供需双方协商，可将评定区沿焊缝方向扩大到三倍，求出缺陷总点数，用此值的三分之一进行评定。对扩大评定区的处理，应特别慎重对待，详见 GB 3323—87 的附录。

圆形缺陷质量分级见表4-2。圆形缺陷长径大于 $1/2s$（s 为圆形焊件的厚度）时，即评为Ⅳ级。Ⅰ级焊缝和 $s \leqslant 5$ mm 的Ⅱ级焊缝内不计点数的圆形缺陷，在评定区内不得多于10个，超过则降一级。

表4-2 圆形缺陷质量分级

评定区/mm² 工件厚度/mm 缺陷点数/个 质量等级	10×10			10×20		10×30
	$t \leqslant 10$	$10 < t \leqslant 15$	$15 < t \leqslant 20$	$25 < t \leqslant 50$	$50 < t \leqslant 100$	$t > 100$
Ⅰ	1	2	3	4	5	6
Ⅱ	3	6	9	12	15	18
Ⅲ	6	12	18	24	30	36
Ⅳ	缺陷点数大于Ⅲ级者					

注：表中的缺陷点数是允许的上限。

例如，在46 mm 中压锅炉锅筒纵向焊缝 X 光检验底片上，像质计上号线钢丝8清晰可

见,像质指数满足要求。在某一气孔间有点状夹渣密集区的 $10 \times 20 \ mm^2$ 评定区内,有 0.6 mm 气孔 2 个,0.8 mm 气孔 4 个,1.5 mm 气孔 2 个,2.5 mm 气孔 1 个。按有关规定及表 4 - 2 换算,因 0.6 mm 气孔不计点数,则圆形缺陷点数为

$$总点数 \ 4 \times 1 + 2 \times 2 + 1 \times 3 = 11 \ 点$$

查表 4 - 2,因壁厚为 46 mm,评为 Ⅱ 级焊缝。

(3)允许存在的条状夹渣

长宽比大于 3 的夹渣定义为条状夹渣,长宽比大于 3 的长气孔的评定与条状夹渣相同,条状夹渣分级见表 4 - 3,条状夹渣必须同时满足单个条状夹渣长度和条状夹渣总长两项规定。

表 4 - 3 条状夹渣分级

质量等级	单个条状夹渣长度/mm	条状夹渣总长
Ⅰ、Ⅱ级	$t \leqslant 12:4$ $12 < t < 60:\dfrac{t}{3}$ $t \geqslant 60:20$	在任意直线带上,相邻两夹渣间距均不超过 6L 的任何一组夹渣,其累计长度在 12t 焊缝长度内不超过 t
Ⅲ	$t \leqslant 9:6$ $9 < t < 45:\dfrac{2}{3}t$ $t \leqslant 45:30$	在任意直线带上,相邻两夹渣间距均不超过 3L 的任何一组夹渣,其累计长度在 6t 焊缝长度内不超过 t
Ⅳ	大于Ⅲ级者	

注:表中 t 为母材金属厚度,L 为该组夹渣中最长者的长度。

如果焊缝长度不足 12t(Ⅱ级)或 6t(Ⅲ级)时,可按比例折算。当折算的条状夹渣总长度小于单个条状夹渣时,以单个条状夹渣长度为允许值。

(4)允许存在的单面焊未焊透

Ⅲ级焊缝允许不加垫板的单面焊未焊透,允许长度按表 4 - 3 条状夹渣长度的Ⅲ级评定,超过Ⅲ级者为Ⅳ级。

(5)焊缝质量的综合评级

在圆形缺陷评定区内,同时存在圆形缺陷和条状夹渣(或未焊透)时应各自评级,将级别之和减 1 作为最终级别;如三种缺陷同时存在,应将其级别之和减 2 作为最终级别。

锅炉受压元件焊缝射线探伤质量要求不低于Ⅱ级(或Ⅲ级),指的是综合评级的最终级别。

钢管熔化焊对接接头射线照相法和焊缝质量分级的补充规定可参见 GB332—87 附录 E。

射线探伤底片上应有工件编号、焊缝编号、部位编号、底片中心定位标记(+)、检验拍片日期及操作者代号等标记,以利于对照检查、找出返修位置等。这些标记铅字应离开焊缝边缘至少 5 mm,并与被探伤的工件上的标记相符。

射线探伤检验之后,应对探伤结果及有关事项进行详细记录并写出检验报告。报告内容应包括:探伤方法、擦伤规范、缺陷名称、评定等级、焊缝返修次数、编号、日期等,并由有

关人员签字。探伤底片报告和原始记录须妥善保存五年以上，以备核对检查。

4.超声波检验(UT)

超声波的频率大于20 000 Hz,具有穿透金属材料的特性,而且在两种不同介质表面上发生反射波,因此可用于焊缝内部缺陷的检验工作。超声波检验探伤方法有脉冲反射法(单收发)、穿透法(双探头一发一收)和共振法(双发双收)等,而以脉冲反射法应用最多。如图4-6所示,由超声波探伤仪的探头发射出超声波,并将反射回来的超声波接收放大,在探伤仪荧光屏上将讯号显示出来。如图4-6所示,当超声波与工件表面接触时,产生始波;超声波继续在被检工件中传播,当工件内部没有缺陷时,超声波从工件表面直射到工件底面然后从底面射出并发生反射波,反射回来的信号在荧光屏上显示出底波脉冲。如果工件内部有缺陷射入的超声波碰到缺陷也会发生反射,由于缺陷到探头的距离比工件底面到探头的距离近,因而超声波由缺陷反射到探头所需的时间短,所以缺陷波就在荧光屏上的始波与底波之间按一定比例显示出来。根据缺陷反射波讯号与底波讯号在时间上的差别和反射能量的多少,即可判断出缺陷位置、大小和缺陷种类。

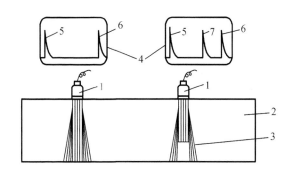

1—超声波探头;2—工件;3—缺陷;4—荧光屏;5—始波;6—底波;7—缺陷波。

图4-6　脉冲反射法探伤示意图

超声波探伤具有灵敏度高、周期短、成本低、经济方便等优点,还可以在只有一个探测表面的情况下探伤。其缺点是要求零件表面光洁平滑(而这有时是办不到的),辨别缺陷性质的能力较差,对缺陷没有直观感,探伤中存在盲区,即靠近表面几毫米处的缺陷不易探测到等。因此对厚度较大的工件,可以是超声波检验和X射线检验配合使用。例如,锅筒的对接焊缝可以是100%射线探伤,或者100%超声波探伤加至少25%射线探伤。但焊缝交叉部位及超声波探伤发现的质量可疑部位必须射线探伤。

根据JB 1151—1981《锅炉和钢制压力容器对接焊缝超声波探伤》规定,应采用A型脉冲反射式探伤仪和斜探头探伤。探伤前,应清除探头移动区域的飞溅物和氧化皮,最好能机械加工到平滑光洁程度。为使探头与工件接触良好并减少探头的磨损,应在工件探伤表面涂以液态耦合剂,可使用机油、变压器油、甘油等,最常使用的是工业甘油。

对探伤仪和探头的组合灵敏度、分辨力与标准试块也都有一定的要求与规定。

超声波探伤检验人员应由具有一定基础知识、焊缝探伤经验、并经考试合格者担任。操作者应掌握所探工件的材质、焊缝坡口形式、焊接工艺、缺陷可能产生部位资料,根据荧光屏上的反射波形进行综合判断评定。

超声波探伤的质量标准按JB 1152—1981《锅炉和钢制压力容器对接焊缝超声波探伤》

技术条件规定的验收标准执行。需要用专门的距离－波幅曲线等来判断,应由有关专业人员操作评定,锅炉对接焊缝达到Ⅰ级为合格,超声波擦伤应有专人进行记录,并按规定提出报告。

使用超声波和射线两种方法进行焊缝探伤时,按各自标准均合格者,方可认为合格。

上述几种焊缝内部无损探伤检验方法的比较见表4－4。

表4－4　几种焊缝内部无损探伤检验方法的比较

检验方法	能探出的缺陷	可检验的厚度	灵敏度	其他特点	质量判断
磁粉检验	表面及近表面的缺陷(微细裂缝、未焊透、气孔等)	表面及近表面,深度不超过6 mm	与磁场强度大小及磁粉质量有关	被检验表面最好与磁场正交,限于磁性材料,接头表面一般不需加工	根据磁粉分布情况判定缺陷位置,但深度不能确定
着色探伤检验	和表面相通的微小缺陷(裂缝、夹渣等)	厚度不限	可检出0.005～0.01 mm宽的缺陷	被检表面应露出金属光泽、最好加工达3∶2	根据显示剂的显示形状,可直接看出缺陷形状、种类
X射线检验	内部缺陷(裂缝、未焊透、气孔及夹渣等)	据能源类别而异,150 kV X光机可检厚度$t<20$ mm,250 kV X光机可检厚度$t<40$ mm	能检出尺寸大于焊缝厚度1%～2%的各种缺陷	焊接接头表面不需加工,但正反两面都必须是可接近的	从底片上能直接形象地判断缺陷种类和分布。平行于X光射线方向的平面缺陷不如超声波灵敏
γ射线检验	内部缺陷(裂缝、未焊透、气孔及夹渣等)	镭能源可检厚度60 mm$<t<$150 mm,钴60能源可检厚度60 mm$<t<$150 mm,铱192能源可检厚度30 mm$<t<$90 mm			
超声波检验	内部缺陷(裂缝、未焊透、气孔及夹渣)	焊件厚度的上限几乎不受限制,下限一般为8～10 mm	能探出直径大于1 mm的气孔夹渣,探裂缝较灵敏,对表面及近表面的缺陷不灵敏	检验部位——表面应涂耦合剂	根据荧光屏上信号的指示,可判断有无缺陷,及其位置和其大致大小,但判断缺陷种类较难

4.1.3　水压试验法

1. 水压试验的目的

锅炉在制造、安装、修理、改造和运行等各个环节的检验中,水压试验是重要的检验手段之一,但是它不是锅炉检验的唯一手段,它既不能代替别的检验方法,更不能用水压试验的方法来确定锅炉的工作压力。水压试验的目的是检验锅炉受压元件的严密性和耐压强度,但主要是检验其严密性。

(1)检查严密性

检查严密性主要是检查锅炉的焊缝、管子的胀口、焊缝、人孔、手孔及法兰等连接是否严密。锅炉的焊缝在水压试验时,如果发现渗漏,则说明焊缝有穿透性缺陷,这是非常危险的,必须查清原因予以处理修复。

(2)检查耐压强度

水压试验应是在锅炉受压元件进行强度计算的基础上进行的,而不是盲目确定水压试验的压力,错误地用水压试验压力来决定锅炉的工作压力是非常危险的。因为如果锅炉结构不合理,焊缝内部即使存在严重缺陷,水压试验时不一定马上使其破坏,原因与试验时间不可能太长和试验是在冷态下进行有关,但试验可能使缺陷加速损坏。这类锅炉在投入运行后,在热态下结构不合理等原因所形成的缺陷就暴露出来,并得到发展而突然损坏的事例是很多的。

盲目地提高水压试验压力也是不允许的,因为水压试验压力过高,某些元件所产生的应力已超过材料的屈服强度,会发生塑性变形造成损伤,甚至会造成破坏。

2. 水压试验前的准备

新制造的锅炉、修理和改造的锅炉,锅炉总体及锅炉受压元件的水压试验应在无损探伤及有关检查项目合格后进行。对需要进行热处理的部件或元件,应在热处理后进行。

安装中的锅炉,应在锅炉受压部件和元件安装完毕后,炉墙砌筑前进行水压试验。

3. 水压试验压力的确定、试验方法和合格标准

(1)水压试验压力的确定

锅炉水压试验压力的确定依据 JB/T 1612—94《锅炉水压试验技术条件》规定进行。具体按表4-5、表4-6、表4-7选取。

表4-5 锅炉总水压试验压力
单位:MPa

名称	锅筒工作压力 P	水压试验压力
锅炉总体	$P < 0.8$	1.5P 但不小于 0.2
	$0.8 \leqslant P \leqslant 1.6$	$P + 0.4$
	$P > 1.6$	1.25P

锅炉部组件水压试验压力按表4-6选取。

表4-6 锅炉部组件水压试验压力
单位:MPa

名称	锅筒工作压力 P	水压试验压力
锅筒	$P \leqslant 0.8$	1.5P 但不小于 0.2
	$1.6 > P > 1.2$	$P + 0.4$
	$P > 1.6$	1.25P

表 4 – 6（续）

过热器	任何压力	与本体试验压力相同
钢管省煤器		$1.5P_1$
铸铁省煤器		$1.25P + 0.5$
再热器		$1.5P_1$

注:P_1 为部组件工作压力。

集箱、管子等锅炉元件的水压试验压力见表 11 – 8。

表 4 – 7　锅炉元件水压试验压力　　　　　　　　　　单位:MPa

名称	锅炉元件工作压力 P	水压试验压力
集箱		$1.5P_1$
管子	任何压力	$2P_1$
省煤器元件		$2.5P_1$
其他受压元件		$2P_1$

注:P_1 为部组件工作压力。

（2）水压试验

①水压试验的准备工作。

试验时,应装两只经校验合格的压力表,其量程最好是试验压力的 2 倍。一只装在手压泵的出口,另一只装在锅筒上,并以这只表作为试验压力的依据。

水压试验时,周围空气温度应高于 5 ℃,否则应有防冻措施。试验用水的温度一般为 20 ~ 70 ℃。水温过低容易在锅炉受压元件表面结露,就难以区别渗漏情况;水温也不宜过高,以防止引起汽化和产生过大的温度应力,并且如有渗漏时,水容易蒸发掉而不容易观察到渗漏处。水压试验结束后暂不投入运行时,应把锅水全部放尽,这在气温较低时尤为重要,以避免锅水结冰和腐蚀而损坏锅炉。

锅炉顶部应装设放气阀,以便将锅内的空气随着锅水的灌入而排放出去。

锅炉受压元件、部件在进行单独水压试验时,应有专门的工夹具和塞子,最好准备水压试验台进行此项工作。

②水压试验方法。

试验时,压力应按规定缓慢上升。当压力升到 0.3 ~ 0.5 MPa 时,应暂停升压进行初步检查。若确无漏水或异常现象,再升压到试验压力,并在试验压力下,至少保持 5 min（管子试验时,允许保持 10 ~ 20 s）。然后降到工作压力,可用手锤轻敲焊缝附近进行仔细检查。保压和检查期间,不得继续用水泵打水维持压力,而压力应该保持不变。

（3）水压试验合格标准

水压试验如符合下列条件,则认为合格。

①试件焊缝和金属外壁没有任何水珠、水雾和湿润等渗漏现象。

②铆缝、胀口及附件密封处,在降到工作压力后不漏水。

③水压试验后,用肉眼观察,没有发现残余变形。

试验不合格,对于有渗漏部位的缺陷,允许返修。返修后应重新进行水压试验。

（4）水压试验的注意事项

①试压前,检查人员应将需要检查的部位事先列出需检项目和画出受检元件草图,以备试验时记录和防止漏检。

②水压试验应在白天进行,便于观察和检查。

③水压试验不合格时,允许返修,但应在压力降到零以后进行。返修后应重新做水压试验。

④锅炉水压试验后,应拆除所有管座上的盲板和堵板。

⑤水压试验必须用水进行,严禁用气压试验来代替水压试验。水压试验的压力必须按照规定进行,不准任意改变试验压力。

⑥水压试验用的水应保持高于周围露点的温度,以防工件表面结露。也不宜温度过高,以防止汽化和过大的温差应力,一般应在 20～70 ℃。为防止合金钢制造的受压件在水压试验时发生脆性破裂,水压试验的水温还应高于该钢种的脆性转变温度（NDT 温度）,即碳钢、锰钢应≥5 ℃；Cr－Mo 钢、Cr－Mo－V 钢、Mn－V 钢应≥15 ℃,Mn－Mo－V 钢、Mo—Mo－V－Cu 钢、Mn－Mo－Nb 钢应≥30 ℃；铬（C＞0.3）钢、BHW35 钢应≥35 ℃。

⑦试验容器充水之前,内部应清理干净。充水时,必须将容器内空气放净。试件的人孔、手孔不允许用临时装置。

⑧应将容器放在安全地点加防护措施。升压及保持压力过程中,试验人员尽可能不要接近试压件,以防止非正常爆破造成人身事故。

4.1.4 理化分析法

1. 机械性能试验

检验不同焊接材料的性能,检查焊缝金属或焊接接头的性能,都广泛应用机械性能试验。一般是先焊成标准试件,再从其切取试样进行试验;试件由焊接该产品的焊工焊制,其原材料、焊接设备、焊接材料和工艺条件等均与所代表的产品相同,根据需要,也可以从焊接结构上直接切取试样。

焊接试件尺寸应按相应规定制备,焊接后应经过外观检验和无损探伤,合格后,方可制取机械性能试验用的试样。

根据对结构或焊件的具体要求不同,可对焊接接头或焊缝金属进行以下试验:

（1）拉力试验

拉力试验用来检验焊接接头或焊缝金属的强度和塑性。应记录并计算屈服极限、抗拉强度、延伸率和断面收缩率。计算抗拉强度和屈服极限的差值（$\sigma_n - \sigma_s$）能定性说明焊缝金属的塑性储备量。延伸率 δ 和断面收缩率 Ψ 的比较,可看出焊缝金属的组织不均匀性,以及焊接接头各区域的性能差异。在拉力试验过程中也可以从试样上发现某些焊接缺陷。

（2）弯曲试验

弯曲试验用来检验焊接接头的塑性,它以试样的弯曲角度大小和产生裂纹情况作为评定指标,弯曲试验还能反映接头各区域的塑性差别,暴露焊接缺陷,检验熔合线的结合质量。实践证明,焊接接头拉力试验常常是从基本金属拉断,配以弯曲试验则可明显检查出焊缝金属中缺陷的大小和影响。

弯曲试验时,试样为单面焊缝时,试样的拉伸表面应位于焊缝表面;试样为双面焊缝时,试样的拉伸表面应位于最后焊接的焊缝表面。

(3)冲击试验

冲击试验用来检验焊缝金属或焊接接头的韧性和缺口敏感性。标准试样是梅氏U型缺口试样,冲击值用 α_k 表示。生产中也常常应用夏氏V形缺口试样,因V型缺口较尖锐,应力集中大,缺口附近参与塑性变形的体积较小,对于材料脆性转化反应灵敏,断口分析比较清晰,更能反映出材料阻止裂纹扩展的能力。

试验时应注意取样方向、缺口部位和缺口加工方法。宜将缺口开在焊缝、焊接接头最薄弱区域或重点考核部位,如焊接结晶脆弱区、焊缝根部、熔合线或热影响区的过热段等。

(4)硬度试验

硬度试验可间接检验出焊缝的强度。从焊接接头的硬度分布曲线,可以比较出接头各区域的性能差别、区域性偏析和近缝区的淬硬倾向。一般常用维氏硬度测量焊接接头各区域的硬度分布曲线。

(5)断裂韧性试验

材料的断裂韧性 K_{Ic} 及 δ_c 可用试验方法测定。其值可在一定尺寸、数量和位向的焊接缺陷情况下估算元件的承载能力。或者在一定载荷条件下确定元件所允许的缺陷大小。目前,这种试验方法正在不断发展完善,已应用到各种焊接结构检验中。

机械性能所用试件的尺寸要求和制备,试样的切取与加工,应按 JB 1614T—1994《锅炉受压元件焊接接头机械性能检验方法》与 JB 303—62《焊缝金属及焊接接头的机械性能试验》或有关规定的要求进行。

机械性能试验用试样的截取方法一般按图 4-7 截取。试件板的两端应舍弃,舍弃长度:手工焊应不少于 30 mm,自动焊应不少于 40 mm,如有引弧板及熄弧板时可不舍弃,试样数量一般规定为拉力试样 2 个,弯曲试样 2 个,冲击试样 3 个。

管子对接接头试样的截取方法如图 4-8 所示。薄壁管可用整根管子做拉力试验,代替两个拉力试样,用整个接头的压扁试验(GB/T 246—2017),代替弯曲试验。

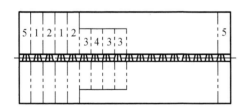

1—拉力;2—弯曲;3—冲击;4—金相;5—舍弃。

图 4-7 机械性能试验的试样截取方法

1—拉力;2—弯曲;3—冲击;4—金相。

图 4-8 管子对接接头试样的截取方法

机械性能试验应由专业人员按国家标准进行,如 GB 228—87《金属拉力试验法》、GB 232—63《金属冷、热弯曲试验法》、GB 229—63《金属常温冲击韧性试验法》、GB 2106—1980《金属夏比(V 型缺口)冲击试验方法》等,否则不能作为量评定的依据。各项试验应详细记录并填写试验报告。

各项试验的合格标准可详见有关国家标准、部标准、监察规程与相应规定。

2.化学分析检验

焊接生产中的化学分析检验包括各种焊接材料及焊缝金属的化学成分分析,看其是否符合技术要求。必要时也对焊缝金属中的气体如氢(主要是扩散氢)、氧、氟的含量进行测定。

焊缝化学分析用试样,一般是用直径为6 mm左右的钻头从焊缝中钻取,钻取的位置要离开熔合线一定距离,以免基本金属成分混入。

3. 金相检验

焊接接头的金相检验,可用来检验焊缝金属、热影响区和基本金属的组织特点及确定内部缺陷的种类,可分为宏观检验和微观检验两大类。

根据《蒸汽锅炉安全技术监察规程》的规定,下列焊件应进行金相检验。

(1)工作压力≥3.82 MPa的锅筒,工作压力≥9.81 MPa或壁温>450 ℃的集箱、受热面管子和管道的对接焊缝,应进行宏观金相检验。

(2)工作压力≥3.9 MPa的锅筒和集箱上的管接头角焊缝,应进行宏观金相检验。

(3)前两项当中,可能产生淬火硬化、显微裂纹、过烧等缺陷的焊件,还应做微观金相检验。

对于锅筒和集箱,应从每个检查试件上各切取一个试样;对于受热面管子,应从半数检查试件上各切取一个试样;对于锅筒和集箱上管接头的角焊缝,应将管接头分为壁厚大于6 mm和小于等于6 mm两种,对每种接头,每焊200个,焊一个检查试件,不足200个也应焊一个,并沿检查试件中心线切开作金相试样。

微观金相试样可从宏观金相试样上切取。

(1)宏观金相检验

宏观金相检验是直接用肉眼或借助低倍数放大镜来进行检验,又可分为断口检验和宏观组织分析两种情况。

断口检验是对拉力、冲击和弯曲试验的试件断口进行观察,或对按《焊缝断面折断试验法》折断的断口进行观察,以分析断口组织、断裂性质、裂源及扩展方向、组织缺陷及其对断裂的影响。

宏观组织分析是将焊接接头横断面切取下来(图4-7、图4-8),用砂轮打磨、用砂纸磨光,抛光后进行腐蚀,观察焊缝一次结晶组织的粗细程度与方向性、焊缝截面形状、焊接接头中的裂缝、未焊透、未熔合、气孔、夹渣和母材分层等缺陷情况。

(2)微观金相检验

微观金相检验是借助100~1 500倍显微镜来检查焊接接头各区的显微组织有否微裂纹、偏析、过烧组织、网状夹杂物等缺陷,以及析出相的种类与性质,来研究它们的出现与变化同焊接材料、工艺方法、工艺参数等的关系。微观金相检验主要是作为质量分析及试验研究手段来应用的。在有些情况下,也作为质量检验手段,必要时可把典型的金相组织通过显微摄影制成金相图片。

4. 焊接缺陷的返修

焊接结构存在不允许的焊接缺陷时,应予返修。对较重大的质量问题应进行质量分析,制订出返修工艺措施,方可进行返修。

一般地说,经过检验,发现焊缝表面有裂缝、气孔、大于0.5 mm的弧坑、深度大于0.5 mm的咬边等缺陷;焊缝内部有超过探伤标准的缺陷,接头的机械性能或耐腐蚀性能达不到要求时,均应进行返修。

在同一位置上,经过两次返修,若尚未合格,则应对原返修方案进行审查分析,重新拟

定可行的返修方法,由制造厂技术负责人批准后再作返修,并在产品质量证明书中详细注明。同一位置上的返修不得超过三次。

返修前,应根据产品的材质、缺陷所在部位和大小等情况采用碳弧气刨、手工铲磨、机械加工或气割等方法将缺陷清除干净。如对缺陷是否已清除持有怀疑,应用 X 光透视检查。

低碳钢和 $\sigma_s \leqslant 392 \ N/mm^2$ 的普通低合金钢都可采用碳弧气刨清除缺陷,气刨后应将刨层打磨出金属光泽。应注意勿使工件黏渣或造成铜斑。如已发生,应在焊补前清除,以防产生气孔或裂缝。

凡是对冷裂缝敏感的 $\sigma_s > 392 \ N/mm$ 的普通低合金钢、高合金钢、不锈钢等,当存在表面缺陷或少量内部缺陷时,可使用扁铲、风铲、风动或电动砂轮去除缺陷并修磨坡口,返修部位表面圆滑,不许有尖锐棱角。如图 4-9(a)棱角尖锐,就不如图 4-9(b)那样对修补有利。

凡不能采用碳弧气刨清除缺陷的焊缝,若内部存在大量缺陷或整个接头性能不合格,在工件几何形状允许的情况下,可在机床上(如刨边机)进行机械加工,清除应返修的焊缝。返修时应尽可能采用自动焊。

(a)不好   (b)好

图 4-9　返修部位磨的情况

产品环缝需要整条返修时,可用气割将其割开并割出坡口,再用砂轮磨平修齐进行焊接。

不论用哪种方法清除缺陷,焊缝两侧也应进行清理,并保证修补的凹槽与基本金属和原有焊缝平缓过渡。

返修焊接是在产品刚性拘束较大的条件下进行的,因此应由焊接同类产品考试合格且比较有经验的焊工进行焊补,应小心仔细操作,力求一次返修合格。

对要求预热焊接的钢材,返修焊接的预热温度应比产品焊接时高 30~50 ℃,返修过程应始终保持不低于此温度,返修后按规定缓冷。

返修焊接所用的焊接材料与焊接工艺,应和焊接产品一样。应采用多层多道焊,第一层的焊接电流可大一些。以保证焊透,其他各层应采用正常电流快速运条焊接。手工焊补的焊缝长度超过 1 m 时,应以 300~400 mm 为一段,进行逆向分段焊接以减少内应力,每道焊缝的起弧与收弧处应错开,要注意起弧与收弧处的质量,每焊一层应仔细检查,确定未发生缺陷后再焊下一层。

当返修 T 型焊缝时(如锅筒),应先焊纵向焊缝,后焊环向焊缝。

要求焊后进行热处理的产品,最好在热处理前进行返修焊接。若是在热处理后发现缺陷进行返修时,返修焊接后,应按原热处理规范进行热处理。

返修部位的焊缝,焊后应修磨表面,使其外形与原焊缝基本一致。返修焊接以后应将工件做好清理,并按原焊缝的检验要求与标准进行严格的焊接检验。

▶ 任务实施 ....

按照给定三台 SHL35 – 3.82/450 – S 型蒸汽锅炉安装及 UG – 35/3.82 – M 型电站锅炉维修、改造项目,完成如下任务:

1.在安装项目中有哪些质量控制点,采用何种检验方法;

序号	质量控制点	检验项目	检验方法	备注

2.在改造项目中有哪些质量控制点,采用何种检验方法。

序号	质量控制点	检验项目	检验方法	备注

▶ 复习自查 ....

1.锅炉检验方法有几种?
2.射线探伤和超声波探伤有何区别?
3.锅炉水压试验的目的是什么?
4.锅炉检验理化分析法有几种模式?

任务4.2 锅炉制造的质量检验

▶ 学习目标 ....

知识目标
1.解构锅炉制造质量检验模式;
2.精熟锅炉制造及安装前的检验项目。
能力目标
1.熟练进行锅炉质量检验文件编制;
2.具备按照检验标准调整不同任务检验方案的能力。
素质目标
1.养成责任意识服务与锅炉制造企业生产;
2.秉持安全理念设计锅炉检验方案。

▶ 任务描述 ....

给定××清河泉生物质能源热电有限公司三台 DHL35 – 3.82/450 – S 型蒸汽锅炉维

修、改造任务;锅炉的改造工艺具体有下料→卷筒、弯管→焊接→无损探伤→开孔→总装→水压试验等。

▶ 知识导航 ••

4.2.1 锅炉制造质量检验

1. 锅炉原材料检验

随着工业技术的发展,锅炉的容量愈来愈大,参数愈来愈高,一旦发生破坏,其危害性也将更加严重,为了防止锅炉受压元件失效而引起破坏,除了要提高制造及安装质量和制订科学合理的运行操作规程外,制造锅炉用的原材料的质量好坏也是锅炉能否安全使用的重要因素之一。

锅炉主要原材料包括锅炉钢板、锅炉钢管、锅炉用型钢(不小于 25 号的工字钢和槽钢)、圆钢(用作锅壳式锅炉的拉撑杆及直径不小于 40 mm 用作吊杆的圆钢)、结构钢板(用于制造大板梁翼板和腹板)、焊接材料(包括焊丝、焊条、焊剂和焊接保护气体等)。

多年来的实践证明,无论是国产材料,还是进口材料,不同的钢厂都有质量好坏和质量稳定与否的差别,应实行区别对待,加强原材料入厂检验环节在锅炉制造厂整个生产过程中,具有极其重要的地位。原材料入厂检验不仅具有严格的技术要求,而且必须严格执行。

锅炉原材料入厂应有质量证明书(又称质量保证书)。钢板应注明材料的化学成分、机械性能,同时标明材料的生产厂、钢材类别代号、炉罐号、批号、规格与出厂日期。原材料的入厂检验应以"批"为单位,同一批材料指同一炉罐号、同一规格、同一轧制规范,同一热处理规范(或试样热处理)所制成的材料。同一批焊条是指同一批号、同一规格,同一牌号的焊条。原材料检验应按部标准 JB/T 3375—1991《锅炉原材料入厂检验标准》执行,它适用于介质压力不大于 13.72 MPa,出口温度不大于 540 ℃ 的固定式锅炉。检验内容主要有以下几项。

(1)抽查规则

①锅炉钢板和结构钢板抽查数量

a. 当质量证明书内容完整并与实物相符时,每批的抽查数量除表面质量和尺寸偏差为不少于 2 张外,其他检查项目为不少于 1 张。

b. 屈服点不小于 390 N/mm^2 或厚度为 60 mm 及以上的锅炉钢板,应附加超声波探伤,如果供货单位已逐张进行超声波探伤,每批应抽查 15% 并且不少于 1 张,如果供货单位没有逐张进行超声波探伤,则应由制造厂逐张进行超声波探伤。

②锅炉钢管抽查数量

a. 当质量证明书内容完整并与实物相符时,每批的抽查数量除表面质量和尺寸偏差为不少于 2 根外,其他检查项目为不少于 1 根。

b. 对锅炉钢管、型钢和圆钢,虽有内容完整的质量证明书但实物上的炉(罐、批)号已混淆不清时,原则上应予拒收。在特殊情况下,如果制造厂同意,可按表 4-8 规定用增加抽查数量的方法进行验收,对合金钢管还应逐根进行光谱试验。

表 4-8　炉(罐、批)号已混淆不清时锅炉钢管抽查数量

管子外径/mm	≤159	>159
抽查数量	每批不少于 5% 并且不少于 4 根	逐根进行检查

③型钢和圆钢抽查数量

a.当质量证明书内容完整并与实物相符时,每批的抽查数量除表面质量和尺寸偏差为不少于5%并且不少于1根外,其他检查项目为不少于1根。

b.对锅炉中的型钢和圆钢,抽查数量为每批为不少于5%并且不少于3根,对合金结构钢还应逐根进行光谱试验。

④焊接材料抽查数量

a.每批焊条的抽查数量见表4-9。

表4-9 焊条抽查数量

检查项目	尺寸和药皮外观质量	其他检验项目
抽查数量	不少于100根	从同批中抽取总包数的1%并且不少于2包的焊条

b.每批焊丝的抽查数量为总盘数的3%并且不少于2盘,对合金结构钢焊丝还应逐盘进行光谱试验。

(2)检查方法

①取样方法

a.应避免在同一张(根)材料上的相邻部位切取同一试验项目的试样。

b.钢材化学分析的取样方法按GB 222—2006《钢的成品化学成分允许偏差》,力学性能试验的取样方法按GB 2975—2018《钢及钢产品 力学性能试验取样位置及试样制备》,其他检查项目的取样方法按相应标准的规定。

c.焊丝分别从每盘的首尾两端取样,如果一盘焊丝有多个分头,则应从每个分头的首尾两端取样。

②锅炉钢板和结构钢板的检查项目

a.各种锅炉钢板和结构钢板的检查项目按表4-10,其中共同性检查项目四项:

· 表面质量和尺寸偏差;

· 化学分析;

· 常温拉伸试验;

· 弯曲试验。

此外,还应根据b~f的规定附加相应的检查项目。

表4-10 锅炉钢板和结构钢板的检验要求

序号	检查项目		试验方法	合格标准
1	共同性检查项目	表面质量和尺寸偏差	—	锅炉钢板按GB 713,压力容器钢板按GB 709、GB 3274和订货合同
2		化学分析	GB 223	锅炉钢板按GB 713,压力容器钢板按GB 6654,结构钢板按GB 700、GB 711和GB 1591
3		常温拉伸试验	GB 228	
4		弯曲试验	GB 232	

表 4 – 10（续）

序号		检查项目	试验方法	合格标准
5		时效敏感性试验	GB 4160	GB 713
6	附加检查项目	常温冲击试验	GB 2160	锅炉钢板按 GB 713,压力容器钢板按 GB 6654,结构钢板按 GB 700、GB 711 和 GB 1591
7		高温拉伸试验	GB 4338	订货合同
8		超声波探伤	ZBJ 74003	ZBJ 74003, Ⅰ 级或订货合同
9		低温冲击试验	GB 4159	定货合同

b. 制造时用冷加工方法成形并且运行时壁温不大于 260 ℃的锅炉钢板,应附加敏感性试验。

c. 用于制造额定蒸汽压力为 3.82 Mpa 及以上锅炉锅筒的钢板,应附加常温冲击试验。

d. 用于制造额定蒸汽压力为 9.8 Mpa 及以上锅炉锅筒的钢板,应附加高温拉伸试验,试验温度按订货合同。

e. 屈服点不小于 390 N/mm^2 或厚度为 60 mm 及以上的锅炉钢板,应附加超声波探伤。

f. 厚度为 36 mm 及以上的结构钢板,当构件计算温度高于 – 20 ℃时应附加常温冲击试验,试验温度按材料技术条件。当构件计算温度为 – 20 ℃以下时应附加低温冲击试验,试验温度按订货合同或构件的设计要求。

③锅炉钢管的检查项目

a. 各种锅炉钢管的检查项目按表 4 – 11,其中共同性的检查项目 3 项:

· 表面质量和尺寸偏差;

· 化学分析;

· 常温拉伸试验;

此外,还应根据 b ~ e 的规定附加相应的检查项目。

表 4 – 11　锅炉钢管的检验要求

序号		检查项目	试验方法	合格标准
1	检查项目	表面质量和尺寸偏差	—	GB 3087、GB 5310
2		化学分析	GB 223	
3		常温拉伸试验	GB 228	
4	附加检查项目	压扁试验	GB 246	GB 3087、GB 5310
5		弯曲试验	GB 224、GB 3087	GB 3087
6		扩口试验	GB 242、GB 3087	
7		晶粒度测定	GB 6394	GB 5310
8		显微组织检验	YB 28	
9		脱碳层深度	GB 224	
10		超声波探伤	GB 5777	GB 5777
11		光谱检验	用光谱仪分析	按相应元素线对分析

b. 外径大于 22 mm 并且壁厚不大于 10 mm 的锅炉钢管应附加压扁试验。

c. 按 GB 3087—2016《低中压钢炉用无缝钢管》供货的锅炉钢管应附加以下检查项目：

·外径不大于 22 mm 时应附加弯曲试验；

·外径不大于 133 mm 并且壁厚不大于 8 mm 时,如果订货合同有扩口试验的要求应附加扩口试验。

d. 按 GB 5310—2017《高压锅炉用无缝钢管》供货的锅炉钢管应附加以下检查项目：

·晶粒度测定；

·显微组织检验；

·外径不大于 76 mm 的冷拔(轧)锅炉钢管,应附加脱碳层深度测定；

·壁厚大于 30 mm 时附加超声波探伤。

e. (1)②b 中按 GB 5310—2017《高压锅炉用无缝钢管》供货的合金钢管应附加光谱检验。

④型钢和圆钢的检查项目

a. 各种型钢的检查项目和抽查的每根型钢上所取试样的数量见表 4 – 12。

b. 按 GB 700 供货的 A 级钢,如果订货合同规定了应保证含碳量,则应附加含碳量测定。

c. 各种圆钢的检验项目见表 4 – 13,其中共同性检验项目四项：

·表面质量和尺寸偏差；

·化学分析；

·常温拉伸试验；

·常温冲击试验；

此外,还应根据 d ~ e 的规定附加相应的检查项目。

表 4 – 12　型钢的检验要求

序号	检验项目		试验方法	合格标准
1	共同性检验项目	表面质量和尺寸偏差	—	GB 706、GB 707、YB 163、YB 164
2		化学分析	GB 223	GB 700、GB 1591
3		常温拉伸试验	GB 228	
4	附加检查项目	含碳量	GB 223	GB 700

表 4 – 13　圆钢的检验要求

序号	检验项目		试验方法	合格标准
1	共同性检验项目	表面质量和尺寸偏差	—	GB 702、GB 908
2		化学分析	GB 223	GB 699、GB 700、GB 3077
3		常温拉伸试验	GB 228	
4		常温冲击试验	GB 229	

表 4 - 13（续）

序号	检验项目		试验方法	合格标准
5	附加检查项目	低倍组织缺陷评定	GB226	GB1979
6		光谱检验	用光谱仪进行分析	按元素分析线对

d. 按 GB 3087 供货的圆钢应附加低倍组织缺陷评定。

e.（1）②b 中按 GB 3077 供货的圆钢应附加光谱检验。

⑤焊接材料的检验项目

a. 各种焊条的检查项目和从每批焊条中所制备的试样数量见表 4 - 14。对 GB 983 中直径小于 3.2 mm 的焊条和 GB 5118 中直径不大于 3.2 mm 的焊条,可不进行 T 型接头角焊缝试验。

表 4 - 14　焊条的检验要求

序号	检查项目	GB 983	GB 984	GB 5117	GB 5118	试样数量	试验方法、合格标准
1	尺寸、药皮外观质量	√	√	√	√	见表 4 - 10	GB 983 GB 984 GB 5117 GB 5118
2	T 型接头角焊缝试验		×			1	
3	化学分析	√	√	√	√	1	
4	横向拉伸试验	×	×		×	1	
5	熔敷金属拉伸试验		×			1	
6	冲击试验	×	×			5	
7	纵向导向弯曲试验	×	×	√	×	1	
8	硬度试验	×	√	×	×	1	GB 984
9	堆焊工艺性能试验	×	√	×	×	1	

b. 按 GB 983 供货的不锈钢焊条,当订货合同有耐腐蚀性能试验或铁素体含量测定时,应附加相应的检查项目,两种检查项目的试样数量均为 1 个,试验方法和合格标准按 GB 983。

关于进口材料的检验项目和合格标准,应按供货国标准或订货合同要求,进行入厂检验。

对于钢板:每炉(罐)号抽验应不少于总张数的 15%,且不小于 1 张;超声波检验应不少于总张数的 15%,且不少于 2 张;表面质量及尺寸偏差抽验应不少于总张数的 15%,且不少于 2 张。

对于钢管:当外径 >159 mm 时,每炉(罐)号抽验应不少于捆数的 10%,且不少于 1 捆,每捆不少于 2 根;表面质量及尺寸偏差抽查,每捆应不少于 2 根;当外径 ≤159 mm 时每炉(罐)号抽验应不少于根数的 10%,且不少于 2 根;超声波检验、表面质量及尺寸偏差抽查应不少于根数的 10%,且不少于 2 根。

进厂的锅炉钢板、锅炉钢管,应按一定牌号、炉罐号、批号整齐放入堆放场地。材料库中的锅炉用材应由专人保管,不得混放串号。发放材料也应有跟踪办法以免混材使用。

凡属不合格材料,工厂应及时注明标志,予以隔离,绝对不允许在锅炉制造中使用。应防止混料、串料与错料现象发生,以免埋下隐患造成恶果。

锅炉用材的代用,应有足够的科学根据与试验,并应经过专家论证和审批手续方可使用。同时应做好详细记录,存于锅炉技术档案之中。

2. 锅炉构件的检验

水管锅炉的筒体、封头、集箱,锅壳式锅炉的锅壳、管板、封头、炉胆与下脚圈等都是重要的受压(受热)零部件,因此在制造这些零部件过程中要加强质量检验工作,主要是检查表面质量、几何形状和尺寸偏差、管孔位置偏差等。以上各受压元件的制造质量按相应的制造技术标准 JB/T 1609—1993《锅炉锅筒制造技术条件》、JB/T 1610—1993《锅炉集箱制造技术条件》、JB/T 1618—1992《锅壳式锅炉受压元件制造技术条件》和 JB/T 1619—2002《锅壳式锅炉本体总装技术条件》等的规定进行检验。

表面质量检验主要是指经过热卷或冷卷后,筒体类工件表面凹陷和疤痕深度应限制在一定范围之内。例如,热卷筒体内表面凹陷或疤痕深度为 3～4 mm 时,应修磨成圆滑过渡;深度大于 4 mm 时,应补焊并修磨。冷卷筒体内外表面的凹陷疤痕深度为 0.5～1 mm 时应修磨,超过 1 mm 应补焊并修磨等。筒体类工件制成后,不允许有裂缝、重皮等缺陷。

经冲压的封头类工件应检查是否有表面微小裂纹、重皮等缺陷,对裂纹和高达 3 mm 的个别凸起应进行整修。

表面质量检查时,还应注意装配的待焊焊缝边缘相对偏差(俗称错边),不允许超过一定限度。

几何形状是指内径偏差、椭圆度、筒体端面倾斜度和厚度减薄等,都不允许超过一定范围。如中低压锅炉筒体,当内径尺寸 D_n 在 1 000 mm < D_n ≤ 1 500 mm 时,允许内径偏差冷卷为 6 mm,热卷为 7 mm,端面倾斜度为 2 mm。热卷厚度减薄量允许 3 mm。

尺寸偏差是指筒体、锅壳等构件的长度偏差和焊后变形的挠曲度,如中低压锅炉筒体每节长度偏差允许为 ±3 mm,筒体全长 L ≤ 5 m 时,全长允许偏差为 -10～20 mm。筒体焊后弯曲挠度,每米长度内不得超过 1.5 mm,且全长 L ≤ 5 m 时,允许挠度 ≤ 5 mm 等。

管孔位置偏差是指管接头或法兰管接头的倾斜、位移和高度偏差,或成排管接头的任意相邻两个管接头的管端节距偏差等,都应符合相应标准规定,以便于其他管件、仪表的焊接与连接。管孔中心距尺寸偏差、胀接管孔的尺寸偏差也都有相应部颁标准,(见 JB/T 623、JB/T 1622)给予了严格规定。

管子构件的检验主要有对接焊缝到管子弯曲起点的距离,管子弯曲起点到锅筒、集箱上角焊缝边缘的距离等,如中低压锅炉此距离不得小于 50 mm。此外,管子焊接引起的弯折度、管子弯头的椭圆度、单根蛇形管、多根平面蛇形管的长度、管端偏移、平面度等偏差也都应该进行检查。详见 JB/T 1611—1993《锅炉管子制造技术条件》、JB/T 1625—2002《中、低压锅炉焊接管孔尺寸》等标准的规定。

3. 锅炉焊接缺陷检验

焊接接头质量的好坏直接影响着产品结构的使用性能与安全性。焊缝中存在缺陷,必然会减小有效受力截面积。一处缺陷就相当于一个“缺口”,将引起应力集中,因此,焊接缺陷是造成低应力脆断的主要原因之一。如果锅炉或受压容器的焊接接头质量低劣,就可能发生泄漏甚至爆炸事故,将造成生命和财产的严重损失。

因此,一方面,焊接工作者应尽力避免焊接缺陷的产生;另一方面,必须在焊接生产过程中,加强焊接质量检验工作。检验人员不仅要严格检验产品,保证产品的出厂质量,而且应该熟悉焊接缺陷产生的原因,采取有效措施进行预防。

(1)锅炉焊接常见的缺陷及其分析

锅炉本体焊接主要应用焊条电弧焊、埋弧自动焊和电渣焊,焊接接头质量好坏主要与原材料质量及焊接工艺有关。另外,工件的焊前清理、作业环境(如气温、风速)、焊接工人操作水平、对工作的责任心等,也是直接影响焊接质量的重要因素。锅炉焊接中常见的焊接缺陷有以下几种:

①焊缝尺寸不符合要求

焊缝长度和宽度不够、焊道宽狭不齐、表面形状高低不平、焊缝高度低于母材、焊脚两边不均等都属于焊缝尺寸不符合要求。尺寸过小的焊缝使接头强度降低,尺寸过大的焊缝则会浪费焊接材料,增加结构的变形。重要的或受动载荷的焊接结构,应要求对接焊缝、角焊缝的焊缝金属向母材圆滑过度,以减少应力集中、提高结构的工作性能。图4－10是三种断面形状的对接焊缝,图4－10(a)是标准形式;图4－10(b)的焊缝高度低于母材,将降低强度;图4－10(c)的焊缝加强过高,易引起应力集中。

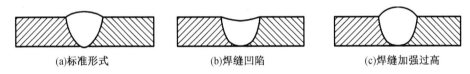

(a)标准形式　　　　　(b)焊缝凹陷　　　　　(c)焊缝加强过高

图4－10　对接焊缝的不同断面形状

图4－11所示是三种过渡形式的角焊缝,焊脚高彼此相等,但第三种形式图4－11(c)具有圆滑过渡形式,应力集中最小。焊缝尺寸不符合要求的主要原因如下:

a.焊件坡口角度不当或装配间隙不匀;

b.焊接电流过大、过小或电流不稳定;

c.焊接速度不当或焊条倾角不合适;

d.电弧长度控制不稳,电弧长则焊缝宽;

e.对埋弧自动焊来说主要是焊接规范不当。

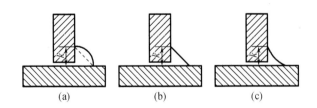

(a)　　　　　(b)　　　　　(c)

图4－11　角焊缝的三种过渡形式

②弧坑

弧坑主要指焊缝收尾处产生的下陷现象(图4－12),弧坑使该处的焊缝强度严重减弱,弧坑内还常常存有气孔、夹渣或裂纹。

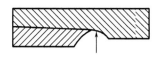

图 4 - 12　弧坑下陷

产生弧坑的原因主要是熄弧时焊条未在熔池处作短时间停留,或者在薄板焊接时使用的电流过大。对于埋弧自动焊,主要是没有分两步停止焊接,即未先停送丝后切断电源。

③咬边

咬边是由于电弧将焊件边缘熔化后,没有得到金属的补充,沿焊趾处的母材部位产生了沟槽或凹陷(图 4 - 13)。过深咬边将降低焊接接头的强度,在咬边处将引起大的应力集中,有可能导致结构的破断。咬边主要是焊接电流太大和运条不当造成的。对于角焊缝,则是由焊条角度或电弧长度不适当造成的。

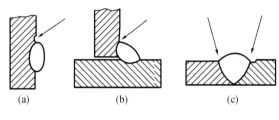

(a)　　　　　(b)　　　　　(c)

图 4 - 13　咬边

④塌腰

塌腰亦称背后凹陷,常在单面焊双面成形的手工立焊和仰焊时产生。特别是在管子焊接时容易出现,是焊缝背面所特有的一种缺陷,如图 4 - 14 所示。塌腰与咬边相似,它削弱了焊缝的有效截面积,造成应力集中。

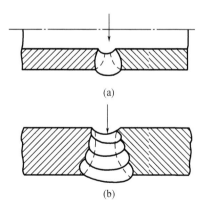

(a)

(b)

图 4 - 14　仰焊的塌腰图

产生塌腰的原因:管子(或板材)在仰焊位置时,电弧顶托熔池的力量不够,熔池在高温时表面张力又比较小,熔化金属在重力作用下下坠。因此,熔池温度越高,表面张力越小,越容易产生塌腰。因间隙大、坡口角度大、钝边小等原因而形成根部直径尺寸大的熔池,也容易产生塌腰。

为了减少塌腰,应合理选择坡口尺寸和焊接电流,还应特别注意焊接时在坡口两侧的稳弧动作,即电弧在两侧应稍作停留。

⑤焊瘤

焊缝边缘上或焊件背面焊缝根部存在的未和基本金属熔合的堆积金属称为焊瘤,如图4－15所示。焊瘤常产生在焊缝的始端和末尾,经常在立焊和仰焊时出现,焊瘤内部还常常包含着夹渣和未焊透。焊瘤不但影响焊缝的成形美观,而且由于掩盖着未焊透等缺陷,也严重影响构件的强度与使用性能。管子内部的焊瘤除降低强度外,还减小管内的有效截面积,增加流动介质的阻力。

产生焊瘤的原因主要是操作不熟练、运条不当,立焊时,则是由电流过大或弧长过长而造成的。

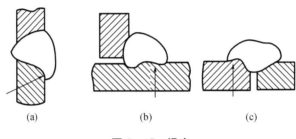

图 4－15　焊瘤

⑥气孔

气孔是焊接生产中常见的一种缺陷。可分为外气孔(表面气孔)和内气孔。根据分布的情况不同,又可分为单个气孔、密集气孔和连续气孔。气孔的存在对焊缝强度有一定影响,它使焊缝有效工作面积减少,从而降低抗外载能力,特别对弯曲和冲击韧性影响较大。而连续气孔则是导致结构破断的原因之一。

形成气孔的根本原因是焊缝金属中吸入过多气体,在焊缝冷却时,气体在金属中溶解度下降,气体逸出后形成气泡。气泡上浮时受到金属结晶的阻碍,残留在金属内部而形成内气孔,或者已浮到金属表面;但受到已经凝固的渣壳阻碍,最终残留在金属表面而形成外气孔。

形成气孔的气体主要是氢和一氧化碳,有的是原来溶解于母材或焊条芯中的气体,但主要是来源于焊接工艺,如:

a. 焊条受潮(尤其是碱性焊条),焊条药皮变质剥落,或钢芯锈蚀。

b. 埋弧自动焊时,焊丝未很好清理,焊剂未按规定要求烘焙。

c. 酸性焊条烘干温度过高(超过 150 ℃),使造气剂成分变质失效,焊缝区失去了保护。

d. 采用过大电流,使后半截焊条烧红,药皮保护作用失效。

e. 焊条药皮偏芯或磁偏吹,造成电弧不稳,保护不够。

f. 焊件未很好清理,焊缝区存在油污、水、铁锈、油漆或气割残渣等污物。为了防止出现气孔,焊接前要对焊件进行认真清理,焊接时应严格按照焊接工艺选择焊接材料、焊接电流、焊接速度等。

⑦夹渣

焊缝中夹有焊接熔渣或其他杂质,如氧化物、硫化物等,统称为夹渣,夹渣是焊缝中常见的一种缺陷(图4-16)。夹渣是多种多样的,外形很不规则。夹渣能降低焊缝各项强度指标,尖角处所引起的应力集中比气孔严重,与裂缝相似。呈连续状的夹渣是很危险的缺陷。在保证焊缝强度与致密性条件下,只允许有一定尺寸的轻微夹渣。产生夹渣的原因主要是:

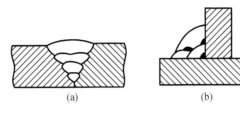

(a)   (b)

图4-16　夹渣

a.焊条质量不好,含杂质多。

b.运条不当,熔渣和铁水分离不开,阻碍了熔渣上浮。

c.熔化金属凝固太快,熔渣来不及浮出。

d.焊件边缘清理不净,存有杂质;或多层焊时,未敲净熔渣。

e.电流太小和焊速太快也容易造成夹渣。为了防止夹渣,焊接时应选用工艺性能良好的焊条,合适的焊接电流,焊件坡口角度不宜过小,焊缝必须清理干净,操作时运条要均匀,要注意熔渣流动方向。

⑧未焊透

焊件的间隙或边缘未被电弧熔化而留下空隙称为未焊透。根据未焊透产生的部位不同,可分为根部未焊透、边缘未焊透和层间未焊透(图4-17),产生未焊透的部位也往往存在夹渣。未焊透能降低接头的机械性能,未焊透的缺口与尖角易产生应力集中。因此,承载后容易引起破裂。

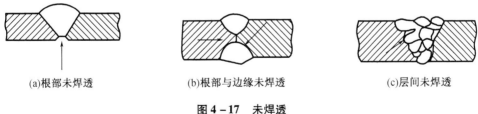

(a)根部未焊透　　　　(b)根部与边缘未焊透　　　　(c)层间未焊透

图4-17　未焊透

产生未焊透的主要原因如下:

a.焊接电流太小,焊接速度太快,因此基本金属未得到充分熔化。

b.坡口不正确,如坡口角度太小,钝边太大、间隙太小等。

c.焊条角度太小或电弧偏吹,使电弧热能损失太大或偏向一方。电弧热作用较弱之处就容易产生未焊透。

避免未焊透的方法:焊接时应正确选择焊接电流、焊接速度、坡口形式和装配间隙。

⑨未熔合

填充金属和母材之间或填充金属层间没有熔化结合在一起称为"未熔合",如图 4 - 18 所示。

未熔合是虚焊,实质是未焊上,受外力时极易开裂,因此是不允许存在的缺陷。

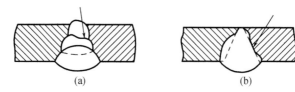

图 4 - 18　未熔合

产生未熔合的主要原因如下:

a. 电流过小或焊速太快,因热量不够,使母材坡口或先焊的焊缝金属未得到充分熔化;

b. 选用的电流过大,使后半根焊条发红而导致熔化太快,在母材边缘还没有达到熔化时,焊条的熔化金属已覆盖上去;

c. 母材坡口或先焊的焊缝金属表面的厚锈、熔渣或脏物未清除干净,焊接时未能将其熔化而盖上熔化金属;

d. 焊件散热速度太快,或起焊处温度低,使母材的开始端未熔化,也能产生未熔合;

e. 因操作不当,或因磁偏吹,使电弧热偏于一方,电弧作用较弱之处覆盖上熔化金属也容易产生未熔合。

为了防止未熔合,应正确选择焊接电流与焊接速度,使热量足以熔化母材或前一层焊缝金属。焊接时,不许使用偏心焊条,焊条角度及运条要适当,要照顾到母材两侧的熔化情况。

⑩裂缝

裂缝是指在焊接过程中,或焊接以后,在焊接接头区域内出现的金属局部破裂现象。裂缝除了降低接头强度外,还由于裂缝端有尖锐的缺口,将引起较高的应力集中,因而使裂缝继续扩展,由此导致整个构件的破坏。特别是承受动载时,这种缺陷是很危险的。因此裂缝是焊接接头中不能允许的缺陷。

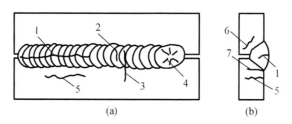

1,5—纵向的;2—横向的;3—横向贯穿到基本金属的;
4—星形的在基本金属中发生的;6—内部的;7—焊趾。

图 4 - 19　裂缝的位置和种类

a. 热裂缝。

金属从结晶开始,一直到相变以前所发生的裂缝都称为热裂缝。热裂缝具有晶间破坏性质,当裂缝与外界空气相通时,在热裂缝的表面呈氧化色彩(蓝色、蓝黑色)。热裂缝常产生在焊缝中心(纵向)或垂直于焊缝鱼鳞波纹上,呈不规则的锯齿状。也有的产生在断弧的火口处呈星状。微小的裂缝往往是肉眼不易发现的。

热裂缝产生的原因。通常认为钢材在固相线附近有一个高温脆性区,即焊缝金属在凝固过程中,杂质富集的低熔点液相被排挤到晶界上,形成液态间层。在随后的结晶过程中,由于收缩使得焊缝受拉力,这时焊缝中的液态间层便成了薄弱的拉伸变形集中地带。当拉伸变形超过了晶界液态间层的变形,又得不到新的液相补充时,便可能沿此薄弱带形成晶间裂缝。焊接时,近缝区熔合线附近处于半熔化状态,如母材晶界上存在低熔点液态间层,当两侧晶粒冷却收缩时,也可能引起热影响区晶间裂缝。

低熔点共晶(如 FeS 或 Fe_3P 等)的存在能扩大高温脆性区的温度区间。焊缝有其他缺陷存在会造成应力集中,这些因素都将促使热裂缝的形成。

热裂缝的防止方法如下:

· 应限制母材及焊接材料中易偏析元素和有害杂质的含量。对钢材来说主要是控制硫的含量,并保持一定锰与硫的比值。此外应适当控制或减少碳、铜、硅、磷及低熔点金属杂质(如铅、锌、锡等);

· 改善焊缝金属的一次结晶组织,使之细化,如向熔池中加入钒、钛、铌等;

· 改进焊接结构的形式,采用合理的焊接顺序,以提高焊缝收缩时的自由度;

· 正确选择焊接材料(如用碱性焊条),选用合理的焊接规范(包括焊前预热)。

b. 冷裂缝。

冷裂缝是指在相变温度以下和冷却以后出现的裂缝。这类裂缝多出现在淬火倾向的碳钢和合金钢中。一般低碳钢构件刚性不大时会产生这类裂缝。冷裂缝通常产生在焊缝的热影响区中,有时也在焊缝金属中出现。冷裂缝的特征是穿晶开裂。冷裂缝不一定在焊接时产生,它可以延迟几小时,几天甚至更长时间以后才发生,所以这类冷裂缝又称为延迟裂缝,它具有很大的危险性。

冷裂缝产生的原因。高强度钢(尤其是厚板)在焊接热循环作用下,热影响区很容易产生马氏体组织。由于近缝区加热温度高,晶粒显著长大,因此使这个区域的塑性大大降低。由于焊缝金属通常含碳量低,因此冷却时氢在焊缝区的过饱合度大为增加,向相邻的处于奥氏体状态的母材扩散并在此富集,所以近缝区成为富氢的狭带。又由于此处金属转变得最迟,是在刚性较大的条件下进行转变,会产生很大的内应力。这样,产生冷裂缝的三个因素(淬硬组织、氢的富集、内应力等)都同时存在,所以产生冷裂缝。它常常产生于焊层下紧靠熔合线处,并与熔合线相平行。由于氢的扩散富集需一定时间,因而产生延迟裂缝。

至于焊根处产生的冷裂缝,主要是由于缺口造成应力集中,并在钢材淬火倾向大时产生。

冷裂缝的防止方法:

· 焊前预热,焊接时适当提高焊接线能量,焊后缓冷,以免产生淬硬脆性组织;

· 焊后及时进行热处理,可消除焊接内应力,改善接头组织性能并能使氢及时扩散到

外界；

·如不能在焊后及时消除应力退火，可采用"消氢处理"，尽量减少焊缝中氢的含量；

·使用严格烘干的低氢型焊条；

·改进接头设计，减少拘束度；选择合理的焊接次序，以减少内应力。锅炉焊接中常见的缺陷除上述内容外，还有严重飞溅、电弧擦伤等，也应予以注意。

（2）焊接检验方法

焊接检验是焊接结构生产过程的重要组成部分。只有通过焊接检验和分析缺陷产生的原因，才能在整个生产过程中采取有效措施，防止焊接缺陷，避免有缺陷的产品出厂。

锅炉制造业常用的焊接检验方法有外观检查、无损探伤检验、化学分析检验、机械性能试验、金相与断口检验及水压试验等。本处只介绍外观检查，其他检验方法在其他章节中有论述。

外观检查以肉眼观察为主，必要时可利用 5～20 倍放大镜进行观察，主要目的是发现焊接接头的外观缺陷。

对锅炉受压元件上全部焊缝都应做外观检查，根据锅炉安全技术监察规程的规定，其表面质量应符合以下要求：

①焊缝外形尺寸应符合设计图纸及工艺文件的规定，焊缝高度不低于母材，焊缝与母材应圆滑过渡。

②焊缝及热影响区表面无裂纹、气孔、弧坑和夹渣。

③锅筒和集箱焊缝无咬边。管子焊缝咬边深度不超过 0.5 mm，总长度不超过管子周长的 20%，且不超过 40 mm。

④对焊接的受热面管子，应按 JB/T 1611—1993《锅炉管子制造技术条件》规定，进行管内通球试验。

4.2.2 锅炉安装前质量复验与合格标准

1. 安装前复验的意义

为了贯彻执行 TSG G0001—2012《锅炉安全技术监察规程》和 GB 50273—2009《锅炉安装工程施工及验收规范》，确保锅炉安全运行，保障人民生命和国家财产的安全，必须在锅炉制造、安装、使用几个方面层层把关，做到不合格的锅炉不出厂，不合格的锅炉元件不安装，不合格的锅炉不运行。为此，工业锅炉在安装之前，必须对各零部件进行认真的复验和校正。

安装前，对锅炉制造质量复验的重要意义有以下几点：

（1）能及时发现制造质量上存在的问题，以便采取补救措施，做到不合格的零部件不安装，为保证锅炉的安全、经济、可靠地运行把好第一关。

（2）能对锅炉制造单位起到促进和监督作用，有利于制造厂提高产品质量，使锅炉制造单位有改进产品、提高产品质量的方向。

（3）有利于提高安装质量，并可减少或避免由于制造质量上存在的问题而给安装工作带来的困难及由此而引起的质量上的连锁反应。

（4）能对提高锅炉使用寿命，充分发挥锅炉经济特性起到保证作用。

（5）能避免或减少运行工作中的许多麻烦和运行事故。

总之，坚持对锅炉产品进行安装前的复验，对保证安装质量、延长锅炉使用寿命、减少运行故障、确保锅炉安全运行是有积极作用的，因此，必须坚持做好。

2. 安装前复验及合格标准

根据锅炉各零部件制造技术条件和 TSG G0001—2012《锅炉安全技术监察规程》的有关规定，针对多年来安装工作中经常遇到的问题，参照 GB 50273—2009《锅炉安装工程施工及验收规范》，现将在安装前，应从哪几个方面对锅炉制造质量复验，怎样复检，其合格的标准是什么？具体介绍如下：

（1）受压元件的材质复验

①复验的内容

复验锅炉制造厂所用材料的原始证明，应查看制造厂对材料的复验报告、质量证明书是否齐全，各有关材料的化学成分、机械性能是否符合有关规定，合金钢材料应在安装现场进行光谱复查。

②合格标准

a. 简体、封头、管板、人孔圈、人孔盖、集箱、水冷壁管、对流管、烟管、炉胆等受压元件的材质应符合原材料入厂验收标准。材料的化学成分、机械性能应符合有关标准。

b. 涉及材料代用，应按规定办理代用手续。

c. 上述受压元件的料均须打上钢印标记并需与质量证明书相符。

（2）受压元件的焊接材质复验

①复验的内容

a. 审查焊接材料的质量证明书（或合格证）、复验报告是否齐全。

b. 复查外接材料的化学成分、机械性能是否符合有关标准的规定。

c. 用合金钢焊条或焊丝所焊的焊缝是否在制造厂做过光谱检验。

d. 查看是否有焊材代用问题，是否有代用手续。

②合格标准

a. 焊材接受压元件所使用的焊条、焊丝、焊剂应符合原材料的入厂验收标准。

b. 焊接材料应符合图纸及工艺要求，涉及代用，须按规定办理手续。

（3）受压元件对接焊缝的无损探伤

①复验的内容

a. 复查探伤报告，看探伤比例是否符合要求，是否有探伤部位示意图及缺陷位置标记。

b. 返修的焊缝是否标出返修的部位及返修次数。

c. 复查有无不合格片。

②合格标准

a. 蒸汽压力≥9.8×10^4 Pa 的蒸汽锅炉的锅筒全部对接焊缝和集箱的纵向对接焊缝应进行 100% 的射线探伤或者 100% 的超声波探伤加至 25% 的射线探伤。

b. 炉胆的对接焊缝应进行无损探伤抽查。

c. 对焊缝交叉部位及超声波探伤发现的质量可疑部位必须进行射线探伤。

d. 对于外径≤159 mm 的集箱环缝，每条焊缝至少要进行 25%，也可按不少于集箱环缝

条数 25% 的射线探伤。

e. 对于外径 > 159 m，或壁厚 ≥ 20 m 的集箱和管子,管道和管件的环焊缝应进行 100% 射级探伤、或超声波探伤。

f. 按规定的标准进行射线探伤;按《钢制压力容器对接焊缝超声波探伤》的规定进行超声波探伤,不低于二级为合格。

(4)焊后热处理

①复验的内容

复验应进行热处理的零部件,是否进行过热处理,热处理工艺是否附在技术文件中,工艺是否正确。

②合格标准

a. 低碳钢受压元件焊制后,其厚度 ≥ 20 mm 时,应进行热处理。如经工厂技术总负责人或主管部门批准,其厚度界限可放宽到 30 mm。但壁厚 > 30 mm 时,必须进行热处理。

b. 用合金钢制造的受压元件,焊后热处理界限应按产品技术条件规定,但厚度界限不得大于 20 mm。

(5)锅筒复验

①复验内容

a. 复查锅筒对接焊缝的对接偏差。

b. 查看管孔开的位置。

c. 检查胀接管孔加工质量。

d. 复查管接头的位置及同线度。

e. 检查锅筒的外表质量。

②合格标准

a. 锅筒纵缝和封头拼接焊缝两边钢板的中心线偏差不得大于名义板厚的 10%,且不得超过 3 mm,环缝两边钢板的实际边缘差值不得大于名义板厚的 15% 加 1 mm,即不得超过 6 mm。

b. 厚度不同的板对接时,原板的边缘须削至薄板的厚度,削出的斜面应平滑,削薄部分的长度 L 等于 4 倍的锅筒壁厚。

c. 热卷筒体应清除内、外氧化皮,筒体内、外表面的凹陷和疤痕,当其深度为 3 ~ 4 mm 时,应修磨成圆滑过渡,其深度大于 4 mm 时,应补焊并修磨。而冷卷筒体内、外表面的凹陷和疤痕,当其深度为 0.5 ~ 1 mm 时,应修磨成圆滑过渡,深度超过 1 mm 时,应补焊并修磨。

d. 锅筒上相邻两节筒体的纵向焊缝及封头与筒体的纵向焊缝不应彼此相连。其焊缝中心线间距至少应为较厚钢板厚度的 3 倍,且不得小于 100 mm。筒体制造焊缝不得位于向火侧。

e. 在受压元件主要焊缝上及其邻近区域应避免焊接零件。如不能避免时,焊接零件的焊缝可穿过主要焊缝,而不要在焊缝及其邻近区域终止。

f. 集中的下降管孔不准开在焊缝上。胀接管孔也不得开在焊缝上,且管孔中心与焊缝边缘距离应不小于管孔直径(d)的 80%,即不小于 ($d/2 + 12$) mm。

g. 焊接管孔一般不应开在焊缝上。若不能避免时,应满足下列条件,即在开孔周围

60 mm(若开孔大于60 mm,则取孔径值范围内),穿过开孔的焊缝须经射线探伤合格,并且焊缝在开孔边缘上不存在夹渣,或者管接头焊后进行过热处理。

h.胀接管孔的加工质量应符合以下要求:接管孔的表面光洁度不应低于▽3,管孔边缘不允许有毛刺和裂纹,管孔上不准有纵向沟痕,若个别管孔上允许有一条螺旋形或环向沟痕,但其深度不得超过0.5 mm,宽度不得超过1 mm;沟痕至管孔边缘距离不应小于4 mm。

管孔的直径偏差、椭圆度差、图锥度应符合规定。如管孔尺寸超差,其超差数值不得超过规定偏差数值的50%,且超差管孔数量不得超过管孔总数的2%。当管孔总数多于200个时,超差管孔数量不得超过4个。

(6)集箱复验

集箱在安装前复验与安装前准备相同。

(7)受热面管子复验

受热面管安装前的复验与受热面管子安装前的准备相同。

➤ **任务实施** ┈┈┈┈┈┈┈┈┈┈┈┈┈┈┈┈┈┈┈┈┈┈┈┈┈┈┈┈┈┈┈┈┈┈┈•

按照给定三台SHL35 - 3.82/450 - S型蒸汽锅炉维修、改造项目,完成如下任务:

1.按照改造工艺流程,确定其质量检验节点,并绘制框图;

2.针对每一个质量验收节点确定其检验方法并制订方案。

➤ **复习自查** ┈┈┈┈┈┈┈┈┈┈┈┈┈┈┈┈┈┈┈┈┈┈┈┈┈┈┈┈┈┈┈┈┈┈┈•

1.锅炉原材料进场为什么首先要进行检验?

2.锅炉焊接常见缺陷有哪些?

3.锅炉出厂安装前为什么还要进行检验?

4.锅筒、集箱的检验标准一样吗?

任务4.3 锅炉安装的质量检验

➤ **学习目标** ┈┈┈┈┈┈┈┈┈┈┈┈┈┈┈┈┈┈┈┈┈┈┈┈┈┈┈┈┈┈┈┈┈┈┈•

知识目标

1.了解锅炉安装单位资质要求;

2.精熟锅炉分段验收及整体验收范畴。

技能目标

1.熟练进行锅炉分段验收及整体验收;

2.建构不同类型锅炉项目检验项目。

素质目标

1.建立责任意识和安全生产理念;

2.展现创新意识融于锅炉安装检验过程。

> **任务描述**

给定清河泉生物质能源热电有限公司三台 DHL35 – 3.82/450 – S 型蒸汽锅炉、设备及系统安装任务；锅炉安装施工工艺整体可以分为施工准备→钢结构安装→受热面安装→燃烧设备及辅助设备、管道、电气安装→砌筑保温→试运行→竣工验收等。

> **知识导航**

4.3.1 锅炉安装单位资质检验

1. 安装技术资料检验

锅炉安装是锅炉制造的后道工序，锅炉制造中的各种问题在安装时都会暴露出来。安装单位水平高一些，问题就能发现得多一些、及时些，处理也会好一些。这对于克服锅炉制造质量上的不足，提高安装质量，具有很重要的现实意义。

根据各种有关文件的规定及各级技术监督部门的要求，坚持对锅炉安装单位进行审查和监督是非常必要的。审查合格的安装单位要按技术监督部门批准安装的锅炉种类、工作压力和蒸发量等按规定限额进行安装，不得超越审批的范围。

安装单位应具有的条件如下：

（1）应具有一定的锅炉安装历史，并且积累了一定的安装经验。一般说来，应有三年以上的安装历史，而且所安装的锅炉质量均应良好。

（2）应拥有安装锅炉所必需的各种专业技术人。一般应有锅炉专业、焊接专业的技术人员，由专业学校或自学成材的均可。要求安装单位的技术人员能够正确理解和执行各种有关的"规范"和"规程"。

（3）应具有适应锅炉安装的各类专业工种。工业锅炉安装对焊工、胀管工、起重工、砌筑工、钳工、铆工等专业工种都有特殊要求。焊工必须具有与所安装的锅炉相适应的不同材质、不同位置、不同管径的焊工合格证。有证的焊工必须占有一定的比例。此外胀管工、起重工、砌筑工等也要经过专业训练，能够适应锅炉安装的需要。

（4）应能自行制定施工组织设计、施工工艺程序、焊接工艺及焊接工艺评定试验等技术文件。

（5）应有一定的检验手段，能够进行外观检查、无损探伤检查，理化实验等，就是说安装单位所具备的检验手段应能适应所安装的锅炉种类及型号的需要。

（6）应具有与所批准安装的锅炉型号相适应的工器具、安装设备和检验设备，如吊车、起重设备、焊接设备、各种检验设备等。

（7）应具有完整的质量检验制度和原材料复验制度。

（8）应具有适应工业锅炉安装的各类安装记录、设计变更资料、技术签证文件等技术资料。

2. 专业的锅炉安装单位应具备的各类规章制度

工业锅炉安装单位除了具备上述条件外，还应有保证锅炉安装的各种规章制度。

（1）要有对锅炉造厂的产品质量验收制度。

（2）要有对锅炉产品质量证明书的复查制度。

（3）要有锅炉所有零部件的保管、领用制度。

（4）要有焊材（包括条、焊丝、焊药）的保管制度。

（5）要有废品、废件的保管制度。

（6）要有安装的质量管理及质量检验制度。

（7）要有锅炉安装所用设备的维修,保养制度。

（8）要有锅炉安装设计变更及审批程序的制度。

（9）要有材料代用及审批程序的制度。

（10）要有用户反馈制度。

（11）要建立办理备案、安装手续的制度。

3.锅炉安装单位的审批程序

专业的锅炉安装单位应向所在省市场监督管理局锅炉压力容器安全监察部门提出书面申请书。锅炉压力容器安全监察部门应对申请的锅炉安装单位进行审查、考核。或委托当地技术监督部门审查、考核。根据审查、考核的情况进行批复,发给安装许可证,并标明批准安装的锅炉种类、允许其安装多大容量和工作压力的锅炉。经省级技术监督部门批准的专业安装单位可以跨省安装,但须向当地技术监督部门备案。

锅炉安装单位必须按技术监督部门批准的锅炉种类、型号进行安装,如果超过所批准的锅炉安装范围,则应重新向负责审批的技术监督部门申请临时安装许可,待获得批准后,方可进行安装。

4.3.2 锅炉安装分段验收及整体验收

按 TSG G0001—2012《锅炉安全技术监察规程》的规定,锅炉安装质量的检验分为分段验收和总体验收。分段验收和总体验收应由安装单位和使用单位共同进行,而总体验收还应有技术监督部门参加。各地技术监督部门还将根据工作需要,确定技术监督部门应参加哪个阶段的验收。根据工业锅炉安装的特点,验收大致分为三个阶段:第一阶段为砌筑之前的总体质量验收和总体水压试验阶段;第二阶段为砌筑后点火之前的验收阶段;第三阶段为烘炉、煮炉、安全阀定压阶段。

1.砌筑之前的质量验收和总体水压试验阶段应检验的主要内容

（1）检验基准标高及三线的基准位置,即基础纵向中心线,钢架向中心线、纵置式锅炉的锅筒向中心线应在同一铅垂面内,并应有明显的标记。

（2）检查钢架、钢平台的位置及各安装部位的尺寸,如钢柱垂直度偏差、标高偏差、横梁的水平度偏差、托架的标高差、各相关部位的对角差、平台的标高等,还应检查钢架、平台的焊接质量,看有无漏焊等问题。

（3）检验锅筒、集箱的空间位置及相互位置偏差,锅筒、集箱的水度,标高偏差等。

（4）检查各受热面管子的外形排列、管间距,管排突出情况。

（5）检查各受热面管及相关受压元件的焊接质量。

（6）检查各受热面管对接焊口的错位及弯折度。

（7）检查胀接质量，看胀管率确定得是否合理，是否有超胀管口，管端出长度、翻边角度是否符合要求，喇叭口处是否圆滑、是否有裂纹等，检查退火工艺是否合理、锅筒及管端硬度的选定是否合适等。

（8）对锅炉制造厂的材质复验及确认应从以下几个方面进行审核，用于受压元件的碳钢母材及焊材是否有原始质量证明书及复验证明书，合金钢的管子、管接头和锅筒及集箱是否进行光谱检验，在安装现场，用于受压元件上的各种钢材、焊材是否有原始质量证明书，是否经过复验。

（9）检查各受压元件的安装焊缝是否是由具有相应合格项目的焊工施焊，在焊缝附近有无钢印代号。

（10）检查管子的吊夹，固定螺栓等是否固定得牢固、合理。

（11）检查在锅筒、集箱、受热面管子等受压元件上是否有引弧、乱焊临时支撑等现象。

（12）检查炉排的安装质量情况，特别是炉排边排与侧墙板的间隙，集箱与炉墙板的间隙是否留得符合要求。检查其他部位的热膨胀间隙是否留得合理。

（13）检查各受热面元件焊缝检验的各种实验报告（其中包括机械性能试验报告、金相试验报告、射线探伤报告、光谱检验报告、焊材复验报告等）及射探伤底片是否合格。

（14）检查各部位，各零部件安装的各种记录，看记录与实物各项内容是否相符。

（15）检查设计变更等内容有无技术签证记录。

（16）查看其他有关项目及安装记录。

（17）观察总体水压试验情况，检查总体水压试验记录。

2. 砌筑后，点火前的阶段验收应检验的内容

（1）检查砌筑质量，查看红砖墙、耐火砖墙的垂直度、表面平整度、砖缝的宽窄等。

（2）检查各有关部位的热膨胀间隙是否留出并且合理，检查热膨胀间隙记录。

（3）检查压力表，安全阀、排污阀、水位表，高低水位警报器，各种仪表的安装是否符合安装要求。

（4）检查鼓、引风系统，烟道系统，渣除系统，给水系统，输煤系统是否安装合格并经单机试运转合格，查看各风门、烟道门，风机百叶窗是否开关灵活，开启及关闭位置是否符合实际等。

（5）检查该阶段的各种安装记录及单机试车记录。

（6）查看其他有关检验项目。

3. 烘炉、煮炉、安全阀定压阶段应检验的内容

（1）检查烘炉的效果，查看炉墙、保温层有无开裂，炉墙有无漏烟现象。

（2）检验煮炉情况，看是否达到煮炉的标准。

（3）检验安全阀定压的高启压力与低启压力是否符合"锅炉安全技术监察规程"的规定，看安全阀启动是否灵活，定压后要将安全阀加锁或加铅封。

（4）检查烘炉、煮炉阶段的记录。

技术监督部门一般不参加第三阶段验收，由锅炉安装单位和使用单位共同进行并做好记录。

4.3.3 锅炉安装检验项目及质量标准

1. 安装检验项目及合格标准

由于工业锅炉安装检验是在施工现场进行的,所以有其特殊性。工业锅炉受压元件金属材料检验的项目及合格标准如下:

在安装前工业锅炉安装单位应对锅炉的合金钢零部件进行光谱复验。对受热面元件的材质进行复验的具体内容分以下几项:

(1)凡属合金钢锅筒、集箱应对其本体及管接头和所有焊缝进行光谱检验,并要画出附图,做好详细记录。

(2)对合金钢管子及其对接焊缝应进行光谱检验,并在管子上做出标记,做好详细记录。

(3)对合金钢螺栓及影响锅炉安全运行的合金钢零件应进行光谱控制实验。

(4)对合金钢吊箍,定位卡要进行光谱复验,看其是否符合设计图纸。

(5)对其他材料的受压元件材质应进行复验。

2. 焊接质量的检验

现场安装的所有受压元件的焊缝必须100%合格,所以对焊接质量必须通过各种手段进行严格检验,具体从以下几个方面进行:

(1)焊接受压元件的焊工应有合格证,焊工证上的合格项目要与所施焊的位置、材质、管径等相符;焊完之后应在焊缝附近打上该焊工的钢印代号。

(2)检查焊条、焊丝的出厂合格证和复验报告,对每批焊条、焊丝都应进行复验。合格标准及有关要求按机械工业部《锅炉原材料入厂检验》的规定执行。

(3)检查焊接工艺的合理性及可行性。

(4)对焊后需要进行热处理的焊缝,要检查是否进行了热处理,其工艺是否合理,实际热处理的效果如何。

(5)检查焊缝的处观,使其符合以下规定:

①检查焊缝的宽度和高度,使其符合工艺规定,焊缝的高度不得低于母材,焊缝应与母材圆滑过渡。

②焊缝及其热影响区表面不得有裂纹、气孔、弧坑和夹渣。

③受热面管子的焊缝咬边深度不得超过 0.5 mm,其总长度(焊缝两侧咬边长度之和)不得超过管子周长的 1/4,而且不得超过 40 mm。

④为了检查管子对接焊缝的反面成形高度(即焊瘤等缺陷),焊完后要进行通球试验,通球用的球径与管子内径、弯曲半径有关。

(6)检查焊接的对口错位。要求对口平齐,内壁对齐,错口不应超过壁厚的10%,而且不大于 1 mm,外壁的偏差值不应超过薄件厚度的10%加1 mm,并且不得大于 4 mm。

(7)检查管子对接口的弯折度,当管子外径≤108 mm 时。其弯折度不得大于 1/200,当管子外径 >108 mm 时,其弯折度每米不得大于 2.5 mm。

(8)检查管子对接焊缝的位置及对接焊缝间的距离。管子对接焊缝位于直管段部分,对于工作压力为 3.82×10^6 Pa 的锅炉,其距弯曲起点、支架边缘、锅筒、集箱外壁的距离不

得小于 70 mm;对于工作压力小于等于 3.82×10^6 Pa 的锅炉,其距离不得小于 50 mm。

锅炉受热面管子的直管段,对接焊缝间的距离不得小于 150 mm,对接焊缝的数量规定为:小于等于 2 m 时,不得拼接;大于 2 m 小于等于 5 m 时,对接焊缝不得超过 1 条;大于 5 m 小于等于 10 m 时,对接焊缝的数量不得超过 3 条。

(9)管子对接焊缝的无损探伤检验。在安装现场对焊缝进行无损探伤主要采用射线探伤或超声波探伤,其探伤的数量按下面规定执行:

①外径 >159 m,或壁厚≥2 mm 的管子,管道作 100% 的射线探伤。

②外径≤159 mm 时,当工作压力为 9.8×10^6 Pa,安装工地至少要做 25% 的射纹探伤或超声波检查。

③对于热水锅炉的受热面管子、管道和其他管件的环焊缝,射线或超声波探伤的数量规定如下:

a. 当额定出口温度≥120 ℃时,如其外径 >159 mm,探伤比例为 100%;如其外径≤159 mm,可进行探伤抽查;

b. 当额定出口温度 <120 ℃时,如其外径 >159 mm,探伤比例为≥25%;如其外径≤159 mm,可进行抽查。

④射线探伤的合格标准按 GB 3323—82《钢焊缝射线照相及底片等级分类法》的规定进行,对于工作压力≥9.8×10^4 Pa 的蒸汽锅炉,对接焊缝不低于二级为合格;对于额定出口热水温度≥120 ℃的热水锅炉,对接焊缝不低于三级为合格;对于额定出口热水温度 <120 ℃的热水锅炉,对接焊缝不低于三级为合格。

⑤超声波探伤按 JB 1152 的规定进行,达到一级为合格;对出口温度 <120 ℃的热水锅炉,达到二级为合格。

(10)对管子对接焊缝的机械性能试验进行检查。

在工业锅炉安装中,应对管子的对接焊缝进行机械性能试验,试件的取法及合格标准按以下几条进行:

①对于管道的对接焊缝,应焊接 10% 的检查试件,由同一焊工,在同一工艺条件下焊制;对于受热面管子的对接焊缝,则应在参加施焊的焊工就所施焊的不同管子的材质、规格、位置等分别取样,原则上应在该焊工所焊的管子上切取 1/200 作为检查试件。如现场被取试件有困难,诸如受热面管与锅筒、集箱管接头的对接焊缝、膜式水冷壁的对接焊缝等,可在同一焊工、同一工艺条件下焊接模拟试样作为检查试件。

②试件应先经外观检查,合格后方可做无损探伤检查。

③凡试件经无损探伤合格后,可从试件上切取两个试样或用整根管按 GB 28 -87《金属拉力试验法》进行拉力试验,焊接接头的抗拉强度不得低于母材规定值的下限。

④从试件上切取两个试样,按 GB 232—2010《金属材料弯曲试验方法》的规定,进行弯曲试验,一个作正弯,一个作背弯,弯轴直径、支座距离及弯曲角度按规定执行,凡在其拉伸面上有长度 >1.5 mm 的投向裂纹或缺陷,或者有长度 >3 mm 的纵向裂纹或缺陷时,均为不合格,试样的四棱开裂不计。

⑤对于工作压力为 3.82×10^6 Pa 或壁温 >450 ℃的锅炉受热面管子的对接焊缝,如壁厚 >16 mm(指单面焊)时,在试件上取三个试样,按 GB 229 -63《金属常温冲击韧性试验

法》进行冲击试验,其冲击韧性值不得低于母材规定值的下限。

⑥上面的检查项目,如某项不合格时,应从原试件上切取双倍试样进行复验,或将原试件与所代表的焊缝热处理一次后进行全面复验,如合格者,可认为该项合格,如复验仍不合格,则此项试验所代表的焊接接头为不合格,应予返工重焊。

(11)对管子的对接焊缝进行金相检验和断口检验,其检验方法按以下规定进行:

①工作压力≥9.8×10^6 Pa或壁温大于450 ℃的管子,管道应进行宏观金相检验,对可能产生淬火硬化、显微裂纹、过烧等缺陷的焊件,还应做微观金相检验。

②对锅炉受热面管子,应从半数试件上各取一个试样;对管道,应在每个试件上切取一个试样做金相检验。

③宏观金相检验的合格标准如下:

a.没有裂纹。

b.没有硫松。

c.全部熔合。

d.管子对接接头未焊透的深度不得大于15%的管子或管道的壁厚,并且不得大于1.5 mm。

e.至于单个气孔,当管子壁厚≤6 mm时,径向不得大于壁厚的30%,并且不得大于1.5 mm,周向不得大于2 mm;当壁厚>6 m时,径向不得大于管子壁厚的25%,且不得大于4 mm,周向不得大于壁厚的30%且不大于6 mm。

f.单个夹渣的合格标准:当管子壁厚≤6 mm时,径向夹渣不得大于壁厚的25%,轴向、周向夹渣不得大于壁厚的30%,而且不应大于2 mm;当管子壁厚>6 mm时,径向夹渣不得大于壁厚的20%,并且不得大于4 mm,轴向、周向夹渣不得大于管子壁厚的25%,而且不得大于4 mm。

g.密集气孔的合格标准:当管子壁厚≤6 mm时,不允许有密集气孔;当管子壁厚>6 mm时,在1 cm^{2}的面积内,直径>0.8 m的气孔及夹渣不得超过5个,总面积不得大于3 mm^2。

h.圆周方向的气孔、夹渣总和的合格标准是沿四周方向气孔与夹渣的总和在10倍壁厚的长度内,气孔与夹渣的累计长度不得大于壁厚。

i.壁厚方向同一直线上各缺陷的总和:当壁厚≤6 mm时,不得大于壁厚的30%并且不应大于1.5 mm,当壁厚>6 mm时,不得大于壁厚的25%,并且不得大于4 mm。

j.母材没有分层。

④微观金相检验合格标准:

a.没有裂;

b.没有过烧组织;

c.没有网状析出物或网状夹杂物;

d.在非马氏体钢中,不得有马氏体组织。

⑤断口试样的截取及其合格标准是对工作压力为3.82×10^6 Pa的受热面管子,每200个焊接头抽一个断口检验,不足200个也抽一个,合格标准相同。

⑥有裂纹、过烧、疏松、网状析出物或网状夹杂物之一者,不允许复试,即所代表的母接头为不合格。仅因有溶硬性组织不合格者,允许检查试件与产品再热处理一次,然后取双

倍试样复试(合格后仍测复试机械性能)。其他不合格者,允许从原检查试件或焊件上取双倍试样复试,复试合格后由水平较高的探伤人员对该试样代表的焊接接头重新探伤。复试不合格,该试样代表的焊接接头为不合格。

3.胀接质量的检验

(1)退火后的管应进行硬度检验,其硬度值 $HB \leqslant 170$,确认合格后方可胀接。

(2)胀管率控制在1% ~1.9%,不得超胀和偏胀。

(3)管端伸出长度应控制在6~12 mm,喇叭口翻边角度应控制在12°~15°,伸入管孔内为0~2 mm。

(4)胀接管端不得有起皮、皱纹、切口和偏斜现象。

(5)水压试验检查及合格标准:

①在试验压力下停留20 min,压力降不超过 4.9×10^4 Pa。

②金属壁和焊缝、人孔、手孔、法兰接合处不得有水珠和水雾。

③在工作压力下检查胀口处,其渗水、泪水(不下流的水球)的胀口数之和不得大于总胀口的30%,泪水的胀口数不超过总胀口数的1%;

④用肉眼观察无残余变形。

4.安全阀的安装检验

(1)蒸发量 >0.5 t/h 及额定出力 $>1.257 \times 10^6$ J的锅炉至少需装两只安全阀(不包括省煤器安全阀),蒸发量 <0.5 t/h,额定出力 $\leqslant 1.257 \times 10^6$ J的锅炉,至少应安装一只安全阀。

(2)在可分式省煤的出口(或入口)、过热器、再热器入口和出口及直流锅炉的启动分离器上都必须安装安全阀。

(3)安全阀的型式、阀座内径、工作压力、排气能力等应符合设计计算及有关《锅炉安全技术监察规程》的规定,安全阀在安装前应解体检查。

(4)安全阀应铅直安装,在安全阀与锅筒、集箱之间不得安装取用蒸汽的出气管和阀门。

(5)安全阀的开启压力应符合《锅炉安全技术监察规程》的规定,安全阀经校验后应加锁或铅封。

(6)安全阀应有将蒸汽或水引到安全地点的排气管或排水管,其弯头数量越少越好。

5.压力的安装检验

(1)每台锅炉必须有与锅筒直接连接的压力表。

(2)选用压力表,其刻度值应为工作压力的1.5~3倍,精度等级应符合以下规定:工作压力 $<2.45 \times 10^6$ Pa 时,不应低于2.5级;工作压力 2.45×10^6 Pa 的,不应低于1.5级;工作压力 $>1.872 \times 10^7$ Pa 时,不应低于1级。

(3)压力表安装前应进行校验,并打铅封。

(4)压力表安装时,应装设存水弯管,在压力表和存水弯管之间应有旋塞。

6.水位表的安装检验

(1)每台蒸汽锅炉至少应安装两个彼此独立的水位表,对蒸发量 <0.2 t/h 的锅炉允许只装一个水位表。

（2）蒸发量≥2 t/h 的锅炉应装高低水位警报器。

7. 基础验收

锅炉在安装前必须进行基础验收。基础验收应符合《钢筋混凝土工程施工及验收规范》的规定。

8. 锅炉安装用垫铁

（1）垫铁组的面积应符合公式

$$A = C[100(Q_1 + Q_2)]/R$$

式中　A——垫贴面积，mm^2；

　　　C——安全系数，$1.5 \leqslant C \leqslant 3$；

　　　Q_1——设备重力负荷，N；

　　　Q_2——地脚螺栓拧紧后，加在铁上的压力，N；

　　　R——基础单位面积抗压强度，Pa；

（2）每组垫铁不应超过 3 块。

9. 钢构架的安装检验

（1）各立柱间的距离偏差，应控制在间距的 1/1 000，而且不得大于 10 mm。

（2）各立柱间的不平行度应为长度的 1/1 000，且不得大于 10 mm。

（3）横梁标高偏差为 ±5 mm。

（4）横梁间的不平行度偏差应控制在长度的 1/1 000，且不得大于 5 mm。

（5）横梁与立柱的中心线错位为 ±5 m。

（6）组合件相应对角线偏差应控制在长度的 1.5/1 000，并且不得大于 15 mm。

（7）护板框内边与立柱中心线距离偏差为 0～5 mm。

（8）顶板各横梁间距偏差为 ±3 mm。

（9）平台支撑与立柱、桁架、护板框的不垂直度偏差不得超过其长度的 2/1 000。

（10）平台标高偏差为 ±10 mm。

（11）平台与立柱中心线相对位置偏差为 ±10 mm。

（12）柱脚中心与基础中心偏差为 ±5 mm。

（13）立柱、横梁标高与设计标高偏差为 ±5 mm。

（14）立柱间标高差为 3 mm。

（15）立柱间的距离偏差，对于工作压力 $< 3.82 \times 10^6$ Pa 的锅炉构架，应控制在 ±5 mm，对于工作压力 $> 3.82 \times 10^6$ Pa 的锅炉构架，应控制在间距的 1/1 000 并且不得大于 10 mm。

（16）锅炉立柱的不垂直度差应控制在长度的 1/1 000 范围内，对工作压力 $< 3.82 \times 10^6$ Pa 的锅炉，其立柱偏差不得大于 10 mm，而对工压力 $\geqslant 3.82 \times 10^6$ Pa 的锅炉，其立柱偏差不得大于 15 mm。

（17）各立柱上、下两水平面内相应对角线差应控在其长度的 1.5/1 000，且不得大于 15 mm。

（18）两立柱间在同一垂直面内的对角线偏差，对工作压力 $< 3.82 \times 10^6$ Pa 的锅炉，其偏差为对角线长度的 1/1 000，并且不得大于 10 mm。

（19）横梁的水平度偏差为其长度的 1/1 000，并且不得大于 5 mm。

（20）支撑锅筒的横梁不水平度偏差，对工作压力 $<3.82 \times 10^6$ Pa 的锅炉，应为其长度的 1/1 000 且不得大于 3 mm。

（21）护板框架或桁架与立柱中心距离偏差，对工作压力 $\geqslant 3.82 \times 10^6$ Pa 的锅炉为 0 ~ 5 mm。

（22）顶板的各横梁间距，对工作压力 $>3.82 \times 10^6$ Pa 的锅炉，其偏差应为 ±3 mm。

（23）顶板标高偏差，对工作压力 $\geqslant 3.82 \times 10^6$ Pa 的锅炉为 ±5 mm。

（24）大板梁的不直度偏差，为其高度的 1.5/1 000，而且不得大于 5 mm。

（25）平台的标高偏差，对工作压力 $\geqslant 3.82 \times 10^6$ Pa 的锅炉为 ±10 mm。

（26）平台与立柱中心线位置偏差为 ±10 mm。

10. 锅筒、集箱的安装检验

（1）锅筒、集箱的水平方向距离偏差为 ±5 mm。

（2）锅筒、集箱的标高偏差为 ±5 mm。

（3）锅筒、集箱的不水平度偏差，全长不得大于 2 mm，对工作压力 $\geqslant 3.82 \times 10^6$ Pa 的锅炉，锅筒偏差为 2 mm，集箱为 3 mm。

（4）锅筒、集箱间、锅筒与相邻过热器集箱间、上锅筒与上集箱间的中心线距离偏差，应控制在 ±3 mm。

（5）水冷壁集箱与立柱间的距离偏差应在 ±3 mm。

（6）过热器集箱两对角线不等长度偏不得大于 3 mm。

（7）过热器集箱与蛇形管低部位的距离偏差应控制在 ±5 mm。

11. 受热面组合件的检验

锅炉受热面组合件主要是指过热器、再热器、钢管省煤器等。组合件组合好之后应进行如下检查：

（1）集箱的不水平度，对光管水冷壁和鳍片管水冷壁，其偏差均为 2 mm。

（2）组件的对角线偏差，对光管水冷壁和鳍片管水冷壁都为 10 mm。

（3）组件的宽度偏差，当宽度 ≤3 000 mm 时，其偏差应拉制在 ±5 mm 以内，当宽度 >3 000 mm 时，其偏差为每米 2 mm，并且不得大于 15 mm。

（4）组件长度偏差为 ±10 mm。

（5）个别管子的突出偏差不得超过 ±5 m。

（6）固定挂钩标高偏差应在 ±2 mm 范围内，错位偏差应在 ±3 mm 范围内。

（7）集箱间中心线垂直距离偏差应在 ±3 mm 范围内。

12. 受热面管的弯曲度及外形偏差的检验

（1）受热面管直管段的弯曲度每米不得大于 1 mm，全长不得大于 3 mm，长度偏差不得大于 ±3 mm。

（2）管口偏移不得大于 2 mm，管段偏移不得大于 5 mm。

（3）管口间水平方向距离偏差不得大于 ±2 mm，管口间垂直方向距离偏差应为 2 ~ 5 mm。

（4）弯管的不平度，当长度 $L \leqslant 500$ mm 时，不平度偏差不得大于 3 mm；当 $500 < L \leqslant$

1 000 mm 时,不平度偏差不得大于 4 mm;当 1 000 < L≤1 500 m 时,不平度差不得大于 5 mm;当 1 500 mm 时,不平度偏差不得大于 6 mm。

13. 水冷壁管的冷拉工艺及冷拉值检验

检验水冷壁管的冷拉工艺及冷拉值是否符合设计要求。

14. 检查过热器、再热器

(1)蛇形管自由端偏差不得超过 ±10 mm。

(2)管排间距偏差不得超过 ±5 mm。

(3)个别管子的不平整度不得大于 20 mm。

(4)顶棚管高低不平度偏差不得大于 5 mm。

(5)边缘管距炉墙的间隙应符合设计图纸。

(6)平面蛇形管的个别管圈在该平面内的偏差不得大于 5 mm。

15. 检查省煤器安装尺寸及有关项目

(1)钢管省煤器

①组合件宽度偏差不得超过 ±5 mm。

②组合件对角线差不得超过 10 mm。

③集箱中心线距蛇形管弯头端部的距离偏差不得超过 ±10 mm。

④组合件边管的不垂直度不得超过 ±5 mm。

⑤边管距炉墙的距离应符合设计图纸。

⑥防磨装置膨胀间隙应符合图纸规定。

⑦平面蛇形管的个别管圈在该平面内的偏差不得大于 5 mm。

(2)铸铁省煤器

①支架的水平方向位置偏差不得超过 ±3 mm。

②支架的标高偏差不得超过 ±5 mm。

③支架的纵、横向水平度偏差应在 1/1 000 范围内。

④每根肋片管上的破损肋片数不得大于该管总肋片数的 10%。

⑤整个省煤器有破损肋片的管数不得超过管子总根数的 10%。

16. 空气预热器的检验

(1)支撑框架的不水平度,不得超过 ±3 mm。

(2)支撑框架的标高,对于工作压力 ≥3.82×10⁶ Pa 的锅炉,其偏差不得超过 ±10 mm;对于工作压力 <3.82×10⁶ Pa 的锅炉,其偏差不得超过 ±5 mm。

(3)空气预热器管箱的不垂直度偏差,对于工作力 ≥3.82×10⁶ Pa 的锅炉,其偏差不得超过 ±5 mm;对于工作压力 <3.82×10⁶ Pa 的锅炉,其偏差不得超过高度的 1/1 000。

(4)顶热器管箱中心线与立柱中心线之间的距离偏差不得超过 ±5 m。

(5)顶部标高偏差不得超过 ±15 mm。

(6)管箱上部的对角线偏差不得大于 15 mm。

(7)波形膨胀节的冷拉位应符合设计要求。

17. 检查条炉排的组装偏差

(1)炉排中心线位置偏差不得大于 2 mm。

（2）炉排两侧墙板的标高偏差不得超过 ±5 mm。

（3）炉排两侧墙板间的距离偏差不超过 5 mm。

（4）炉排两侧墙板的垂直度偏差，全高不超过 3 mm。

（5）炉排两侧墙板的对角线长度偏差（即两对角线的不等长）不得大于 10 mm。

（6）两侧墙板不水平度偏差为其长度的 1/1 000，全长不得大于 5 mm。

（7）前、后轴的不水平度为其长度的 1/1 000。

（8）前、后轴的标高差不得大于 5 mm。

18. 炉墙砌筑的检验

在工业锅炉安装中，炉墙砌筑检验是一项比较重要的内容，虽然对锅炉的安全运行影响不算太大，但对锅炉热效率的发挥和燃烧效果的好坏有着比较大的影响，所以炉墙的检验是不容忽视的。

（1）应检查是否按设计要求留出热膨胀间隙，其宽度偏差不得超过 ±3 mm；膨胀缝边界错位不得大于 2 mm，缝内不允许有灰浆、碎砖块及其他杂物，石棉绳最外一根与砖墙应平齐，不得外伸或内凹。

（2）水冷壁管中心与炉墙表面的距离偏差应在 20 ~ -10 mm。

（3）过热器，再热器、省煤器管中心与炉墙表面距离的偏差应在 20 ~ -5 mm。

（4）锅筒与炉墙周围的间隙偏差应在 10 ~ -5 mm。

（5）折烟墙与侧表面间隙偏差不得大于 5 mm。

（6）靠近砖砌炉墙的受热面管与炉墙的间隙偏差不得大于 10 mm。

（7）水冷壁下集箱与灰渣室炉墙间的距离差不得大于 10 mm。

（8）砖缝的宽度允许偏差见表 4 – 15。

表 4 –15　砖缝宽度偏差表

项目 炉墙名称	规定砖缝宽度 /mm	允许最大宽度 /mm	每平方米最大宽度砖壁允许条数
燃烧室及过热器耐火砖墙	2	3	不得多于 5 条
省煤器耐火砖炉墙	3	4	不得多于 8 条
保温层砖墙	5	7	不得多于 10 条

（9）炉墙的不平整度，每米不大于 2.5 mm。

（10）炉墙的不平度，每米不大于 5 mm，全长不得大于 10 mm。

（11）炉墙的不垂直度，每米不大于 3 mm、全高不得大于 15 mm。

（12）炉墙的厚度偏差应在 ±10 mm。

（13）耐火混凝土厚度偏差应在 ±5 mm。

19. 风道的渗漏检验

安装完风道后应检验以下几项：

（1）接盘处石棉板或石棉绳是否压紧、压匀，有无漏风、漏烟处。

（2）风、道的焊缝有无渗漏，如有渗漏处应补焊。

（3）膨胀节、软接头是否符合设计要求。

20. 检查风机、除尘器

（1）风机、除尘器轴与电机轴的同心度偏差应符合 GB 50273—2009《锅炉安装工程施工及验收规范》。

（2）风机、除尘器与风道连接必须严密，不得渗漏。

▶ 任务实施

按照给定三台 SHL35 - 3.82/450 - S 型蒸汽锅炉、设备及系统安装项目，完成如下任务：

1. 按照安装工艺流程，确定其质量检验节点，并绘制框图；

2. 针对每一个质量验收节点确定其检验方法并编制质量检查表格（工程内业）。

▶ 复习自查

1. 锅炉安装资质检验都有哪些内容？

2. 为什么锅炉安装检验首先要进行安装程序审批？

3. 锅炉安装可以分为几个阶段进行质量验收？

4. 锅炉安装整体质量验收的内容有哪些？

▶ 任务评量

"锅炉工程项目质量检验"学生任务评量见表 4 - 16。

表 4 - 16 "锅炉工程项目质量检验"学生任务评量表

各位同学：

1. 教师针对下列评量项目并依据"评量标准"，从 A、B、C、D、E 中选定一个对学生操作进行评分，学生在教师评价前进行自评，但自评不计入成绩。

2. 此项评量满分为 100 分，占学期成绩的 10%。

评量项目	学生自评与教师评价（A～E）	
	学生自评分	教师评价分
1. 平时成绩（20 分）		
2. 实作评量（40 分）		
3. 阶段验收（20 分）		
4. 口语评量（20 分）		

▶ 项目小结

锅炉是国计民生不可或缺的特种设备，在制造、安装与运行过程中，其质量既牵扯到节

能、经济，又关联到安全。

本项目从锅炉项目检验的方法着手，重点阐述了锅炉制造与安装过程质量检验的方法、过程、项目和标准。

锅炉检验方法主要是外观检验、理化分析和无损探伤检验，此外，应用水压试验法进行检验。每种方法在锅炉制造与安装过程中，根据质量控制点性质的不同采取不同的方法。

锅炉制造过程重点是原材料、焊接缺陷检验；锅炉安装过程重点是安装资质、安装过程和最后的整体试运检验。各阶段侧重点不同，但覆盖了锅炉制造、安装过程中全部质量控制点，且重要控制节点检验方法和标准突出。具体检验内容如图4－20所示。

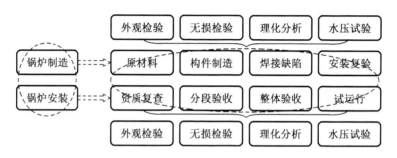

图4－20　锅炉工程项目检验内容

项目 5 锅炉工程项目质量验评

> **项目描述** ···•

随着我国经济改革、开放的进一步深化,锅炉的炉型布置、参数、容量、燃烧方式、设计结构等方面都已经发生了相当大的变化。特别是近几年实行集中供热,小容量锅炉逐渐被取缔,大容量锅炉应运而生,新技术、新工艺、新设备对锅炉制造、安装过程提出了新的要求。

为适应改革需要,逐步实行建设项目业主负责制、工程项目招投标制、工程监理制等要求,在贯彻 GB/T 19000—2016、ISO 9000 系列标准中,推行施工项目管理、全面质量管理、企业内部管理和创优工程等活动,加强施工质量控制、检验、评定和质量监督工作的需要,对锅炉工程项目进行质量验评是大势所趋。

本项目从锅炉工程项目质量验评总则与范围出发,通过对工业锅炉的锅炉本体钢结构→锅炉受热面→锅炉附属管道及设备→烟、风、煤管道及附属设备→锅炉辅助机械→锅炉炉墙砌筑→锅炉设备保温与油漆等八个安装过程进行质量验评,了解质量验评标准、过程和方法,进而实现锅炉工程项目在招投标与施工过程中的质量与企业质量保证体系相融合。

本项目旨在引领学生熟悉锅炉工程项目验评法律文件和标准,熟练进行锅炉安装验评,善于进行锅炉安装验评文件编写。目的:通过实际项目和软件协同,完成安装验评。预期结果:实现对锅炉工程项目安装验评文件编写和软件应用。

> **教学环境** ···•

教学场地是锅炉安装模拟仿真实训室和锅炉模型实训室。学生利用多媒体教室进行理论知识的学习,小组工作计划的制定,实施方案的讨论等;利用实训室进行锅炉本体钢结构,锅炉受热面,锅炉附属管道及设备,烟、风、煤管道及附属设备,锅炉辅助机械,锅炉炉墙砌筑,锅炉设备保温与油漆等验评的认知和训练。

任务 5.1 锅炉工程项目质量验评总则与范围

> **学习目标** ···•

知识目标
1. 掌握工程质量验评总则;
2. 解构工程质量验评范围。

能力目标

1. 熟练通识标准中各项目的评定；

2. 建构不同锅炉工程项目质量评定内容。

素质目标

1. 养成能源设备制造与安装责任意识；

2. 展现创新意识构建验评模式。

▶ 任务描述

给定某清河泉生物质能源热电有限公司三台 DHL35 – 3.82/450 – S 型蒸汽锅炉、设备及系统安装工程内业和相关技术资料,包括施工准备→钢结构安装→受热面安装→燃烧设备及辅助设备、管道、电气安装→砌筑保温→试运行→竣工验收等项目。

▶ 知识导航

5.1.1 工程质量验评总则

为了加强锅炉安装工程质量检验、统一检验方法,强化安装全过程的质量检验控制,及时发现质量缺陷并采取纠正措施,确保锅炉安装工程整体质量达到规程、规范和标准的规定,向顾客提供满意的优质工程和服务,锅炉工程项目部必须建立健全质量保证体系,并能正常运行,严格执行公司《锅炉安装质量保证手册》的规定。

保证质量保证体系运行的基本要求有:

(1)凡参加锅炉安装的各类专业技术人员、焊工、探伤工、热处理工等工种,必须按规定做到持证上岗,并持有相应的资质证件,其工作技能应与所安装的锅炉级别相适应。

(2)锅炉安装质量检验管理人员必须持合格的检查员证上岗,熟练掌握与锅炉安装工程有关的施工和验收技术规范、公司锅炉安装质量保证手册、管理制度、施工工艺标准及锅炉安装质量检验评定标准。

(3)锅炉安装质量检验工作,必须根据当地安全监督检查部门的监检大纲结合本项目的特点制定质量检验和接受监察的停点检验项目和等级。

为满足上述质量保证要求,依据《特种设备安全监察条例》(下称《条例》);《锅炉安全技术监察规程》;《电力建设施工及验收技术规范(锅炉机组篇)》及其配套的电力规范(下称《锅炉机组篇》DL/T 5047—95)等规程制定锅炉工程项目质量检验及评定三级评定标准如下:

A 级:对锅炉安装质量有重大影响的施工工序或检查项目,由监检单位、业主或监理、施工单位三方联合检查确认,此检查点必须停止点检查。

B 级:对锅炉安装质量有较重要影响的施工工序和检查项目,由业主或监理、施工单位双方联合检查确认。

C 级:对锅炉安装质量影响一般的施工工序和检查项目,由施工单位专职质检员检查确认。

当对 AR、BR、CR 控制等级进行检查时,工程技术人员必须提供有关的施工记录或检(试)验报告。

鉴于工业锅炉工程项目没有完善的质量检验与评定标准,在实施工作中一般需要进行质量检验与评定时均借鉴《火电施工质量检验与评定标准》(锅炉篇)1996 版的模式、项目分类和等级。其中监检单位由火电机组的施工单位、建设单位、质检站改变为工业锅炉的施工单位、业主或监理、监检单位。《火电施工质量检验与评定标准》(锅炉篇)的总则如下。

总　则

1.0.1 为了统一火电工程锅炉机组施工质量检验及评定的范围,内容、标准、检验方法和器具,促进工程质量不新提高,并为适应当前推行建设项目业主负责制,工程招标投标制,签订承包合同,实行工程监理、施工项目管理,全面质量管理和开展创优质工程活动和质量监督的需要,特修订《火电施工质量检验及评定标准》(以下简称《验标》)锅炉篇。

1.0.2 本篇适用于与火力发电厂国产 300 − 600%/W 机组配套的煤粉炉安装工程的施工(含分部试运)质量检验及评定。对于其他炉型、容量、参数的国产锅炉机组可供参考。对国外进口锅炉机组的施工质量检验及评定,应执行设备进口订货技术合同或制造厂的规定,如制造无明确规定,则应执行本《验标》锅炉篇。

1.0.3 火电工程锅炉机组的安装,都应按本篇(或锅炉进口技术合同)的规定进行质量检查、验收和评定,并及时办理检验及评定签证。对本篇(或锅炉进口技本合同)中空缺的个别工程项目(设备)和不完善的检验项目,建设单位应根据 DL/T 5047—95《电力建设施工及验收技术规范(锅炉机组篇)》和国家及部颁的其他有关规范,规程、设备制造厂家资料、工程设计要求制定补充规定,同施工单位协商一致后,同时作为该工程项目质量检验及评定的依据,并报主管上级备案。

1.0.4 本标准是按分项工程、分部工程和单位工程为对象编制的,质量检验及评定应按分项工程、分部工程、单位工程的顺序逐级进行。

1.0.5 工程项目进行质量检验及评定,该项工程必须施工完毕,由施工操作人员自检合格并提出自检记录,然后再根据本篇"质量验评范围"的规定,由质检科联合建设单位及现场质监站代表进行质量检验及评定(监督)。

1.0.6 单位工程、分部工程、分项工程和分项工程中检验项目的质量,均分为"合格"和"优良"两个等级。评为"合格"或"优良"的标准是:

1. 检验指标

(1)合格:实际检验结果符合该指标"质量标准"栏规定的"合格"标准。

(2)优良:实际检验结果符合该指标"质量标准"栏规定的"优良"标准(如该检验看标的"质量标准"栏未分级者,则达到标准规定即为"优良")。

2. 分项工程

(1)合格:该分项工程中的"主要"检验项目必须全部符合"质量标准"栏规定的"合格"要求,且有80%及以上的"一般"检验项目符合"质量标准"栏规定的"合格"要求,其余的"一般"检验项目均基本符合(不影响使用性能及寿命)"质量标准"栏规定的"合格"要求。

(2)优良:该分项工程中的"主要"检验指标必须全部达到"质量标准"栏规定的"优良"要求,且有80%及以上的"一般"检验指标达到"质量标准"栏规定的"优良"要求,其余的"一般"检验项目均达到"质量标准"栏规定的"合格"要求。

3. 分部工程

(1)合格:该分部工程中的所有分项工程均达到"合格"标准。

(2)优良:该分部工程中的"主要"分项工程必须全部达到"优良"标准,且有70%及以上的"一般"分项工程达到"优良"标准,其余的"一般"分项工程均达到"合格"标准。

4. 单位工程

(1)合格:该单位工程中所有分部工程均达到"合格"标准,且分部试运基本正常,各项试验合格,技术资料和技术记录齐全。

(2)优良:该单位工程中的"主要"分部工程必须全部达到"优良"标准,且单位工程总评分在90分及以上。其满分构成是静态为70分,动态为30分。实际得分计算方法如下:

$$静态实得分 = \frac{分部工程的优良个数}{分部工程的总个数} \times 70 分$$

$$动态实得分数 = 分部试运检验项目的优良百分数 \times 30 分$$

1.0.7 检验及评定(监督)工程施工质量,必须按本篇(或锅炉进口技术合同)规定的质量标准、检验方法和器具,进行实际查对、测量。然后,再根据检验结果评定(监督复核)质量等级。

1.0.8 各分项工程的施工质量,施工操作人员和施工班组自检及工地(队)复查数量必须100%;质检部门、建设单位和现场质监站代表可根据实际情况,确定全数检查或按比例进行随机抽查。

1.0.9 工程质量的评定结果,以"质量验评范围"中规定的该项目最高一级的验评(监督复核)意见为主,并以验评签证为准。但上一级质量检验(监督)人员有权进行抽查和复评。

1.0.10 在分项工程中相关专业工种和工序的检验及评定,焊接、热处理按本《验标》焊接工程篇的规定执行;管道加工和安装,按本《验标》管道篇的规定执行;加工配制,按本《验标》加工配制篇的规定执行;有关水泵安装,应按本《验标》汽机篇的规定执行。

1.0.11 工程设计和设备制造如存在质量问题,应由设计或设备制造单位负责,如施工单位在现场确实无能为力进行消除,致使施工质量无法达到本标准时,经建设单位、设计单位(或设备制造厂)、质监站和施工单位等有关方面共同确认后,该检验指标或工程项目可以不参加评定质量等级。

5.1.2 工程质量验评范围

表5-1 施工质量检验项目划分表(摘录)
(锅炉篇)

工程编号				工程名称	性质	施工检验			监理单位	业主单位	监督检查方式			质量验评标准编号
单位	分部	分项	分段			班组	工地队	质检科			H	W	S	
1	1	1		锅炉本体安装										
				本体部件安装										
				钢架安装										
			1	锅炉基础画线及柱底板安装	主要	√	√	√	√	√	√			表5-4
			2	炉顶钢架基础画线	主要	√	√	√						表5-5
			3	单根柱对接组合		√	√	√						表5-6
			4	钢架组合件组合	主要	√	√	√						表5-7
			5	炉顶钢架组合件组合	主要	√	√	√						表5-8

表 5 – 1(续 1)

工程编号				工程名称	性质	施工检验			监理单位	业主单位	监督检查方式			质量验评标准编号
单位	分部	分项	分段			班组	工地队	质检科			H	W	S	
1	1	1	6	单根立柱安装	主要	√	√	√						表 5 – 9
			7	钢架组合件安装	主要	√	√	√						表 5 – 10
			8	炉顶钢架组合件安装	主要	√	√	√						表 5 – 11
			9	炉顶单根梁安装	主要	√	√	√						表 5 – 12
			10	单根横梁安装		√	√	√						表 5 – 13
			11	钢架整体复查找正	主要	√	√	√	√	√	√			表 5 – 14 表 5 – 15
			12	柱脚二次灌浆	主要	√	√	√						
		2		金属护板及密封部件安装										
			1	护板安装		√	√	√						
			2	炉顶密封罩壳安装		√	√	√	√					表 5 – 16
			3	炉顶盖板安装		√	√	√						表 5 – 17
			4	炉本体门孔安装		√	√							表 5 – 18
		3		蒸汽空气预热器安装	主要									
			1	空气预热器组合	主要	√	√	√						表 5 – 19
			2	空气预热器安装	主要	√	√	√	√					表 5 – 20
		4		平台、梯子安装										
			1	平台、梯子组合		√	√							表 5 – 21
			2	平台、梯子安装		√	√							表 5 – 22
		5		灰渣室、灰斗安装										
			1	灰渣室组合		√	√							表 5 – 23
			2	灰渣室安装	主要	√	√	√						表 5 – 24
			3	灰斗组合		√	√							
			4	灰斗安装		√	√							
		6		燃烧设备安装										
			1	燃烧器安装	主要	√	√	√				√		
	2	1		受热面安装										
				汽包安装	主要									
			1	汽包检查、画线	主要	√	√	√					√	表 5 – 26
			2	汽包安装	主要	√	√	√	√	√		√		表 5 – 27
			3	汽包内部装置安装	主要	√	√	√	√	√			√	表 5 – 28
		2		水冷壁安装	主要									
			1	水冷壁组合	主要	√	√	√						表 5 – 29

表 5-1（续 2）

单位	分部	分项	分段	工程名称	性质	班组	工地队	质检科	监理单位	业主单位	H	W	S	质量验评标准编号
1	2	2	2	水冷壁组合件安装	主要	√	√	√				√		表 5-30
			3	隔墙水冷壁组合	主要	√	√	√						表 5-29
			4	隔墙水冷壁组合件安装	主要	√	√	√				√		表 5-30
			5	降水管安装		√	√							表 5-31
			6	蒸发管安装		√	√							表 5-32
		3		过热器安装	主要									
			1	低温过热器组合	主要	√	√	√						表 5-33
			2	低温过热器组合件安装	主要	√	√	√						表 5-34
			3	中温过热器组合	主要	√	√	√						表 5-33
			4	中温过热器安装	主要	√	√	√						表 5-34
			5	高温过热器组合	主要	√	√	√						表 5-33
			6	高温过热器安装	主要	√	√	√						表 5-34
			7	吊挂管组合件安装	主要	√	√							
			8	减温器安装		√	√							表 5-35
			9	集汽联箱安装	主要	√	√						√	表 5-36
			10	过热蒸汽联络管安装		√	√							
		4		省煤器安装	主要									
			1	省煤器组合	主要	√	√	√						表 5-37
			2	省煤器组合件安装	主要	√	√	√						
			3	给水联络管安装		√	√							
			4	锅炉再循环管安装		√	√							
		6		锅炉整体水压试验										
			1	锅炉整体水压试验	主要	√	√	√	√	√	√			表 5-40
	3			锅炉附属管道及设备安装										
		1		给水管道安装										
			1	给水管安装		√	√							表 5-39
			2	减温水管安装		√	√							表 5-39
		2		排污管道及设备安装	主要									
			1	定期排污管道安装		√	√							表 5-42
			2	连续排污管道安装		√	√							表 5-42
			3	定期排污扩容器安装		√	√							表 5-43
			4	连续排污扩容器安装		√	√							表 5-43

表 5 −1(续3)

工程编号				工程名称	性质	施工检验			监理单位	业主单位	监督检查方式			质量验评标准编号
单位	分部	分项	分段			班组	工地队	质检科			H	W	S	
1	3	3		上水、放水、放空气管道安装										表 5 − 42
			1	事故放水管道安装		√	√							表 5 − 42
			2	高压疏水管道安装		√	√							表 5 − 42
			3	低压疏水管道安装		√	√							表 5 − 42
			4	冷炉上水管道安装		√	√							表 5 − 42
			5	反冲洗管道安装		√	√							表 5 − 42
			6	放空气管道安装		√	√							表 5 − 42
		4		排汽管道安装										表 5 − 42
			1	安全阀排汽管道安装		√	√							表 5 − 42
			2	点火排汽管道安装		√	√							表 5 − 42
			4	吹灰蒸汽排汽管道安装		√	√							表 5 − 42
			5	扩容器排汽管道安装		√	√							表 5 − 42
		5		取样管道及设备安装										
			1	取样冷却器(槽)安装		√	√							表 5 − 44
			2	取样管道安装		√	√							
			3	冷却水及排水管道安装		√	√							
		6		加药管道及设备安装										
			1	加药箱(罐)安装		√	√							表 5 − 45
			2	加药管道安装		√	√							表 5 − 42
		7		锅炉工业水管道安装										
			1	锅炉工业水管道安装		√	√							
		8		冲洗、除尘水管道安装										
			1	冲洗、除尘水管道安装		√	√							
		9		除灰管道安装										
			1	除灰管安装		√	√							
		10		压缩空气管道安装										
			1	压缩空气管安装		√	√							
		11		锅炉本体附件安装	主要									
			1	汽包水面计安装	主要	√	√	√	√	√			√	表 5 − 46
			2	安全阀安装	主要	√	√	√				√		表 5 − 47
			3	压力表安装		√	√							表 5 − 48
			4	膨胀指示器安装	主要	√	√	√			√	√		表 5 − 49

表 5－1(续 4)

工程编号				工程名称	性质	施工检验			监理单位	业主单位	监督检查方式			质量验评标准编号
单位	分部	分项	分段			班组	工地队	质检科			H	W	S	
1	4			烟、风管道及附属设备安装										
				烟道安装										
		1	1	烟道组合		√	√							表 5－51
			2	烟道安装		√	√							表 5－51
			3	烟道操作装置安装		√	√							表 5－52
				一次风道安装										
		2	1	一次风道组合		√	√							表 5－51
			2	一次风道安装		√	√							表 5－51
			3	一次风道操作装置安装		√	√							表 5－51
				二次风道安装										
		3	1	二次风道组合		√	√							表 5－51
			2	二次风道安装		√	√							表 5－51
			3	二次风道操作装置安装		√	√							表 5－52
2	1			锅炉机组除尘装置										
		1		文丘里除尘器安装		√	√							表 5－56
		2		除尘器振打及传动装置安装	主要	√	√	√	√	√				表 5－57
		3		除尘器振打及传动装置分部试运	主要	√	√	√	√	√				表 5－58
3				锅炉整体风压试验	主要									
	1			锅炉整体风压试验	主要	√	√	√	√	√	√			表 5－61
4				锅炉附属机械安装	主要	√	√	√						
	1			引风机安装	主要									
		1		基础检查画线及垫铁地脚螺栓安装	主要	√	√	√					√	
		2		引风机安装	主要	√	√	√					√	表 5－71
		3		引风机分部试运	主要	√	√	√	√	√	√			表 5－72
	2			一次风机安装	主要									
		1		基础检查画线及垫铁、地脚螺栓安装		√	√	√					√	表 5－74 表 5－75
		2		一次风机安装	主要	√	√	√						表 5－76
		3		一次风机分部试运	主要	√	√	√	√	√	√			表 5－67

表 5 – 1(续 5)

单位	分部	分项	分段	工程名称	性质	班组	工地队	质检科	监理单位	业主单位	H	W	S	质量验评标准编号
						施工检验					监督检查方式			
4	3			二次风机安装	主要									
		1		基础检查画线及垫铁、地脚螺栓安装		√	√						√	表 5 – 78 表 5 – 79
		2		二次风机安装	主要	√	√							表 5 – 80
		3		二次风机分部试运	主要	√	√	√	√	√	√			表 5 – 67

单位	分部	分项	分段	工程名称	性质	班组	工地队	质检科	监理单位	业主单位	H	W	S	质量验评标准编号
						施工检验					监督检查方式			
	10			出渣机安装										
		1		出渣机安装		√	√	√						
		2		出渣机分部试运	主要	√	√	√	√	√	√			

单位	分部	分项	分段	工程名称	性质	班组	工地队	质检科	监理单位	业主单位	H	W	S	质量验评标准编号
						施工检验					监督检查方式			
				全厂热力设备与管道保温										
5	1			锅炉设备与管道保温										
		1		汽包保温	主要	√	√	√	√	√	√			表 5 – 100
		2		炉本体联箱保温		√	√	√						表 5 – 103
		3		空气预热器保温	主要	√	√	√						表 5 – 104
		4		降水管保温		√	√							表 5 – 105
		5		过热器连接管保温		√	√							表 5 – 106
		6		蒸发管保温		√	√							
		7		再热器连接管保温	主要	√	√	√						
		8		给水管道保温	主要	√	√	√						表 5 – 107
		9		过热器连接管保温		√	√							
		10		给水管道保温		√	√							表 5 – 108
		11		定期、连续排污扩容器保温		√	√							表 5 – 109
		12		锅炉疏放水管道保温		√	√							表 5 – 103
		13		锅炉排污管道保温		√	√							表 5 – 110
		14		锅炉风室及出渣通道保温		√	√							
		15		吹灰管道保温		√	√							
		16		取样管道保温		√	√							表 5 – 111

表 5 - 1(续 6)

工程编号				工程名称	性质	施工检验			监理单位	业主单位	监督检查方式			质量验评标准编号
单位	分部	分项	分段			班组	工地队	质检科			H	W	S	
5	1	17		蒸汽加热管道保温		√	√							表 5 - 112
		18		除灰管道保温		√	√							
		19		锅炉供油、回油管道保温		√	√							
		20		锅炉热工仪表管保温		√	√							
		21		吸风机保温		√	√							表 5 - 113
		22		烟道保温		√	√							表 5 - 114
		23		热风道保温		√	√							表 5 - 103
		24		锅炉水箱保温	主要	√	√	√						表 5 - 115
		25		炉阀门、法兰保温		√	√							表 5 - 116

工程编号				工程名称	性质	施工检验			监理单位	业主单位	监督检查方式			质量验评标准编号
单位	分部	分项	分段			班组	工地队	质检科			H	W	S	
一	3			化学水设备与管道保温										
		1		化学水设备保温		√	√							表 5 - 118
		2		化学水管道保温		√	√							表 5 - 119

工程编号				工程名称	性质	施工检验			监理单位	业主单位	监督检查方式			质量验评标准编号
单位	分部	分项	分段			班组	工地队	质检科			H	W	S	
6				全厂设备与管道油漆										
	2			锅炉间设备与管道油漆										
		1		锅炉间保温管道抹面层油漆		√	√							表 5 - 122
		2		锅炉间管道金属面油漆		√	√							表 5 - 125
		3		锅炉间设备金属面油漆		√	√							表 5 - 125
		4		锅炉本体与尾部金属构架油漆		√	√							表 5 - 125
		5		锅炉冷风道金属面与支架油漆		√	√							表 5 - 125
	3			化学水设备与管道油漆										
		1		化学水处理室内设备与管道金属面油漆		√	√							表 5 - 125

表 5 –1(续 7)

工程编号				工程名称	性质	施工检验			监理单位	业主单位	监督检查方式			质量验评标准编号
单位	分部	分项	分段			班组	工地队	质检科			H	W	S	
6	7	1		循环管道油漆										
				循环水管道油漆	主要	√	√	√						表 5 – 135
				其他项目(本范围内尚未包括的项目)										

注:H—停工待检点;W—现场见证点;S—旁站监理点。

> **任务实施** ....•

　　按照给定任务,从施工工序中选取相关项目,根据技术资料和工程内业,在实训室模拟现场进行复核,完成如下任务:

　　1.编制锅炉工程项目验评范围表;

　　2.对锅炉工程项目中的通用项目进行评定,并编制表格。

任务 5.2　锅炉本体安装(单位工程)

> **学习目标** ....•

　　知识目标

　　1.掌握锅炉本体组成;

　　2.解构锅炉本体验评范畴。

　　能力目标

　　1.熟练锅炉本体验评;

　　2.建构锅炉本体验评模型。

　　素质目标

　　1.养成安全生产责任意识;

　　2.自觉完成任务,积极参与小组活动。

> **任务描述** ....•

　　给定××清河泉生物质能源热电有限公司三台 DHL35 – 3.82/450 – S 型蒸汽锅炉、设备及系统安装工程锅炉本体钢结构安装工程内业和相关技术资料。

知识导航

单位工程质量检验评定见表5－2。

表5－2　单位工程质量检验评定表

工程编号：　　　　　　　　　　　　　　　　　　　　　　单位工程名称：锅炉本体安装

构成	分部工程名称	性质	分部工程质量等级	单位工程质量评分
静态验评	本体部件安装			
	受热面安装			
	锅炉附属管道及设备安装			
	烟风道及附属设备安装			
动态验评				
单位工程质量评定	本单位工程静态质量评定_____分,动态质量评定_____分;共计_____分,质量总评_____			

监理单位：_____　　建设单位：_____　　质检部门：_____　　工地：_____　　　年　　月

5.2.1　锅炉本体部件安装质量验评(分部工程,表5－3)

表5－3　分部工程质量检验评定表

工程编号：　　　　　　　　　　性质：　　　　　　　　分部工程名称：本体部件安装

序号	分项工程名称	性质	分项工程质量等级	分部工程优良率/%
1	钢架安装			
2	金属护板及密封部件安装			
3	空气预热器安装	主要		
4	平台梯子安装			
5	灰渣室、灰斗安装			
分部工程质量评定	本分部共有_____个分项工程。主要分项_____个,评优良级_____个;一般分项_____个,评优良级_____个。评_____级			

监理单位：_____　　建设单位：_____　　质检部门：_____　　工地：_____　　　年　　月

1. 钢架安装(分项工程)

(1)锅炉基础画线及柱底板安装(表5-4)

表5-4 分项工程质量检验评定表

工程编号：　　　　　性质:主要　　　　　分项工程名称：　　　　　　　共　页第　页

工序	检验指标		性质	质量标准/mm		实际检测结果/mm	单项评定
				合格	优良		
基础画线柱底板安装	基础纵横中心线与厂房基准点距离偏差		主要	±20		+18,+19,+10,-2	优良
	柱子间距偏差	柱距≤10 m	主要	±1		+1 +10 -1	优良
		柱距>10 m		±2			
	柱底板水平偏差		主要	≤0.5		-1,1,-0.6,-2	合格
	柱子中心对角线差	对角线≤20 m	主要	≤5	≤3	3,4,3,5	合格
		对角线>20 m		≤8	≤4		
	基础各平面标高偏差			-20~0		-10,-15,-8,-6	优良
	基础外形尺寸偏差			+20~0		10,12,11,6	优良
	预埋地脚螺栓中心线偏差			±5	±2	-5,-3,+5,+3	优良
	基础表面			打出麻面且放置垫铁处已琢平		达到规定要求	优良
垫铁安装	二次浇灌总高度			≥50		20,20,25,26	优良
	每组块数			≤3		均少于3块	优良
	放置位置			立柱底板立筋板下方		正确	优良
	承压力			≥60%基础设计强度		按设计合格	合格
	垫铁装设			无松动;相互点焊,与柱脚底板点焊		合格	合格
分项总评	共检验主要项目4个,其中优良2个;一般项目9个,其中优良7个,本分项工程质量优良率为77%,本分项工程被评为合格级						

监理单位：_____　建设单位：_____　质检部门：_____　工地：_____　年　月

(2)炉顶钢架基础画线(表5-5)

表5-5 分项工程质量检验评定表

工程编号：　　　　　性质:主要　　　　　分项工程名称：　　　　　　　共　页第　页

工序	检验指标		性质	质量标准/mm		实际检测结果/mm	单项评定
				合格	优良		
安装画线	柱顶主梁支座与柱顶中心偏差	钢筋混凝土构架	主要	≤20	≤10		
		钢结构		≤10	≤5	18,16	优良
	柱顶标高偏差		主要	±5	±3	-4,-3	优良
	各立柱间相互标高差		主要	≤3	≤2	2,2	合格
	钢混柱顶预埋板水平偏差		主要	≤2	≤1	2,1	优良
	柱顶各支座中心偏差	间距≤10 m	主要	±1		-1,0	优良
		间距>10 m		±2			

表 5-5（续）

工序	检验指标		性质	质量标准/mm		实际检测结果/mm	单项评定
				合格	优良		
安装画线	柱顶各支座中心对角线差	对角线≤20 m	主要	≤5	≤3	4,3	优良
		对角线>20 m		≤4	≤3		
分项总评	共检验主要项目6个，其中优良6个；一般项目0个，其中优良0个，本分项工程质量优良率为100%，本分项工程被评为合格级						

监理单位：＿＿＿＿　　建设单位：＿＿＿＿　　质检部门：＿＿＿＿　　工地：＿＿＿＿　　年　　月

（3）单根柱对接组合（表 5-6）

表 5-6　分项工程质量检验评定表

工程编号：　　　　性质：主要　　　　分项工程名称：　　　　　　共　　页第　　页

工序	检验指标			性质	质量标准/mm		实际检测结果/mm	单项评定
					合格	优良		
设备检查	设备检查				符合立柱检查（通用标准）①要求		符合要求	优良
对接组合	立柱对接	画线			方法正确、标记明显		正确	优良
		对接中心线偏差			≤1.5		1,1,1,-1	优良
		长度偏差	L≤8 m		-4~0		-2,-3	优良
			L≤15 m		-6~+2			
			L>15 m		-8~+2			
		柱弯曲度		主要	≤1/1 000 柱长且≤10		3,2,2	优良
		柱扭转度		主要	≤1/1 000 柱长且≤10		3,3	优良
		托架高度偏差			-4~+2		-2,1	优良
		接合板			平整、位置正确与构件紧贴		符合要求	优良
		焊接		主要	符合焊接要求		符合要求	优良
		高强螺栓连接		主要	符合（通用标准）要求		符合要求	优良
分项总评	共检验主要项目4个，其中优良4个；一般项目6个，其中优良6个，本分项工程质量优良率为100%，本分项工程被评为优良级							

监理单位：＿＿＿＿　　建设单位：＿＿＿＿　　质检部门：＿＿＿＿　　工地：＿＿＿＿　　年　　月

---

① 详见《火电施工质量检验及评定标准》（锅炉篇）之通用标准。

(4)钢架组合件组合(表5-7)

表5-7 分项工程质量检验评定表

工程编号: 性质:主要 分项工程名称: 共 页第 页

工序	检验指标		性质	质量标准/mm		实际检测结果/mm	单项评定
				合格	优良		
立柱设备检查				符合通用标准要求		符合要求	优良
梁设备检查				符合通用标准要求		符合要求	优良
立柱组合	画线			方法正确、标记明显		正确明显	优良
	对接中心线偏差			≤1.5		1,1,-1	优良
	长度偏差	L≤8 m		-4~0		-2,-3,-1	优良
		L≤15 m		-6~+2			
		L>15 m		-8~+2			
	弯曲度		主要	≤1/1 000 柱长且≤10		2,2,3	优良
	扭转值			≤1/1 000 柱长且≤10		1,4,2	优良
	柱距偏差		主要	≤1‰柱距且≤10	≤0.7‰柱距且≤7	1,1	优良
	柱间平行度偏差		主要	≤1‰柱距且≤10	≤0.7‰柱距且≤7	1,1	优良
横梁组合	标高偏差			±5	±3	-4,-2	优良
	梁间平行度偏差			≤1‰梁长且≤5	≤0.7‰梁长且≤3.5	2,3	合格
	组合件对角线差			≤1.5‰对角线长且≤15	≤1‰对角线长且≤10	10,8	优良
梁与柱中心相对错位				±5	±3	-4,-3	优良
接合板安装				平整、正确与梁紧贴		按要求	优良
焊接				符合《验标》(焊接篇)规定		符合要求	优良
高强螺栓连接				符合通用标准要求		符合要求	优良

分项总评	共检验主要项目3个,其中优良3个;一般项目13个,其中优良12个,本分项工程质量优良率为92%,本分项工程被评为优良级

监理单位:_____ 建设单位:_____ 质检部门:_____ 工地:_____ 年 月

（5）炉顶钢架组合件组合（表5-8）

表5-8　分项工程质量检验评定表

工程编号：　　　　　性质：主要　　　　分项工程名称：　　　　　　　　共　页第　页

工序	检验指标	性质	质量标准/mm		实际检测结果/mm	单项评定
			合格	优良		
设备检查			符合通用标准要求		符合要求	优良
梁板画线	主梁		上下盖板、腹板均有纵横中心线；下盖板有支点十字		按规定	优良
	次梁		定出梁的纵横中心线；方法正确，标记明显		正确、明显	优良
	梁标高偏差		±5	±3	-2，-1	优良
	梁水平度偏差		≤5	≤3	3，3	合格
	梁间距偏差	主要	±5	±3	3，2	优良
	梁间平行度偏差	主要	≤5	≤3	4，4	合格
	梁间对角线差	主要	≤1‰对角线长且≤10	≤0.7‰对角线长且≤7	9，4	合格
	梁腹板垂直度偏差		≤1.5‰腹板高度且≤5	≤1‰腹板高度且≤3	3，3	优良
	吊孔位置偏差		±3	±2	-2，-1	优良
	吊孔对角线差		≤1‰对角线长且≤10	≤0.7‰对角线长且≤10	6，5	合格
	接合板安装		平整位置正确与构件紧贴		正确	优良
	焊接	主要	符合《验标》（焊接篇）规定		符合	优良
	高强螺栓连接	主要	符合通用标准要求		符合	优良
分项总评	共检验主要项目5个，其中优良3个；一般项目9个，其中优良7个，本分项工程质量优良率为78%，本分项工程被评为合格级					

监理单位：＿＿＿＿＿　建设单位：＿＿＿＿＿　质检部门：＿＿＿＿＿　工地：＿＿＿＿＿　年　月

（6）单根立柱安装（表5-9）

表5-9　分项工程质量检验评定表

工程编号：　　　　　性质：主要　　　　分项工程名称：　　　　　　　　共　页第　页

工序	检验指标	性质	质量标准/mm		实际检测结果/mm	单项评定
			合格	优良		
	柱脚中心线偏差	主要	±5	±3	3，3	优良
	立柱标高偏差		±5	±3	-2，-3	优良

表 5 - 9（续）

工序	检验指标	性质	质量标准/mm		实际检测结果/mm	单项评定
			合格	优良		
	各立柱间相互标高偏差		≤3	≤2	2,2	合格
	各立柱间距偏差		≤1‰柱距且≤10	≤0.7‰柱距且≤7	4,4	优良
	立柱垂直度偏差		≤1‰立柱长且≤15	≤0.7‰立柱长且≤10	2,3	优良
立柱对角线差	柱顶大、小对角	主要	≤1.5‰对角线长且≤15	≤1‰对角线长且≤10	8,10	优良
	1 m 标高处大、小对角	主要			4,6	优良
分项总评	共检验主要项目3个，其中优良3个；一般项目4个，其中优良3个，本分项工程质量优良率为75%，本分项工程被评为合格级					

监理单位：_____ 建设单位：_____ 质检部门：_____ 工地：_____ 年 月

（7）钢架组合件安装（表 5 - 10）

表 5 - 10 分项工程质量检验评定表

工程编号： 性质：主要 分项工程名称： 共 页第 页

工序	检验指标	性质	质量标准/mm		实际检测结果/mm	单项评定
			合格	优良		
	柱脚中心线偏差	主要	±5	±3	-3,3	优良
	立柱标高偏差		±5	±3	4,-5	合格
	各立柱间相互标高偏差		≤3	≤2	2,2	优良
	各立柱间距偏差		≤1‰柱距且≤10	≤0.7‰柱距且≤7	3,5	优良
	立柱垂直度偏差		≤1‰立柱长且≤15	≤0.7‰立柱长且≤10	3,6	优良
立柱对角线差	柱顶大、小对角	主要	≤1.5‰对角线长且≤15	≤1‰对角线长且≤10	5 8	优良
	1 m 标高处大、小对角	主要			3 7	优良
分项总评	共检验主要项目3个，其中优良3个；一般项目4个，其中优良3个，本分项工程质量优良率为75%，本分项工程被评为合格级					

监理单位：_____ 建设单位：_____ 质检部门：_____ 工地：_____ 年 月

（8）炉顶钢架组合件安装（表5-11）

表5-11 分项工程质量检验评定表

工程编号： 　　性质：主要 　　分项工程名称： 　　　　　共 页第 页

工序	检验指标	性质	质量标准/mm		实际检测结果/mm	单项评定
			合格	优良		
炉顶钢架组合件安装	主梁支座与柱顶平面支座中心线偏差	主要	≤3	≤2	2，-2	优良
	梁标高偏差	主要	±5	±3	-3，-3	优良
	梁水平度偏差	主要	≤5	≤3	2，2	优良
	梁间距偏差	主要	±5	±3	-3，-1	优良
	梁平行度偏差	主要	≤5	≤3	2，-2	优良
	梁间对角线差	主要	≤1‰对角线且≤10	≤0.7‰对角线且≤10	3，6	优良
	横梁吊孔位置偏差	主要	±3	±2	-1，3	合格
	横梁吊孔对角线差	主要	≤1‰对角线长且≤10	≤0.7‰对角线长且≤10	3，7	优良
	接合板安装		平整位置正确与构件紧贴		正确平整	优良
	焊接		符合《验标》（焊接篇）规定		符合要求	优良
	高强螺栓连接		符合通用标准要求		符合要求	优良
分项总评	共检验主要项目6个，其中优良6个；一般项目5个，其中优良4个，本分项工程质量优良率为80%，本分项工程被评为优良级					

监理单位：＿＿＿ 　建设单位：＿＿＿ 　质检部门：＿＿＿ 　工地：＿＿＿ 　年 月

（9）炉顶单根梁安装（表5-12）

表5-12 分项工程质量检验评定表

工程编号： 　　性质：主要 　　分项工程名称： 　　　　　共 页第 页

工序	检验指标	性质	质量标准/mm		实际检测结果/mm	单项评定
			合格	优良		
炉顶单根梁安装	主梁支座与柱顶平面支座中心线偏差	主要	≤3	≤2	-2，-2	优良
	梁标高偏差	主要	±5	±3	2，3	优良
	梁水平度偏差	主要	≤5	≤3	3，-2	优良
	梁间距偏差	主要	±5	±3	-1，-1	优良
	梁平行度偏差	主要	≤5	≤3	2，3	优良

表 5－12（续）

工序	检验指标	性质	质量标准/mm		实际检测结果/mm	单项评定
			合格	优良		
炉顶单根梁安装	梁间对角线差	主要	≤1‰对角线且≤10	≤0.7‰对角线且≤10	8,4	优良
	横梁吊孔位置偏差		±3	±2	－2,3	合格
	横梁吊孔对角线差		≤1‰对角线且≤10	≤0.7‰对角线且≤10	3,6	优良
	接合板安装		平整位置正确与构件紧贴		平整紧贴	优良
	焊接		符合《验标》（焊接篇）规定		符合要求	优良
	高强螺栓连接		符合通用标准要求		符合要求	优良
分项总评	共检验主要项目6个,其中优良6个;一般项目5个,其中优良4个,本分项工程质量优良率为80%,本分项工程被评为优良级					

监理单位:_____　　建设单位:_____　　质检部门:_____　　工地:_____　　年　　月

（10）单根横梁安装（表 5－13）

表 5－13　分项工程质量检验评定表

工程编号:　　　　性质:主要　　　分项工程名称:　　　　　　　　　共　　页第　　页

工序	检验指标	性质	质量标准/mm		实际检测结果/mm	单项评定
			合格	优良		
单根横梁安装	设备检查		符合通用标准要求		符合要求	优良
	标高偏差		±5	±3	3,3	优良
	水平度偏差		≤5	≤3	2,4	合格
	中心线偏差		±5	±3	－2,3	优良
	接合板安装		平整位置正确与构件紧贴		紧贴平整	优良
	焊接	主要	符合《验标》（焊接篇）规定		符合要求	优良
	高强螺栓连接	主要	符合通用标准要求		符合要求	优良
分项总评	共检验主要项目2个,其中优良2个;一般项目5个,其中优良4个,本分项工程质量优良率为80%,本分项工程被评为优良级					

监理单位:_____　　建设单位:_____　　质检部门:_____　　工地:_____　　年　　月

(11)钢架整体复查找正(表5-14)

表5-14 分项工程质量检验评定表

工程编号：　　　　　性质:主要　　　分项工程名称：　　　　　共　页第　页

工序	检验指标	性质	质量标准/mm		实际检测结果/mm	单项评定
			合格	优良		
	柱脚中心线偏差	主要	±5	±3	-2,3,-1,2	优良
	立柱标高偏差		±5	±3	-4,3	合格
	各立柱间相互标高偏差		≤3	≤2	2,2	优良
	各立柱间距偏差		≤1‰柱距且≤10	≤0.7‰柱距且≤7	8,3,4,6	合格
	立柱垂直度偏差		≤1‰立柱长且≤15	≤0.7‰立柱长且≤10	12,13	合格
立柱对角线差	柱顶大、小对角	主要	≤1.5‰对角线长且≤15	≤1‰对角线长且≤10	9,8	优良
	1m标高处大、小对角	主要			3,5	优良
分项总评	共检验主要项目3个,其中优良3个;一般项目4个,其中优良1个,本分项工程质量优良率为25%,本分项工程被评为合格级					

监理单位:_____　建设单位:_____　质检部门:_____　工地:_____　　年　月

(12)钢架整体复查找正(表5-15)

表5-15 分项工程质量检验评定表

工程编号：　　　　　性质:主要　　　分项工程名称：　　　　　共　页第　页

工序	检验指标	性质	质量标准/mm		实际检测结果/mm	单项评定
			合格	优良		
钢架整体复查找正	主梁支座与柱顶平面支座中心线偏差	主要	≤3	≤2	2,2	优良
	梁标高偏差	主要	±5	±3	-2,2	优良
	梁水平度偏差	主要	≤5	≤3	2,1	优良
	梁间距偏差	主要	±5	±3	-1,2	优良
	梁平行度偏差	主要	≤5	≤3	2,2	优良
	梁间对角线差	主要	≤1‰对角线长且≤10	≤0.7‰对角线长且≤10	5,8	优良
	横梁吊孔位置偏差		±3	±2	8,7	优良
	横梁吊孔对角线差		≤1‰对角线长且≤10	≤0.7‰对角线长且≤10	5,4	优良
	接合板安装		平整位置正确与构件紧贴		平整紧贴	优良

表5-15(续)

工序	检验指标	性质	质量标准		实际检测结果	单项评定
			合格	优良		
	焊接		符合《验标》(焊接篇)规定		符合焊接要求	优良
	高强螺栓连接		符合附表-2要求		符合	优良
分项总评	共检验主要项目6个,其中优良6个;一般项目5个,其中优良5个,本分项工程质量优良率为100%,本分项工程被评为优良级。					

监理单位:_____   建设单位:_____   质检部门:_____   工地:_____   年   月

2.金属护板及密封部件安装(分项工程)

(1)炉顶密封罩壳安装表(表5-16)

表5-16   分项工程质量检验评定表

工程编号: 　　性质:主要   　　分项工程名称: 　　共　　页第　　页

工序	检验指标	性质	质量标准/mm		实际检测结果/mm	单项评定
			合格	优良		
炉顶密封罩壳安装	零部件(构架、密封板等)安装位置、尺寸		符合设计		符合设计	优良
	密封件平面挠曲		≤5		3,3	优良
	密封件接口局部平整度偏差		≤5		4,2	优良
	密封板开穿管孔		开孔位置、尺寸合适;预留管子膨胀位移量足够		按要求	优良
	螺栓连接		连接牢固、露出丝扣长度一致,在构件内侧根部满焊,螺栓、螺母、垫圈的数量、位置符合设计要求		符合要求	优良
	自攻螺栓连接		螺钉无松动、脱落,数量、位置符合设计要求		符合要求	优良
	热膨胀检查		热膨胀位移足够,无错焊、漏焊		膨胀足够	优良
分项总评	共检验主要项目0个,其中优良0个;一般项目7个,其中优良7个,本分项工程质量优良率为100%,本分项工程被评为优良级					

监理单位:_____   建设单位:_____   质检部门:_____   工地:_____   年   月

（2）炉顶密封盖板安装表（表5－17）

表5－17　分项工程质量检验评定表

工程编号：　　　　　性质：主要　　　　　分项工程名称：　　　　　　　　　共　页第　页

工序	检验指标		性质	质量标准/mm		实际检测结果/mm	单项评定
				合格	优良		
炉顶密封盖板安装	零部件（构架、密封板等）安装位置、尺寸			符合设计		符合	优良
	密封件平面挠曲			≤5		2,2	优良
	密封件接口局部平整度偏差			≤5		6,4	合格
	密封板开穿管孔			开孔位置、尺寸合适；预留管子膨胀位移量足够		合适、足够	优良
	螺栓连接			连接牢固、露出丝扣长度一致，在构件内侧根部满焊，螺栓、螺母、垫圈的数量、位置符合设计要求		符合设计要求	优良
	自攻螺栓连接			螺钉无松动、脱落，数量、位置符合设计要求		无异常	合格
	热膨胀检查		主要	热膨胀位移足够，无错焊、漏焊		足够	优良
分项总评	共检验主要项目1个，其中优良1个；一般项目6个，其中优良4个，本分项工程质量优良率为67%，本分项工程被评为合格级						

监理单位：＿＿＿＿　建设单位：＿＿＿＿　质检部门：＿＿＿＿　工地：＿＿＿＿　年　月

（3）炉本体门孔安装（表5－18）

表5－18　分项工程质量检验评定表

工程编号：　　　　　性质：主要　　　　　分项工程名称：　　　　　　　　　共　页第　页

工序	检验指标		性质	质量标准/mm		实际检测结果/mm	单项评定
				合格	优良		
炉本体门孔安装	炉门外观			无缺损、裂纹、穿孔砂眼		无缺陷	优良
	炉门与墙皮之间密封			有石棉绳等填料、密封严密		合理合格	优良
	炉门开关方向			正确		正确	优良
	炉门安装位置偏差			±10		－8,2,3,6	优良
	固定螺栓安装	根部焊接		在墙皮内侧根部满焊		满焊	优良
		螺母连接		拧紧、螺栓丝扣露出长度一致		按要求	优良
	炉门密封面			开关灵活、填料正确、严密不漏		密封面正常	优良
分项总评	共检验主要项目0个，其中优良0个；一般项目7个，其中优良7个，本分项工程质量优良率为100%，本分项工程被评为优良级						

监理单位：＿＿＿＿　建设单位：＿＿＿＿　质检部门：＿＿＿＿　工地：＿＿＿＿　年　月

3.空气预热器安装(分项工程)

(1)空气预热器组合(表5-19)

表5-19　分项工程质量检验评定表

工程编号：　　　　　性质：主要　　　　　分项工程名称：　　　　　　　　共　页第　页

工序	检验指标		性质	质量标准/mm		实际检测结果/mm	单项评定
				合格	优良		
设备检查	管箱外管检查			管板、管子无损伤、裂纹、锈蚀、压扁,管子内部无杂物		外观无缺陷	优良
	管箱高度偏差			±4		4,4	优良
	管箱侧面对角线差	管箱高H≤3 m		≤5			
		管箱高H>3 m		≤7		3,6	优良
	管板边缘平直度偏差			≤10		8,4,6,3	优良
	管端焊缝严密性试验		主要	无渗漏		试验合格	优良
	厂家焊缝			符合《验标》(焊接篇)规定		符合要求	优良
组合	管箱组合件侧面对角线差	组合件高H≤3 m		≤5			
		组合件高H>3 m		≤7		3,7	优良
	组合件管板对角线差			≤15		12,11,10,12	优良
	管箱垂直度偏差			≤5		3,4	优良
	防磨套管组合			装配紧密、点焊牢固、套管露出高度符合图纸要求,套管内清洁		符合图纸和要求	优良
	两管箱相邻管板标高差			±5		-2,3	优良
	焊接			符合《验标》(焊接篇)规定		符合要求	优良
分项总评	共检验主要项目1个,其中优良1个;一般项目11个,其中优良11个,本分项工程质量优良率为100%,本分项工程被评为优良级						

监理单位：_____　建设单位：_____　质检部门：_____　工地：_____　　　年　月

(2)空气预热器安装(表5-20)

表5-20　分项工程质量检验评定表

工程编号：　　　　　性质：主要　　　　　分项工程名称：　　　　　　　　共　页第　页

工序	检验指标	性质	质量标准/mm		实际检测结果/mm	单项评定
			合格	优良		
空气预热器安装	支撑框架(梁)标高偏差		±10	±5	-3,4	优良
	支撑框架上部水平度偏差		≤3	≤2	3,3	合格

表 5 - 20（续）

工序	检验指标	性质	质量标准/mm		实际检测结果/mm	单项评定
			合格	优良		
空气预热器安装	管箱垂直度偏差		≤5		4,3	优良
	管箱与炉立柱中心线偏差	主要	±5	±3	-3,2	优良
	预热器顶部标高偏差		±15	±8	12,11	合格
	焊接		符合《验标》（焊接篇）规定		符合检验标准要求	优良
分项总评	共检验主要项目1个，其中优良1个；一般项目5个，其中优良3个，本分项工程质量优良率为60%，本分项工程被评为合格级					

监理单位：＿＿＿＿＿　　建设单位：＿＿＿＿＿　　质检部门：＿＿＿＿＿　　工地：＿＿＿＿＿　　年　月

4. 平台、梯子安装（分项工程）

（1）平台、梯子的组合（表 5 - 21）

表 5 - 21　分项工程质量检验评定表

工程编号：　　　　性质：主要　　　分项工程名称：　　　　　　　　　共　页第　页

工序	检验指标			性质	质量标准/mm		实际检测结果/mm	单项评定
					合格	优良		
设备检查	设备外观				主要构件无裂纹、重皮、严重锈蚀、损伤		外观合格	优良
	平台	长度偏差			0‰~2‰长度且≤10		<8	优良
		宽度偏差			±5		-2,3	优良
		弯曲度	L<6 m		≤6		3,3	优良
			6 m≤L≤10 m		≤10		5,4	优良
			L>10 m		≤12			
	扶梯	长度偏差			±10		-1,3	优良
		弯曲度	平弯		≤5		2,2	优良
			旁弯				4,6	合格
平台梯子组合安装	厂家焊缝				符合《验标》（焊接篇）规定		符合要求	优良
	平台标高偏差				±10		-2,3	优良
	平台托架水平度偏差				≤2‰长度		1,1	优良
	两平台连接高低差				≤5		2,2	优良
	平台与立柱中心线偏差				±10		-8,3	优良
栏杆围板安装	栏杆柱子	垂直度偏差			≤3		3 2	优良
		柱距			间距均匀、符合设计		均匀合理	优良
	横杆平直度偏差				≤10		2,6	优良

表 5－21（续）

工序	检验指标	性质	质量标准/mm		实际检测结果/mm	单项评定
			合格	优良		
栏杆围板安装	栏杆接头		光洁、无毛刺		光滑	合格
	围板安装		平直无明显凹凸不平		平直顺当	合格
	焊接		符合《验标》（焊接篇）规定		符合要求	优良
分项总评	共检验主要项目 0 个，其中优良 0 个；一般项目 19 个，其中优良 16 个，本分项工程质量优良率为 84%，本分项工程被评为优良级					

监理单位：_____　建设单位：_____　质检部门：_____　工地：_____　年　月

（2）平台、梯子的安装（表 5－22）

表 5－22　分项工程质量检验评定表

工程编号：　　　　　性质：主要　　　　　分项工程名称：　　　　　　　　共　页第　页

工序	检验指标			性质	质量标准/mm		实际检测结果/mm	单项评定
					合格	优良		
设备检查	设备外观				主要构件无裂纹、重皮、严重锈蚀、损伤		外观达标	优良
	平台	长度偏差			0‰～2‰长度且≤10		3,5	优良
		宽度偏差			±5		2,1	优良
		弯曲度	$L<6$ m		≤6		2,3	优良
			6 m≤L≤10 m		≤10		8,9	优良
			$L>10$ m		≤12			
	扶梯	长度偏差			±10		−7,5	优良
		弯曲度	平弯		≤5		4,5	优良
			旁弯				6,3	合格
平台梯子组合安装	厂家焊缝				符合《验标》（焊接篇）规定		符合	优良
	平台标高偏差				±10		−1,−2	优良
	平台托架水平度偏差				≤2‰长度		2,2	优良
	两平台连接高低差				≤5		2,2	优良
	平台与立柱中心线偏差				±10		−2,1	优良
栏杆围板安装	栏杆柱子	垂直度偏差			≤3		2,3	优良
		柱距			间距均匀、符合设计		均匀合理	优良
	横杆平直度偏差				≤10		8,6	优良
	栏杆接头				光洁、无毛刺		达标	合格
	围板安装				平直无明显凹凸不平		正常	合格
	焊接				符合《验标》（焊接篇）规定		符合要求	优良
分项总评	共检验主要项目 0 个，其中优良 0 个；一般项目 19 个，其中优良 16 个，本分项工程质量优良率为 84%，本分项工程被评为优良级							

监理单位：_____　建设单位：_____　质检部门：_____　工地：_____　年　月

5. 灰渣室安装(分项工程)

(1)灰渣室的组合(表5-23)

表5-23　分项工程质量检验评定表

工程编号:　　　　性质:主要　　　　分项工程名称:　　　　　　　　　共 页第 页

工序	检验指标	性质	质量标准/mm 合格	质量标准/mm 优良	实际检测结果/mm	单项评定
	设备外观检查		主要构件无裂纹、重皮、严重锈蚀、损伤		无缺陷	优良
立柱组合安装	纵横中心线偏差	主要	±5	±3	-4,5	合格
立柱组合安装	柱距偏差	主要	≤1‰柱距且≤10	≤0.7‰柱距且≤7	3,4	优良
立柱组合安装	垂直度偏差		≤1‰柱距且≤15	≤0.7‰柱距且≤10	3,3	优良
框架组合安装	长(宽)度偏差		±10	±5	-5,6	合格
框架组合安装	对角线偏差	主要	≤15	≤10	12,13	合格
灰渣室安装	灰渣室标高偏差		±5	±3	-2,3	优良
灰渣室安装	喷水器		方向、位置符合设计,孔眼畅通			
灰渣室安装	冲灰喷嘴		方向、位置符合设计,连接丝扣严密不漏			
灰渣室安装	门、孔		符合《验标》4~13要求		符合要求	优良
灰渣室安装	灰渣门操作装置		转动灵活、能全开全关		灵活正确	优良
灰渣室安装	焊接		符合《验标》(焊接篇)规定		符合要求	优良
灰渣室安装	灌水试验	主要	严密不漏		试验合格	优良
分项总评	共检验主要项目4个,其中优良2个;一般项目7个,其中优良6个,本分项工程质量优良率为86%,本分项工程被评为合格级					

监理单位:_____　建设单位:_____　质检部门:_____　工地:_____　年　月

(2)灰渣室的安装(表5-24)

表5-24　分项工程质量检验评定表

工程编号:　　　　性质:主要　　　　分项工程名称:　　　　　　　　　共 页第 页

工序	检验指标	性质	质量标准/mm 合格	质量标准/mm 优良	实际检测结果/mm	单项评定
	设备外观检查		主要构件无裂纹、重皮、严重锈蚀、损伤		符合外观要求	优良
立柱组合安装	纵横中心线偏差	主要	±5	±3	-3,-2	优良
立柱组合安装	柱距偏差	主要	≤1‰柱距且≤10	≤0.7‰柱距且≤7	8,7	合格
立柱组合安装	垂直度偏差		≤1‰柱距且≤15	≤0.7‰柱距且≤10	10,9	优良

表 5 – 24（续）

工序	检验指标	性质	质量标准/mm 合格	质量标准/mm 优良	实际检测结果/mm	单项评定
框架组合安装	长(宽)度偏差		±10	±5	3,5	优良
	对角线偏差	主要	≤15	≤10	12,13	合格
灰渣室安装	灰渣室标高偏差		±5	±3	−1,1	优良
	喷水器		方向、位置符合设计,孔眼畅通			
	冲灰喷嘴		方向、位置符合设计,连接丝扣严密不漏			
	门、孔		符合《验标》要求		符合要求	优良
	灰渣门操作装置		转动灵活、能全开全关		正常	优良
	焊接		符合《验标》(焊接篇)规定		符合要求	优良
	灌水试验	主要	严密不漏		严密不漏	优良
分项总评	共检验主要项目4个,其中优良2个;一般项目7个,其中优良6个,本分项工程质量优良率为86%,本分项工程被评为合格级					

监理单位:＿＿＿＿ 建设单位:＿＿＿＿ 质检部门:＿＿＿＿ 工地:＿＿＿＿ 年 月

5.2.2 锅炉受热面安装质量验评(分部工程)

锅炉受热面安装分部工程质量检验评定见表 5 – 25。

表 5 – 25 分部工程质量检验评定表

工程编号:＿＿＿＿＿＿＿＿ 性质:主要 分部工程名称:受热面安装

序号	分项工程名称	性质	分项工程质量等级	分部工程优良率/%
1	汽包安装	主要		
2	水冷壁安装	主要		
3	过热器安装	主要		
4	省煤器安装	主要		
5	锅炉整体水压试验	主要		
分部工程质量评定	本分部共有＿＿＿＿个分项工程。主要分项＿＿＿＿个,评优良级＿＿＿＿个;一般分项＿＿＿＿个,评优良级＿＿＿＿个。评＿＿＿＿级			

监理单位:＿＿＿＿ 建设单位:＿＿＿＿ 质检部门:＿＿＿＿ 工地:＿＿＿＿ 年 月

1. 汽包安装(分项工程)

(1)汽包检查、画线(表 5 – 26)

表 5 – 26　分项工程质量检验评定表

工程编号：　　　　　性质：主要　　　　　分项工程名称：　　　　　　　共　　页第　　页

工序	检验指标		性质	质量标准/mm		实际检测结果/mm	单项评定
				合格	优良		
汽包检查、画线	汽包筒体	外观	主要	无裂纹、重皮及疤痕,凹陷及麻坑深度不超过 4 mm		无缺陷	优良
		材质		符合厂家设计		符合要求	优良
		壁厚				符合要求	优良
		焊缝		符合技术标准要求		符合要求	优良
	接管座	位置		符合厂家设计要求		符合要求	优良
		管头高度				符合要求	优良
		管头外径	主要			符合要求	优良
		管头壁厚	主要			符合要求	优良
		管头坡度				符合要求	优良
		管头角度	主要			符合要求	优良
		管座焊缝	主要	符合技术标准要求		符合要求	优良
		内部清洁		无尘土、锈皮、金属余屑等杂物		内部干净	优良
	筒体全长弯曲度	$L < 5$ m		≤5		1,1,2	优良
		5 m≤L<7 m		≤7			
		7 m≤L<10 m		≤10			
		10 m≤L<15 m		≤15			
		L≥15 m		≤20			
	人孔门接合面			平整、无径向贯穿性伤痕,局部伤痕≤0.5 mm		平整、无伤	优良
	其他焊缝		主要	符合技术标准要求		符合标准要求	优良
	汽包画线		主要	两端有汽包中心标志(铳眼),并沿汽包长度画线出中心线		按要求、有标志	优良
分项总评	共检验主要项目 7 个,其中优良 7 个;一般项目 6 个,其中优良 6 个,本分项工程质量优良率为 100%,本分项工程被评为优良级						

监理单位：_____　　建设单位：_____　　质检部门：_____　　工地：_____　　年　　月

（2）汽包安装（表5-27）

表5-27 分项工程质量检验评定表

工程编号：　　　　　　性质：主要　　　　　　分项工程名称：　　　　　　　　共　页第　页

工序	检验指标	性质	质量标准/mm		实际检测结果/mm	单项评定
			合格	优良		
汽包安装	标高偏差	主要	±5	±3	2,2	优良
	纵横中心线偏差	主要	≤2	≤1	-1,1	优良
	轴向中心位置偏差	主要	±5	±3	-2,1	优良
	纵向中心位置偏差	主要	±5	±3	1,-1	优良
	汽包吊环与汽包外圈接触		在90°接触角圆弧应吻合，个别间隙≤2		合理、达标	优良
	吊挂装置	主要	符合通用标准要求		符合要求	优良
分项总评	共检验主要项目5个，其中优良5个；一般项目1个，其中优良1个，本分项工程质量优良率为100%，本分项工程被评为优良级					

监理单位：　　　　　　建设单位：　　　　　　质检部门：　　　　　　工地：　　　　　　年　　月

（3）汽包内部装置安装（表5-28）

表5-28 分项工程质量检验评定表

工程编号：　　　　　　性质：主要　　　　　　分项工程名称：　　　　　　　　共　页第　页

工序	检验指标	性质	质量标准		实际检测结果	单项评定
			合格	优良		
零部件检查	数量		齐全		齐全	优良
	外观		无明显伤痕、严重锈蚀、变形		外观合格	优良
内部装置安装	连接隔板		严密不漏		隔板合格	优良
	法兰连接		严密、连接件有止退装置		连接合理	优良
	汽包内部清洁	主要	无尘土、锈皮、金属余屑、积水、焊渣		清洁、干净	优良
	焊接		符合锅炉制造技术标准规定		焊接合格	合格
	人孔门安装	主要	螺栓丝扣、垫圈法兰等均涂有黑铅粉类润滑剂、法兰垫摆正、无偏斜，螺栓紧固、受力均匀		按要求安装	优良
分项总评	共检验主要项目2个，其中优良2个；一般项目5个，其中优良4个，本分项工程质量优良率为80%，本分项工程被评为优良级					

监理单位：　　　　　　建设单位：　　　　　　质检部门：　　　　　　工地：　　　　　　年　　月

2. 水冷壁安装(分项工程)

(1)水冷壁组合(表5－29)

表5－29　分项工程质量检验评定表

工程编号:　　　　　性质:主要　　　　分项工程名称:　　　　　　　　共　页第　页

工序	检验指标		性质	质量标准/mm		实际检测结果/mm	单项评定
				合格	优良		
设备检查	设备检查		主要	符合通用标准要求		符合要求	优良
	刚性梁	弯曲度		≤10		2,3	优良
		扭曲值				1,1	优良
组合	联箱画线			联箱两端画线出纵横中心线,且有中心标志(铳眼)		按要求	优良
	管子对口		主要	符合通用标准要求		符合要求	优良
	组件总体通球试验		主要	符合《锅炉规范》要求		符合要求	优良
	联箱纵横水平度偏差		主要	≤2		2,1	优良
	组合件宽度偏差	宽度≤3 m		符合《锅炉规范》要求		符合要求	优良
		宽度＞3 m				符合要求	优良
	组合件长度偏差			±10		−2,5	优良
	联箱间中心线垂直距离偏差			±3		3,4	合格
	组合件对角线差		主要	≤10	≤7	6,7	优良
	管排平整度偏差			±5		1,−1	优良
	火口嘴纵横中心线偏差			±10		5,4	优良
	刚性梁标高偏差			±5		−1,3	优良
	刚性梁与受热面管中心距离偏差			±5		2,3	优良
	刚性梁与水冷壁连接			符合图纸、无漏焊、错焊、膨胀自如		符合图纸、膨胀自如	优良
	焊接		主要	符合《验标》(焊接篇)规定		符合要求	优良
	密封件			符合图纸、平整、牢固,煤油试验严密不漏		符合要求	优良
	组件水压试验		主要	严密不漏		试验合格	优良
分项总评	共检验主要项目7个,其中优良7个;一般项目13个,其中优良12个,本分项工程质量优良率为92%,本分项工程被评为优良级						

监理单位:＿＿＿＿＿　建设单位:＿＿＿＿＿　质检部门:＿＿＿＿＿　工地:＿＿＿＿＿　年　　月

（2）水冷壁组合件安装（表5－30）

表5－30　分项工程质量检验评定表

工程编号：　　　　　性质:主要　　　　　分项工程名称：　　　　　　　共　　页第　　页

工序	检验指标		性质	质量标准/mm		实际检测结果/mm	单项评定
				合格	优良		
水冷壁组合件安装	联箱标高偏差		主要	±5	±3	－2,3	优良
	联箱纵横水平度偏差		主要	≤2		2,2	优良
	联箱纵横中心线与炉中心距离偏差		主要	±5	±3	2,2	优良
	联箱中心线距离偏差			±5	±3	－4,1	合格
	管排垂直度偏差			≤1‰长度且≤15	≤0.7‰长度且≤10	8,6	优良
	吊挂装置		主要	符合通用标准要求		符合要求	优良
	联箱内部清洁		主要	无尘土、锈皮、积水、金属余屑等杂物		无杂物等	优良
	连接装置			符合图纸、膨胀自如		膨胀自如	优良
	密封件			符合图纸、平整、牢固，煤油试验严密不漏		合格	优良
	焊接			符合《验标》（焊接篇）规定		符合要求	优良
分项总评	共检验主要项目5个，其中优良5个；一般项目5个，其中优良4个，本分项工程质量优良率为80%，本分项工程被评为优良级						

监理单位：＿＿＿＿＿　　建设单位：＿＿＿＿＿　　质检部门：＿＿＿＿＿　　工地：＿＿＿＿＿　　年　　月

（3）降水管安装（表5－31）

表5－31　分项工程质量检验评定表

工程编号：　　　　　性质：　　　　　分项工程名称：　　　　　　　共　　页第　　页

工序	检验指标		性质	质量标准/mm		实际检测结果/mm	单项评定
				合格	优良		
设备检查	设备检查		主要	符合通用标准要求		符合要求	优良
	阀门检查		主要	符合《验标》（管道篇）规定		符合要求	优良
安装	管子对口		主要	符合通用标准要求		对口合格	优良
	立管垂直度偏差			≤2‰，且≤15		3,3	优良
	水平管弯曲度	DN≤100		DN≤1‰,且DN≤20		12,6	合格
		DN＞100		DN≤1.5‰,且DN≤20			
	成排管段间距偏差			±5		－1,3	优良
	管排平整度偏差			≤10		3,7	优良

表 5 – 31（续）

工序	检验指标	性质	质量标准/mm		实际检测结果/mm	单项评定
			合格	优良		
安装	支吊架		符合图纸、安装牢固、位置正确		符合且牢固	优良
	阀门		符合《验标》(管道篇)规定		符合规定	优良
	焊接	主要	符合《验标》(焊接篇)规定		符合规定	优良
分项总评	共检验主要项目 4 个，其中优良 4 个；一般项目 6 个，其中优良 5 个，本分项工程质量优良率为 83%，本分项工程被评为优良级					

监理单位：_____　建设单位：_____　质检部门：_____　工地：_____　　年　月

(4)蒸发管安装(表 5 – 32)

表 5 – 32　分项工程质量检验评定表

工程编号：　　　　性质：　　　　分项工程名称：　　　　　　　　　　共　页第　页

工序	检验指标		性质	质量标准/mm		实际检测结果/mm	单项评定
				合格	优良		
设备检查	设备检查		主要	符合通用标准要求		设备检查合格	优良
	阀门检查		主要	《验标》(管道篇)规定		阀门符合规定	优良
安装	管子对口		主要	符合通用标准要求		对口合格	优良
	立管垂直度偏差			≤2‰,且≤15		11,12	合格
	水平管弯曲度	$DN≤100$		$DN≤1‰$,且 $DN≤20$		6,8	优良
		$DN>100$		$DN≤1.5‰$,且 $DN≤20$			
	成排管段间距偏差			±5		-4,3	优良
	管排平整度偏差			≤10		5,8	优良
	支吊架			符合图纸、安装牢固、位置正确		按要求	优良
	阀门			符合《验标》(管道篇)规定		符合规定	优良
	焊接		主要	符合《验标》(焊接篇)规定		符合规定	优良
分项总评	共检验主要项目 4 个，其中优良 4 个；一般项目 6 个，其中优良 5 个，本分项工程质量优良率为 83%，本分项工程被评为优良级						

监理单位：_____　建设单位：_____　质检部门：_____　工地：_____　　年　月

3.过热器安装(分项工程)

(1)过热器组合(表5-33)

表5-33　分项工程质量检验评定表

工程编号:　　　　　　　性质:主要　　　　　分项工程名称:　　　　　　　　　　共　页第　页

工序	检验指标	性质	质量标准/mm		实际检测结果/mm	单项评定
			合格	优良		
过热器组合	设备检查	主要	符合通用标准要求		符合规定	优良
	联箱画线		在联箱两端面有纵横中心线,中心点有标记(铣眼);在锅炉对称中心位置有标记(铣眼)		按要求	优良
	蛇形管排通球试验	主要	符合《锅炉规范》规定		符合规范、合格	优良
	管子对口	主要	符合通用标准要求		符合规定	优良
	联箱纵横水平度偏差	主要	≤3		3,2	优良
	联箱纵向中心线不垂直度和水平距离偏差	主要	±5	±3	1,-2	优良
	联箱间对角线差	主要	≤10	≤5	4,3	优良
	管排间距偏差		±5		-3,4	优良
	组合件宽度偏差		±10		6,8	优良
	管排平整度偏差		≤20		14,12	优良
	附件(梳形板、管卡、吊挂铁板等)组合		符合图纸、安装牢固、整齐		附件安装合格	优良
	焊接		符合《验标》(焊接篇)规定		符合规定	优良
分项总评	共检验主要项目6个,其中优良6个;一般项目6个,其中优良6个,本分项工程质量优良率为100%,本分项工程被评为优良级					

监理单位:_____　建设单位:_____　质检部门:_____　工地:_____　年　月

(2)过热器安装(表5-34)

表5-34　分项工程质量检验评定表

工程编号:　　　　　　　性质:主要　　　　　分项工程名称:　　　　　　　　　　共　页第　页

工序	检验指标	性质	质量标准/mm		实际检测结果/mm	单项评定
			合格	优良		
过热器安装	联箱标高偏差	主要	±5	±3	-3,-2	优良
	联箱纵横水平度偏差	主要	≤3		3,2	优良
	联箱纵横中心线与炉中心距离偏差	主要	±5	±3	-2,-2	优良
	联箱纵向中心线垂直度和水平距离偏差	主要	±5	±3	2,3	优良

表 5－34（续）

工序	检验指标	性质	质量标准/mm 合格	优良	实际检测结果/mm	单项评定
过热器安装	边缘管与炉墙间隙	主要	符合图纸要求		符合图纸要求	优良
	蛇形管底部弯头向下膨胀间隙	主要	符合图纸要求		符合图纸要求	优良
	联箱内部清洁	主要	无尘土、锈皮、积水、金属余屑等杂物		无锈皮等杂物	优良
	吊挂装置	主要	符合通用标准要求		符合要求	优良
分项总评	共检验主要项目 8 个，其中优良 8 个；一般项目　个，其中优良　个，本分项工程质量优良率为　%，本分项工程被评为优良级					

监理单位：＿＿＿＿　建设单位：＿＿＿＿　质检部门：＿＿＿＿　工地：＿＿＿＿　年　月

（3）减温器安装（表 5－35）

表 5－35　分项工程质量检验评定表

工程编号：　　　性质：主要　　　分项工程名称：　　　　　共　页第　页

工序	检验指标		性质	质量标准/mm 合格	优良	实际检测结果/mm	单项评定
设备检查	外观检查			无裂纹、撞伤、龟裂、压扁、砂眼、分层		无缺陷	优良
	外表局部缺陷深度	接管座		≤10% 设计厚度		按要求	合格
		联箱筒体		≤1		无缺陷	优良
	联箱接管座位置、外形尺寸			符合图纸要求		符合图纸要求	优良
	联箱接管座内部清洁			无尘土、锈皮、积水、金属余屑等杂物		无杂物	优良
	联箱画线			联箱两端面有纵横中心线标志（铣眼）		做好标记	优良
	减温器喷管			喷孔畅通、喷头方向正确		检查合格	合格
	合金钢元件材质		主要	符合厂家设计要求		符合要求	优良
安装	联箱标高偏差		主要	±5	±3	－3,2	优良
	联箱纵横水平度偏差		主要	≤3		3,3	优良
	联箱纵横中心线与炉中心线距离偏差		主要	±5	±3	－1,－1	优良
	吊挂装置		主要	符合通用标准要求		符合要求	优良
	联箱内部清洁		主要	无尘土、锈皮、积水、金属余屑等杂物		无尘土等杂物	优良
分项总评	共检验主要项目 6 个，其中优良 6 个；一般项目 7 个，其中优良 5 个，本分项工程质量优良率为 71%，本分项工程被评为合格级						

监理单位：＿＿＿＿　建设单位：＿＿＿＿　质检部门：＿＿＿＿　工地：＿＿＿＿　年　月

（4）集汽联箱安装（表5-36）

表5-36 分项工程质量检验评定表

工程编号： 性质： 分项工程名称： 共 页第 页

工序	检验指标		性质	质量标准/mm		实际检测结果/mm	单项评定
				合格	优良		
设备检查	外观检查			无裂纹、撞伤、龟裂、压扁、砂眼、分层		外观合格	优良
	外表局部缺陷深度	接管座		≤10%设计厚度		达标	优良
		联箱筒体		≤1		符合、无大缺陷	优良
	联箱接管座位置、外形尺寸			符合图纸要求		符合图纸要求	优良
	联箱接管座内部清洁			无尘土、锈皮、积水、金属余屑等杂物		无积水等杂物	优良
	联箱画线			联箱两端面有纵横中心线标志（铣眼）		正常画线	优良
	减温器喷管			喷孔畅通、喷头方向正确		检查良好	合格
	合金钢元件材质		主要	符合厂家设计要求		符合要求	优良
安装	联箱标高偏差		主要	±5	±3	-2,-2	优良
	联箱纵横水平度偏差		主要	≤3		2,3	优良
	联箱纵横中心线与炉中心线距离偏差		主要	±5	±3	-1,-2	优良
	吊挂装置		主要	符合通用标准要求		符合规定	优良
	联箱内部清洁		主要	无尘土、锈皮、积水、金属余屑等杂物		无杂物	优良
分项总评	共检验主要项目6个，其中优良6个；一般项目7个，其中优良6个，本分项工程质量优良率为86%，本分项工程被评为优良级						

监理单位：_____ 建设单位：_____ 质检部门：_____ 工地：_____ 年 月

4. 省煤器安装（分项工程）

（1）省煤器组合（表5-37）

表5-37 分项工程质量检验评定表

工程编号： 性质： 分项工程名称： 共 页第 页

工序	检验指标	性质	质量标准/mm		实际检测结果/mm	单项评定
			合格	优良		
设备检查	设备检查	主要	符合通用标准要求		符合规定	优良
	联箱画线		联箱两端有纵横中心线标志（铣眼）		有标记	优良
	管子对口	主要	符合通用标准要求		符合规定	优良
	蛇形管排通球试验	主要	符合《锅炉规范》规定		符合规定	优良
	联箱纵横水平度偏差	主要	≤3		2,2	优良

表 5 – 37（续）

工序	检验指标		性质	质量标准/mm		实际检测结果/mm	单项评定
				合格	优良		
设备检查	上下联箱纵向中心线间距离偏差	垂直方向	主要	±5	±3	3,3	优良
		水平方向				−1,1	优良
	联箱中心线至蛇形管弯头距离偏差			±10	±7	−5,6	优良
	组合件各平面对角线差		主要	≤10	≤7	6,5	优良
	管排间距偏差			±5		−3,2	优良
	组合件边排管垂直度偏差			≤5	≤3	5,3	合格
	组合件宽度偏差			±5		−4,3	优良
	管排平整度偏差			≤20		12,14	优良
	防磨装置			符合图纸、焊接牢固、平整，不影响热膨胀		按要求	优良
	焊接		主要	符合《验标》（焊接篇）规定		符合规定	优良
	组件严密性试验		主要	符合《锅炉规范》规定		符合规定	优良
分项总评	共检验主要项目 8 个，其中优良 8 个；一般项目 7 个，其中优良 6 个，本分项工程质量优良率为 86%，本分项工程被评为优良级						

监理单位：＿＿＿＿＿　建设单位：＿＿＿＿＿　质检部门：＿＿＿＿＿　工地：＿＿＿＿＿　年　　月

（2）省煤器安装（表 5 – 38）

表 5 – 38　分项工程质量检验评定表

工程编号：　　　　　性质：　　　　　分项工程名称：　　　　　共　页第　页

工序	检验指标	性质	质量标准/mm		实际检测结果/mm	单项评定
			合格	优良		
省煤器安装	联箱标高误差	主要	±5	±3	−3，−2	优良
	联箱纵横水平度偏差	主要	≤3		3,2	优良
	联箱纵横中心线与炉中心线距离偏差		±5	±3	−1,3	优良
	组件边排管与炉墙间隙	主要	符合图纸要求		符合图纸要求	优良
	联箱内部清洁	主要	无尘土、锈皮、积水、金属余屑等杂物		无杂物	优良
	防磨装置		符合图纸要求、焊接牢固、平整，不影响热膨胀		合格	合格
	吊排装置	主要	符合规定		符合规定	优良
分项总评	共检验主要项目 5 个，其中优良 5 个；一般项目 2 个，其中优良 1 个，本分项工程质量优良率为 50%，本分项工程被评为合格级					

监理单位：＿＿＿＿＿　建设单位：＿＿＿＿＿　质检部门：＿＿＿＿＿　工地：＿＿＿＿＿　年　　月

（3）给水管安装（表5－39）

表5－39 分项工程质量检验评定表

工程编号： 性质： 分项工程名称： 共 页第 页

工序	检验指标		性质	质量标准/mm		实际检测结果/mm	单项评定
				合格	优良		
设备检查	设备检查		主要	符合通用标准要求		符合要求	优良
	阀门检查		主要	《验标》（管道篇）		符合要求	优良
安装	管子对口		主要	符合通用标准要求		符合要求	优良
	立管垂直度偏差			≤2‰,且≤15		6 8	优良
	水平管弯曲度	$DN≤100$		$DN≤1‰$,且$DN≤20$		12,10	合格
		$DN＞100$		$DN≤1.5‰$,且$DN≤20$			
	成排管段间距偏差			±5		－2,1	优良
	管排平整度偏差			≤10		7,3	优良
	支吊架			符合图纸、安装牢固、位置正确		合格、合理	优良
	阀门			符合《验标》（管道篇）规定		符合规定	优良
	焊接		主要	符合《验标》（焊接篇）规定		符合规定	优良
分项总评	共检验主要项目4个,其中优良4个;一般项目6个,其中优良5个,本分项工程质量优良率为83%,本分项工程被评为优良级						

监理单位：＿＿＿＿＿ 建设单位：＿＿＿＿＿ 质检部门：＿＿＿＿＿ 工地：＿＿＿＿＿ 年 月

5.锅炉整体水压试验（分项工程,表5－40）

表5－40 分项工程质量检验评定表

工程编号： 性质： 分项工程名称： 共 页第 页

工序	检验指标		性质	质量标准		实际检测结果	单项评定
				合格	优良		
锅炉整体水压试验	实验压力		主要	符合《锅炉规范》要求		按要求进行	优良
	水质			符合技术文件和电厂化学水规范要求		水质合格	优良
	水温	一般		不低于制造厂要求且≤80℃		35℃	优良
		合金钢受压元件		符合设备技术文件和蒸汽锅炉监察规程规定		符合要求	优良
	试验环境温度			≥5℃		22℃	优良
	试验程序			符合《锅炉规范》规定		按规定	优良
	严密性检查		主要	承压件及所有焊缝、人孔、手孔、法兰、阀门等处不渗漏、无变形破裂		检查合格	优良
	试验后恢复			应及时放水、按技术文件规定采取防腐措施;及时消除水压试验时发现的缺陷		及时恢复,及时处理	合格

表 5 – 40（续）

工序	检验指标	性质	质量标准		实际检测结果	单项评定
			合格	优良		
分项总评	共检验主要项目 2 个,其中优良 2 个;一般项目 6 个,其中优良 5 个,本分项工程质量优良率为 83%,本分项工程被评为优良级					

监理单位:＿＿＿＿＿　建设单位:＿＿＿＿＿　质检部门:＿＿＿＿＿　工地:＿＿＿＿　年　月

5.2.3 锅炉附属管道与设备安装验评（分部工程）

锅炉附属管道与设备分部工程质量检验评定见表 5 – 41。

表 5 – 41　分部工程质量检验评定表

工程编号:＿＿＿＿＿　　　　　性质:主要　　分部工程名称:锅炉附属管道及设备安装

序号	分项工程名称	性质	分项工程质量等级	分部工程优良率/%
1	给水管道安装	主要		
2	排污管道及设备安装	主要		
3	上水、放水、排空管道安装			
4	排汽管道安装			
5	取样管道及设备安装			
6	加药管道及设备安装			
7	锅炉工业水管道安装			
8	锅炉房内冲洗水、除尘水管道安装			
9	锅炉本体附件安装	主要		
分部工程质量评定	本分部共有＿＿＿＿＿个分项工程。主要分项＿＿＿＿＿个,评优良级＿＿＿＿＿个;一般分项＿＿＿＿＿个,评优良级＿＿＿＿＿个。评＿＿＿＿＿级			

监理单位:＿＿＿＿＿　建设单位:＿＿＿＿＿　质检部门:＿＿＿＿＿　工地:＿＿＿＿　年　月

1. 给水管道安装（分项工程）

给水管安装、减温水管安装见《火电施工质量检验与评定标准》（管道篇）部分。

2. 排污管道及设备安装（分项工程）

（1）定期排污管道安装、连续排污管道安装（表 5 – 42）

表 5 – 42　分项工程质量检验评定表

工程编号:＿＿＿＿　　性质:＿＿＿＿　分项工程名称:＿＿＿＿　　　共　页第　页

工序	检验指标	性质	质量标准/mm		实际检测结果/mm	单项评定
			合格	优良		
管子及管道附件检查	管材	主要	符合设计		符合设计	优良
	管子外观		无裂纹、撞伤、龟裂、压扁、砂眼、分层;外表局部损伤深度 ≤10% 管壁设计厚度		外观合格	优良

表 5 - 42（续）

工序	检验指标		性质	质量标准/mm		实际检测结果/mm	单项评定
				合格	优良		
管子及管道附件检查	合金钢元件材质		主要	无错用		无差错	优良
	管子外径、壁厚			符合设计要求		符合设计要求	优良
	管子内部清洁		主要	无尘土、锈皮、积水、金属余屑等杂物		无杂物	优良
	阀门检验			符合《验标》（管道篇）规定		符合要求	优良
	弯头配制			符合《验标》（加工篇）规定		符合要求	优良
	支吊架配制			符合《验标》（管道篇）规定		符合要求	优良
安装	管道布置	规划布局		统筹规划、布局合理		合理	优良
		管线走向		走线短捷、不影响通道、整齐、美观		走向美观	优良
		与母管连接		不同压力的排污疏放水管道不接入同一母管		没有	合格
		热膨胀补偿		应满足运行要求		满足	优良
	支吊架布置			布置合理、结构牢固、不影响管系的热膨胀		合理	优良
	阀门布置			位置便于操作和检修、阀门排列整齐、间隙均匀		布置合理	优良
	管子对口			符合通用标准要求		符合要求	优良
	水平管弯曲度	$DN \leqslant 100$ mm		$DN \leqslant 1‰$长度且$DN \leqslant 20$		8,8,9,5	优良
		$DN > 100$ mm		$DN \leqslant 1.5‰$长度且$DN \leqslant 20$			
	立管垂直度偏差			$\leqslant 2‰$长度且$\leqslant 15$		达到要求	合格
	成排管段			排列整齐、间隙均匀		齐整均匀	合格
	管道坡向、坡度			符合设计要求		符合设计要求	优良
	管道热膨胀		主要	能自由热膨胀、并不影响锅炉本体部件的热膨胀		膨胀自如	优良
管道附件安装	阀门			符合《验标》（管道篇）规定		符合要求	优良
	放水漏斗			位置便于检查、有滤网及上盖、固定牢固、工艺美观		合格合理	优良
	支吊架			符合《验标》（管道篇）规定		符合要求	优良
	法兰连接			结合面平整、无贯穿性划痕、加垫正确、法兰对接平行、同心；螺栓受力均匀、丝扣露出 2～3 扣		连接正确合理	合格
	取样管蒸汽取样器			安装方向正确		取样器合理	优良
	消音器安装			符合设计要求、安装牢固			
	焊接			符合《验标》（焊接篇）规定		合格	优良
分项总评	共检验主要项目 4 个，其中优良 4 个；一般项目 23 个，其中优良 19 个，本分项工程质量优良率为 83%，本分项工程被评为优良级						

监理单位：_____   建设单位：_____   质检部门：_____   工地：_____   年   月

（2）定期排污扩容器安装、连续排污扩容器安装（表5－43）

表5－43　分项工程质量检验评定表

工程编号：　　　　　性质：　　　　　分项工程名称：　　　　　　　　　　共　页第　页

工序	检验指标	性质	质量标准/mm		实际检测结果/mm	单项评定
			合格	优良		
设备检查	规格型号		符合设计技术文件		符合设计要求	优良
	设备外观		无裂纹、变形、损伤等缺陷		无变形等	优良
	筒体接管		尺寸、接管中心与筒体角度均符合图纸、法兰面无倾斜		按规定	优良
	筒体与各接管内部清扫		无杂物		无	优良
安装	位置		符合设计要求		符合设计要求	优良
	方向				符合设计要求	优良
	筒体垂直度偏差		≤5		在5 mm以内	优良
	与基础连接		牢固		牢固可靠	优良
分项总评	共检验主要项目____个，其中优良____个；一般项目8个，其中优良8个，本分项工程质量优良率为100%，本分项工程被评为优良级					

监理单位：　　　　　建设单位：　　　　　质检部门：　　　　　工地：　　　　　年　月

3. 上水、放水及排空管道安装（分项工程）

（1）事故放水管道安装表；

（2）高压疏水管道安装表；

（3）低压疏水管道安装表；

（4）冷炉上水管道安装表；

（5）反冲洗管道安装表；

（6）放空气管道安装按照表5－42的标准执行验评。

4. 排汽管道安装（分项工程）

安全阀排气管道安装按照表5－42的标准执行验评。

5. 取样管道及设备安装（分项工程）

（1）取样冷却器安装（表5－44）

表5－44　分项工程质量检验评定表

工程编号：　　　　　性质：　　　　　分项工程名称：　　　　　　　　　　共　页第　页

工序	检验指标	性质	质量标准		实际检测结果	单项评定
			合格	优良		
取样冷却器安装	冷却器盘管严密试验	主要	严密不漏		严密不漏	优良
	冷却器、槽体安装		制作符合设计、工艺美观；位置正确、横平竖直；便于取样；槽体严密不漏水；固定牢靠		达到要求	合格

表 5 – 44(续)

工序	检验指标	性质	质量标准		实际检测结果	单项评定
			合格	优良		
分项总评	共检验主要项目 1 个,其中优良 1 个;一般项目 1 个,其中优良 0 个,本分项工程质量优良率为 0%,本分项工程被评为合格级					

监理单位:_____ 建设单位:_____ 质检部门:_____ 工地:_____   年   月

(2)取样管道安装按照表 5 – 42 的标准执行验评。

(3)冷却水及排水管道安装见《验标》(管道篇)部分。

6. 加药管道及设备安装(分项工程)

(1)加药箱(罐)安装(表 5 – 45)

表 5 – 45 分项工程质量检验评定表

工程编号:_____ 性质:_____ 分项工程名称:_____   共 页第 页

工序	检验指标	性质	质量标准		实际检测结果	单项评定
			合格	优良		
加药箱(罐)安装	箱(罐)外观		符合设计、无变形、锈蚀等缺陷		符合设计要求、无缺陷	优良
	箱(罐)灌水试验		严密不漏		试验合格	优良
	箱(罐)安装		位置正确、横平竖直、固定牢固		安装位置等正确	优良
	液位计安装		液位计应无堵塞、泄露		液位计完好	优良
	操作平台梯子安装		符合《验标》中相关规定		按照要求	合格
分项总评	共检验主要项目____个,其中优良____个;一般项目 5 个,其中优良 4 个,本分项工程质量优良率为 80%,本分项工程被评为优良级					

监理单位:_____ 建设单位:_____ 质检部门:_____ 工地:_____   年   月

(2)加药管道安装按照表 5 – 42 的标准执行验评。

7. 锅炉工业水管道安装(分项工程)(见《验标》(管道篇)部分)

8. 锅炉房内冲洗水管道安装(分项工程)(见《验标》(管道篇)部分)

9. 锅炉本体附件安装(分项工程)

(1)汽包水面计安装(表 5 – 46)

表 5 – 46 分项工程质量检验评定表

工程编号:_____ 性质:_____ 分项工程名称:_____   共 页第 页

工序	检验指标	性质	质量标准/mm		实际检测结果	单项评定
			合格	优良		
水位计检查	本体外观		部件无变形、裂纹、损伤等缺陷;螺丝无滑扣、弯曲、裂纹等缺陷;螺丝与螺母配合良好		外观合格、无缺陷	优良

表 5 - 46（续）

工序	检验指标		性质	质量标准/mm		实际检测结果	单项评定
				合格	优良		
水位计检查	盖板接合面		主要	严整、严密光滑，接触均匀		严滑均匀	优良
	各汽水阀门		主要	阀芯与阀座密封面严密、填料装填正确、阀门开关灵活		合理、填料正确、完整	优良
	云母片外观		主要	优质、透明、平直、均匀、无斑点、皱纹、裂纹、弯曲		达标	优良
	云母片总厚度	工作压力 <9.8 Mpa		0.8 ~ 1.0		0.8 mm	合格
		工作压力 ≥9.8 Mpa		1.2 ~ 1.5			
	盖板接合面垫片			宜采用紫铜垫，且平整		符合要求	优良
	水位计水压试验		主要	无渗漏		试验合格	优良
	一般要求			位置正确、横平竖直		正确平直	优良
	水位计和汽包连通管安装			符合《锅炉规范》要求		符合规范	优良
	水位线偏差			±1		不超过规定	合格
	水位线标志			正常、高低水位线明显		有标志	优良
	罩壳安装			符合图纸要求、固定牢靠		符合要求、结实	优良
分项总评	共检验主要项目 4 个，其中优良 4 个；一般项目 7 个，其中优良 5 个，本分项工程质量优良率为 72%，本分项工程被评为合格级						

监理单位：_____　　建设单位：_____　　质检部门：_____　　工地：_____　　年　　月

（2）安全阀安装（表 5 - 47）

表 5 - 47　分项工程质量检验评定表

工程编号：　　　　性质：　　　　　分项工程名称：　　　　　　　　共　　页第　　页

工序	检验指标		性质	质量标准/mm		实际检测结果	单项评定
				合格	优良		
检查	合金部件材质		主要	无错用		无错用	优良
	部件加工精度、粗糙度			符合设备技术文件要求		符合技术文件	优良
	合金螺栓硬度试验			符合《锅炉规范》要求		符合规范	优良
	阀体外观			无砂眼、裂纹		无	优良
	弹簧检查	材质		符合设备技术文件要求		符合要求	优良
		外观		无裂纹、分层，两端面与弹簧中心线垂直		无缺陷	优良
		外形检查		符合设备技术文件要求		符合要求	优良
	弹簧压缩试验	全压缩试验		绘出弹簧特性曲线，且试验结果符合厂家技术文件要求		曲线合理达到设计要求	合格
		工作服核试验					

表 5 – 47（续）

工序	检验指标	性质	质量标准/mm		实际检测结果	单项评定
			合格	优良		
检查	阀瓣和阀座接合面	主要	无麻点、沟槽,接触良好		无缺陷	优良
	阀杆弯曲度		≤0.1/1000		达标	优良
	部件配合间隙		符合设备技术文件要求		符合要求	优良
	主安全阀活塞室外观		无裂纹、沟槽		无缺陷	优良
	开启行程		符合设备技术文件要求		符合要求	优良
安装	法兰连接		接合面平整、加垫正确,螺栓受力均匀,丝扣露出 2~3 扣		连接正确	优良
	脉冲阀电磁装置与传动杠杆		位置正确、牢固可靠		正确可靠	合格
分项总评	共检验主要项目 2 个,其中优良 2 个;一般项目 13 个,其中优良 11 个,本分项工程质量优良率为 85%,本分项工程被评为优良级					

监理单位:_____　　建设单位:_____　　质检部门:_____　　工地:_____　　　　年　　月

（3）压力表安装（表 5 – 48）

表 5 – 48　分项工程质量检验评定表

工程编号:　　　　　性质:　　　　　分项工程名称:　　　　　　　　共　　页第　　页

工序	检验指标	性质	质量标准		实际检测结果	单项评定
			合格	优良		
压力表安装	压力表安装		指示灵活、准确,固定牢靠,便于观察、维护		经过校验、合格	优良
	压力表管安装		符合《验标》(锅炉篇)中的相关规定		符合规定	优良
分项总评	共检验主要项目____个,其中优良____个;一般项目 2 个,其中优良 2 个,本分项工程质量优良率为 100%,本分项工程被评为优良级。					

监理单位:_____　　建设单位:_____　　质检部门:_____　　工地:_____　　　　年　　月

（4）膨胀指示器安装（表 5 – 49）

表 5 – 49 分项工程质量检验评定表

工程编号:　　　　　性质:　　　　　分项工程名称:　　　　　　　　共　　页第　　页

工序	检验指标	性质	质量标准		实际检测结果	单项评定
			合格	优良		
膨胀指示器安装	指示器元件		指示盘刻度清晰,零位明显;指针有足够刚性,有尖端		刻度清晰、元件合格	优良
	指示器安装	主要	位置正确、牢固、工艺美观,不影响通路,不妨碍锅炉热部件膨胀,零位已校正		位置正确、工艺美观	优良
分项总评	共检验主要项目 1 个,其中优良 1 个;一般项目 1 个,其中优良 1 个,本分项工程质量优良率为 100%,本分项工程被评为优良级					

监理单位:_____　　建设单位:_____　　质检部门:_____　　工地:_____　　　　年　　月

5.2.4 烟、风、煤系统设备与管道验评(分部工程)

烟、风、煤系统设备与管道验评分部工程质量检验评定见表5-50。

表5-50 分部工程质量检验评定表

工程编号:　　　　　　　　　　性质:　　　　分部工程名称:烟、风道及附属设备安装

序号	分项工程名称	性质	分项工程质量等级	分部工程优良率/%
1	烟道安装			
2	风道安装			
3	稻壳输送管道安装			
分部工程质量评定	本分部共有_____个分项工程。主要分项_____个,评优良级_____个;一般分项_____个,评优良级_____个。评_____级			

监理单位:_____ 建设单位:_____ 质检部门:_____ 工地:_____ 年 月

1.烟道安装(分项工程)

(1)烟道组合、安装(表5-51)

表5-51 分项工程质量检验评定表

工程编号:　　　性质:　　　分项工程名称:　　　　　　　共 页第 页

工序	检验指标		性质	质量标准/mm		实际检测结果/mm	单项评定
				合格	优良		
烟道组合、安装	加工件检查			符合《验标》(加工配制篇)要求		按要求配制	优良
	组件长度偏差			≤2‰长度,且≤10		12,9	合格
	组件弯曲度			≤2‰长度,且≤10		7,9	优良
	管道对口			对口间隙均匀,端头气割表面修理平整,对口错位≤1 mm,管壁厚度 $S \geq 5$ mm 时应加工坡口		按要求	优良
	安装标高偏差			±20		12,11,7,9	优良
	管道安装纵横位置偏差			±30		-18,22	优良
	管道内部清洁			无杂物、临时加固、支撑切割干净		清洁干净	优良
	伸缩节	波形伸缩节	主要	冷拉设计按规定,密封板焊接方向与介质流向一致		按设计合格	合格
		套筒伸缩节	主要	有足够膨胀量,密封良好			
	防爆门		主要	位置、方向正确,防爆膜厚度及制作符合设计要求		正确	优良
	锁气器			位置、方向正确,动作灵活		正确	优良
	木屑分离器			符合设计要求		符合设计要求	优良

表 5 −51（续）

工序	检验指标	性质	质量标准/mm		实际检测结果/mm	单项评定
			合格	优良		
烟道组合、安装	闸门挡板安装		开关灵活、开度符合设计,关闭严密,轴头上有与挡板位置一致的刻痕		灵活合理正确	优良
	支吊架		《验标》(管道篇)		符合要求	优良
	法兰连接		法兰面平整,加垫正确,螺栓受力均匀,丝扣露出长度一致		连接合理	优良
	焊缝严密性试验	主要	严密不漏		严密不漏	优良
	焊接	主要	符合《验标》(焊接篇)规定		合格	优良
分项总评	共检验主要项目 5 个,其中优良 4 个;一般项目 12 个,其中优良 11 个,本分项工程质量优良率为 92% ,本分项工程被评为合格级					

监理单位：_____   建设单位：_____   质检部门：_____   工地：_____   年   月

（2）烟道操作装置安装（表 5 −52）

表 5 −52　分项工程质量检验评定表

工程编号：　　　　　　性质：　　　　　　分项工程名称：　　　　　　　　　　　共　　页第　　页

工序	检验指标	性质	质量标准		实际检测结果	单项评定
			合格	优良		
烟道操作装置安装	操作装置布置		符合设计要求、位置正确、排列整齐、操作方便		符合设计要求、布置合理	优良
	万向接头连接管角度		≤30°		角度合理	合格
	钢丝绳传动的操作装置		导向滑车位置正确、钢丝绳在滑车中无卡涩、索卡牢固		正确	优良
	传动装置动作试验		操作灵活可靠		灵活可靠	优良
	开关标记		开度指示明显清晰		清晰明显	优良
分项总评	共检验主要项目____个,其中优良____个;一般项目 5 个,其中优良 4 个,本分项工程质量优良率为 80% ,本分项工程被评为优良级					

监理单位：_____   建设单位：_____   质检部门：_____   工地：_____   年   月

2. 风道安装（分项工程）

风道组合、安装见表 5 −51；风道操作装置安装见表 5 −52。

3. 稻壳输送管道安装（分项工程）

（1）输送管道组合、安装（表 5 −51）；

（2）输送管道操作装置安装（表 5 −52）。

（3）稻壳控制门安装（表 5 −53）

表 5 − 53 分项工程质量检验评定表

工程编号：　　　　　性质：　　　　　分项工程名称：　　　　　　　　共　页第　页

工序	检验指标	性质	质量标准		实际检测结果	单项评定
			合格	优良		
稻壳控制门安装	设备制造质量		符合《验标》(加工配制篇)规定		质量合格、符合标准	优良
	法兰连接		加垫正确、严密不漏、螺栓受力均匀、丝扣露出一致		连接正确、可靠	优良
	闸门开关检查		开关灵活、开度符合设计、操作方便		灵活方便	优良
分项总评	共检验主要项目____个,其中优良 3 个,本分项工程质量优良率为 100%,本分项工程被评为优良级					

监理单位：_____　　建设单位：_____　　质检部门：_____　　工地：_____　　年　　月

▶ 任务实施

按照给定任务,确定锅炉本体施工工序质量控制点,根据技术资料和工程内业,在实训室模拟现场进行复核,完成如下任务：

1. 对锅炉本体安装分项工程评定结果进行统计；
2. 对本项目单位工程、分部工程进行评定。

任务 5.3　锅炉机组除尘器安装(单位工程)

▶ 学习目标

知识目标

1. 掌握锅炉机组除尘器的构成及特性；
2. 解构锅炉除尘器验评标准。

能力目标

1. 熟练进行锅炉除尘器验评；
2. 建构锅炉除尘器验评模型。

素质目标

1. 养成主人翁的责任意识；
2. 形成协作、互助工作能力。

▶ 任务描述

给定 × × 清河泉生物质能源热电有限公司三台 DHL35 − 3.82/450 − S 型蒸汽锅炉、设备及系统安装工程锅炉机组除尘器安装工程内业和相关技术资料。

▶ **知识导航** ···•

单位工程质量检验评定见表 5 – 54。

表 5 – 54　单位工程质量检验评定表

工程编号：　　　　　　　　　　　　　　　　　　　　单位工程名称：锅炉机组除尘器安装

构成	分部工程名称	性质	分部工程质量等级	单位工程质量评分
静态验评	除尘器安装			
动态验评				
单位工程质量评定	本单位工程静态质量评定_____分,动态质量评定_____分;共计_____分,质量总评_____			

监理单位：_____　　建设单位：_____　　质检部门：_____　　工地：_____　　　　年　　月

5.3.1　锅炉机组除尘器安装质量验评(分部工程)

锅炉机组除尘器安装分部工程质量检验评定见表 5 – 55。

表 5 – 55　分部工程质量检验评定表

工程编号：　　　　　　　　　　　　性质：　　　　　　　　　分部工程名称：除尘器安装

序号	分项工程名称	性质	分项工程质量等级	分部工程优良率/%
1	除尘器安装			
2	除尘器传动装置安装	主要		
3	除尘器传动装置分部试运	主要		
分部工程质量评定	本分部共有_____个分项工程。主要分项_____个,评优良级_____个;一般分项_____个,评优良级_____个。评_____级			

监理单位：_____　　建设单位：_____　　质检部门：_____　　工地：_____　　　　年　　月

1. 除尘器安装(分项工程,表 5-56)

表 5-56 分项工程质量检验评定表

工程编号:　　　　性质:　　　　分项工程名称:　　　　　　　共　页第　页

工序	检验指标	性质	质量标准/mm		实际检测结果/mm	单项评定
			合格	优良		
	加工件检查		符合《验标》(加工配制篇)规定		符合要求	优良
筒体组合	总长偏差		≤2‰长度		达标	优良
	对口工艺		对口间隙均匀端头气割表面修理平整,对口错位≤1,端面应加工坡口		对口合格	优良
筒体安装	标高偏差		±20		12,12,14,8	优良
	纵横位置偏差		±30		-22,20	优良
	内部清洁		无杂物		清洁无杂物	优良
	喷嘴					
	溅水板					
	法兰连接		法兰面平整、加垫正确、螺栓受力均匀、露出长度一致		连接合理	优良
	严密性试验		严密不漏		严密	优良
	支吊架		符合《验标》(管道篇)相关规定		符合规定	优良
	焊接		符合《验标》(焊接篇)规定		符合规定	优良
	冷态喷水试验	主要				
分项总评	共检验主要项目____个,其中优良____个;一般项目 10 个,其中优良 10 个,本分项工程质量优良率为 100%,本分项工程被评为优良级					

监理单位:_____　建设单位:_____　质检部门:_____　工地:_____　年　月

2. 除尘器传动装置安装(分项工程,表 5-57)

表 5-57 分项工程质量检验评定表

工程编号:　　　　性质:　　　　分项工程名称:　　　　　　　共　页第　页

工序	检验指标	性质	质量标准		实际检测结果	单项评定
			合格	优良		
设备检查	部件外观		无裂纹、严重损伤、变形		无缺陷	优良
	减速机单机空转		齿轮箱无杂音、不漏油、不发热		无异常	优良
安装	传动轮对轮安装		符合通用标准要求		符合	优良
	振打锤安装					
分项总评	共检验主要项目____个,其中优良____个;一般项目 3 个,其中优良 3 个,本分项工程质量优良率为 100%,本分项工程被评为优良级					

监理单位:_____　建设单位:_____　质检部门:_____　工地:_____　年　月

3.除尘器传动装置分部试运(分项工程,表5-58)

表5-58 分项工程质量检验评定表

工程编号: 　　　　性质: 　　　　分项工程名称: 　　　　　　　共　页第　页

工序	检验指标		性质	质量标准		实际检测结果	单项评定
				合格	优良		
除尘器传动装置分部试运	一般要求			转动部分运行平稳、无异常声响、振动;减速机不漏油		一切正常	优良
	轴承温度	滑动轴承		≤65 ℃		在合理范围	合格
		滚动轴承		≤80 ℃			
	震动锤工况			动作灵活、振打位置正确			
	分部试运时间		主要	按设备技术文件规定、无规定时不少于8 h		12 h	合格
	严密性试验	焊缝	主要	严密不漏		严密	优良
		门孔处	主要			严密不漏	优良
分项总评	共检验主要项目3个,其中优良2个;一般项目3个,其中优良1个,本分项工程质量优良率为33%,本分项工程被评为合格级						

监理单位:_____ 建设单位:_____ 质检部门:_____ 工地:_____ 年 月

❯ 任务实施 ···•

按照给定任务,确定锅炉机组除尘器施工工序质量控制点,根据技术资料和工程内业,在实训室模拟现场进行复核,完成如下任务:对锅炉工程项目中锅炉机组除尘器安装项目进行评定,并编制表格。

任务5.4 锅炉整体风压试验(单位工程)

❯ 学习目标 ···•

知识目标

1.掌握锅炉整体风压试验的步骤;

2.解构锅炉整体风压验评标准。

能力目标

1.熟练进行锅炉整体风压验评;

2.建构锅炉整体风压验评模型。

素质目标

1.养成主人翁的责任意识;

2.形成协作、互助工作能力。

▶ **任务描述** ⋯⋯⋯⋯⋯⋯⋯⋯⋯⋯⋯⋯⋯⋯⋯⋯⋯⋯⋯⋯⋯⋯•

　　给定××清河泉生物质能源热电有限公司三台 DHL35 - 3.82/450 - S 型蒸汽锅炉、设备及系统安装工程锅炉整体风压试验内业和相关技术资料。

▶ **知识导航** ⋯⋯⋯⋯⋯⋯⋯⋯⋯⋯⋯⋯⋯⋯⋯⋯⋯⋯⋯⋯⋯⋯•

　　单位工程质量检验评定见表 5 - 59。

表 5 - 59　单位工程质量检验评定表

工程编号：　　　　　　　　　　　　　　　　　　单位工程名称：锅炉整体风压试验

构成	分部工程名称	性质	分部工程质量等级	单位工程质量评分
静态验评	锅炉整体风压试验	主要		
动态验评				
单位工程质量评定	本单位工程静态质量评定＿＿＿＿分,动态质量评定＿＿＿＿分;共计＿＿＿＿分,质量总评＿＿＿＿			

监理单位：＿＿＿　建设单位：＿＿＿　质检部门：＿＿＿　工地：＿＿＿　　年　　月

5.4.1　锅炉整体风压试验质量验评(分部工程)

锅炉整体风压试验分部工程质量检验评定见表 5 - 60。

表 5 - 60　分部工程质量检验评定表

工程编号：　　　　　　　　　性质：主要　　　　　分部工程名称：锅炉整体风压试验

序号	分项工程名称	性质	分项工程质量等级	分部工程优良率/%
1	锅炉整体风压试验	主要		
单位工程质量评定	本单位工程静态质量评定＿＿＿＿分,动态质量评定＿＿＿＿分;共计＿＿＿＿分,质量总评＿＿＿＿			

监理单位：＿＿＿　建设单位：＿＿＿　质检部门：＿＿＿　工地：＿＿＿　　年　　月

1.锅炉整体风压试验(分项工程,表5-61)

表 5 - 61　分项工程质量检验评定表

工程编号:　　　　性质:　　　　分项工程名称:　　　　　　　共　页第　页

工序	检验指标		性质	质量标准		实际检测结果	单项评定
				合格	优良		
锅炉整体风压试验	试验压力			设备技术文件规定。无规定时可按高于炉膛工作压力 50 mm H_2O 进行正压试验		符合技术文件	优良
	风压试验程序			符合批准的风压试验措施		符合技术措施	优良
	气密性	门、孔	主要	严密不漏		严密	优良
		焊缝				严密	优良
		活动密封装置				严密	优良
		挡板				严密	优良
	缺陷记录和处理			有完整的缺陷记录、缺陷应及时、彻底地处理		记录完整	优良
分项总评	共检验主要项目4个,其中优良4个;一般项目3个,其中优良3个,本分项工程质量优良率为100%,本分项工程被评为优良级						

监理单位:_____　建设单位:_____　质检部门:_____　工地:_____　年　月

▶ **任务实施** ···

　　按照给定任务,确定锅炉整体风压试验施工工序质量控制点,根据技术资料和工程内业,在实训室模拟现场进行复核,完成如下任务:对锅炉工程项目中锅炉整体风压试验项目进行评定,并编制表格。

任务 5.5　锅炉辅助机械安装(单位工程)

▶ **学习目标** ···

知识目标
1.掌握锅炉辅助机械的构成及特性;
2.解构锅炉辅助机械验评标准。
能力目标
1.熟练进行锅炉辅助机械验评;
2.建构锅炉辅助机械验评模型。
素质目标
1.养成主人翁的责任意识;

2.形成协作、互助工作能力。

▶ 任务描述

给定××清河泉生物质能源热电有限公司三台 DHL35 – 3.82/450 – S 型蒸汽锅炉、设备及系统安装工程锅炉辅助机械安装工程内业和相关技术资料。

▶ 知识导航

单位工程质量检验评定见表5 – 62。

表5 – 62 单位工程质量检验评定表

工程编号:　　　　　　　　　　　　　　　　单位工程名称:锅炉附属机械安装

构成	分部工程名称	性质	分部工程质量等级	单位工程质量评分
静态验评	锅炉送风机安装	主要		
	锅炉引风机安装	主要		
	稻壳输送风机安装	主要		
	刮板机安装			
	锅炉给水泵安装	主要		
动态验评				
单位工程质量评定	本单位工程静态质量评定_____分,动态质量评定_____分;共计_____分,质量总评_____			

监理单位:_____　建设单位:_____　质检部门:_____　工地:_____　　年　　月

5.5.1 锅炉送风机安装质量验评(分部工程)

锅炉送风机分部工程质量检验评定见表5 – 63。

表5 – 63 分部工程质量检验评定表

工程编号:　　　　　　　　性质:主要　　　　　分部工程名称:锅炉送风机安装

序号	分项工程名称	性质	分项工程质量等级	分部工程优良率/%
1	基础检查画线及垫铁地脚螺栓安装			
2	送风机安装	主要		
3	送风机分部试运	主要		
分部工程质量评定	本分部共有_____个分项工程。主要分项_____个,评优良级_____个;一般分项_____个,评优良级_____个。评_____级			

监理单位:_____　建设单位:_____　质检部门:_____　工地:_____　　年　　月

1.基础检查画线及垫铁地脚螺栓安装1(分项工程,表5-64)

表5-64 分项工程质量检验评定表

工程编号: 性质: 分项工程名称: 共 页第 页

工序	检验指标		性质	质量标准/mm		实际检测结果/mm	单项评定
				合格	优良		
检查	基础几何尺寸			±20		12,10,9,-2	优良
	中心位置偏差			≤20		10,10	优良
	设备安装基础混凝土强度			≥1.15 $R_{标}$		合格	合格
				≥0.95			
画线	基础纵横中心线偏差			±20	±10	-8,4	优良
	中心线距离偏差			±3		-1,-1	优良
	地脚螺栓孔偏差			±10		8,8	优良
	标高偏差			±10	±5	-2,-2	优良
分项总评	共检验主要项目___个,其中优良___个;一般项目7个,其中优良6个,本分项工程质量优良率为86%,本分项工程被评为优良级						

监理单位:_____ 建设单位:_____ 质检部门:_____ 工地:_____ 年 月

基础检查画线及垫铁地脚螺栓安装2(分项工程,表5-65)

表5-65 分项工程质量检验评定表

工程编号: 性质: 分项工程名称: 共 页第 页

工序	检验指标			性质	质量标准/mm		实际检测结果/mm	单项评定
					合格	优良		
垫铁安装	垫铁组面积				符合《锅炉规范》中的计算值		符合要求	优良
	平垫铁几何尺寸	长度			超出机框20		合理	优良
		宽度	一般机械		60~100		30,30	优良
			磨煤机		100~150			
	斜垫铁几何尺寸	斜度			1:10~1:20		按要求	优良
		最薄边厚度			≥4		4,4	优良
		长宽尺寸			同平垫铁		相同	优良
	垫铁表面质量				平整、无毛刺、油污,斜垫铁经机加工		质量无问题	优良
	垫铁设置	放置顺序			放置稳固、厚快放下层、薄快放上层、最薄快夹中间		顺序合理	优良
		垫铁块数			一般≤4		少于3块	优良
		层间接触			接触严密、用0.1 mm塞尺塞入,深度不超过垫铁塞试方向接触长度的20%		接触严密合格	优良
		放置部位			放置位置在设备主受力台板、机框立筋处或地脚螺栓两侧		放置正确	优良

表 5 – 65（续）

工序	检验指标	性质	质量标准/mm 合格	质量标准/mm 优良	实际检测结果/mm	单项评定
垫铁安装	与基础接触面		琢磨平整、接触良好		接触良好	优良
	灌浆前各层垫铁点焊		点焊牢固、不松动		牢固	优良
地脚螺栓安装	地脚螺栓垂直偏差		$\leqslant 1/100L$		垂直偏差合格	优良
	钩（环）头离孔壁距离		底端不碰孔壁		合格	合格
	地脚螺栓、螺母、垫圈安装		接触平整良好、螺母拧紧后螺栓外露 2~3 扣		良好	合格
	紧地脚螺栓时的混凝土强度		$\geqslant 70\%$ 混凝土设计强度		强度达标	优良
	锚板活动地脚螺栓安装		螺栓上端面标明矩形头方向		有标志	合格
分项总评	共检验主要项目____个，其中优良____个；一般项目 18 个，其中优良 15 个，本分项工程质量优良率为 83%，本分项工程被评为优良级。					

监理单位：_____ 建设单位：_____ 质检部门：_____ 工地：_____ 年 月

2. 送风机安装（分项工程，表 5 – 66）

表 5 – 66 分项工程质量检验评定表

工程编号：   性质：   分项工程名称：   共 页第 页

工序	检验指标		性质	质量标准/mm 合格	质量标准/mm 优良	实际检测结果/mm	单项评定
设备检查	叶轮旋转方向、叶片弯曲方向			符合图纸要求		符合要求	优良
	机壳出风口角度			符合图纸要求		符合要求	优良
	机壳、转子外观			无裂纹、砂眼、漏焊		无缺陷	优良
	机壳内部耐磨衬板			牢固、平整、不松动		平整、合理	优良
	入口调节挡板门			零件齐全、无变形、损伤，动作灵活、同步、牢固可靠		无变形	优良
	轴承座与台板接触面			$\geqslant 1$，且均匀		均匀	优良
	轴承冷却水室水压试验		主要	严密不漏		严密	优良
	叶轮与轴承装配			装配正确、不松动		正确	优良
	电机轴瓦	接触角		60~75		合格	合格
		接触面		$\geqslant 1$，且均匀		均匀	优良
	轴承型号及间隙			符合设计要求		符合	优良
	纵横中心偏差			$\leqslant 10$		4,6	优良
	轴中心标高偏差			± 10		-2,3	优良
	轴水平偏差		主要	$\leqslant 0.1$		合格	优良

表5-66（续）

工序	检验指标		性质	质量标准		实际检测结果	单项评定
				合格	优良		
检查安装	叶轮晃动	轴向		符合设备技术文件规定,无规定时≤2		优良	优良
		径向				优良	优良
	机壳各级同心度偏差			≤5		3,5	优良
	机壳与叶轮进风口间隙	轴向		符合图纸规定,无规定时≤2且均匀		优良	优良
		径向				优良	优良
	转子轴与机壳密封间隙			符合图纸规定,并应考虑机壳受热的膨胀位移		留出位移量	优良
	风机轴承	推力间隙		0.3~0.4		推力合理	优良
		膨胀间隙		符合图纸规定		符合规定	优良
	入口调节挡板门	开启方向		开启方向正确		方向正确	优良
		叶轮安装		叶轮固定牢靠、与外壳有充足的膨胀间隙		合格	合格
		调节操作装置		灵活正确,动作一致,开度指示标记与实际相符		相符	合格
	电动机磁力中心偏差		主要	符合设备技术文件规定,无规定时≤1且均匀		符合规定	优良
	联轴节中心偏差		主要	符合《验标》相关规定		符合规定	优良
	分部试运		主要	符合《锅炉规范》要求		符合要求	优良
分项总评	共检验主要项目5个,其中优良5个;一般项目23个,其中优良20个,本分项工程质量优良率为87%,本分项工程被评为优良级						

监理单位:_____ 建设单位:_____ 质检部门:_____ 工地:_____ 年 月

3. 送风机分部试运（分项工程,表5-67）

表5-67 分项工程质量检验评定表

工程编号:_____ 性质:_____ 分项工程名称:_____ 共 页第 页

工序	检验指标	性质	质量标准		实际检测结果	单项评定
			合格	优良		
试运准备	机械及连接系统内部检查		无杂物、且不得有人员在内逗留		无杂物、合格	优良
	各部位螺栓连接		无缺件和松动		正常	优良
	各转动裸露部分防护		保护罩、围栏齐备可靠		齐全	优良
	混凝土二次浇灌层强度		达到设计值		达到设计值	优良
	设备周围环境		无脚手架和其他杂物		良好	优良

表 5 - 67（续）

工序	检验指标		性质	质量标准		实际检测结果	单项评定
				合格	优良		
试运准备	试运现场条件检查	道路		现场通道畅通		畅通	合格
		照明		有必要的照明		明亮	优良
		消防		无易燃、易爆物,有消防器材和设施		无	合格
		通信		试运现场与操作人员通信联络设备齐全		齐全	优良
		器材		能满足试运要求		满足	优良
	冷却水			供回水畅通、水量充足		畅通、充足	
	润滑油	油位		油位适当		适当	优良
		油质		符合设备技术文件规定		符合	优良
试运	电动机空转			旋转方向正确;电流、振动、温升、声响正常		正常	
	轴承温度	滑动轴承	主要	≤65 ℃			优良
		滚动轴承	主要	≤80 ℃		合格	优良
	机械最大双向振幅			符合《锅炉规范》要求		符合	优良
	制动器摩擦器与制动轮			应平行,制动时两闸瓦摩擦副均匀压紧在制动轮上;接触面积≥75%;动作平稳可靠,不过度发热			
	操纵、限制装置			开关标志清晰、开度与实际相符,动作灵活,正确可靠;限位准确		合格	合格
	往复运动部件			整个行程无异常振动、阻滞、走偏现象			
	安全阀、卸荷阀			调整灵活、在设备技术文件规定的范围内应灵敏、正确地动作			
	三角皮带传动			不打滑、不卡边			
	链轮传动			运转平稳、无异常声响			
	润滑油系统			操作调整、油压连锁保护定值、油质符合设备技术文件规定		达到要求	优良
	油泵机械密封装置			符合设备技术文件规定,密封良好,不漏油,不发热		良好	优良
分项总评	共检验主要项目 2 个,其中优良 2 个;一般项目 16 个,其中优良 13 个,本分项工程质量优良率为 81%,本分项工程被评为优良级						

监理单位：_____　　建设单位：_____　　质检部门：_____　　工地：_____　　　年　　月

5.5.2 锅炉引风机安装质量验评(分部工程)

锅炉引风机分部工程质量检验评定见表5-68。

表5-68 分部工程质量检验评定表

工程编号：　　　　　　　性质：主要　　　　　分部工程名称:锅炉引风机安装

序号	分项工程名称	性质	分项工程质量等级	分部工程优良率/%
1	基础检查画线及垫铁地脚螺栓安装			
2	送风机安装	主要		
3	送风机分部试运	主要		
分部工程质量评定	本分部共有_____个分项工程。主要分项_____个,评优良级_____个;一般分项_____个,评优良级_____个。评_____级			

监理单位:_____　建设单位:_____　质检部门:_____　工地:_____　年　月

1. 基础检查画线及垫铁地脚螺栓安装(分项工程,表5-69至表5-70)

表5-69 分项工程质量检验评定表

工程编号：　　　　性质：　　　　分项工程名称：　　　　　共　页第　页

工序	检验指标		性质	质量标准/mm		实际检测结果/mm	单项评定
				合格	优良		
检查	基础几何尺寸			±20		10,10,9,6	优良
	中心位置偏差			≤20		8,8	优良
	设备安装基础混凝土强度			≥1.15 $R_{标}$			
				≥0.95		优良	合格
画线	基础纵横中心线偏差			±20	±10	-8,4	优良
	中心线距离偏差			±3		-1,-1	优良
	地脚螺栓孔偏差			±10		8,8	优良
	标高偏差			±10	±5	-2,-2	优良
分项总评	共检验主要项目____个,其中优良____个;一般项目7个,其中优良6个,本分项工程质量优良率为86%,本分项工程被评为优良级						

监理单位:_____　建设单位:_____　质检部门:_____　工地:_____　年　月

表5-70 分项工程质量检验评定表

工程编号：　　　　性质：　　　　分项工程名称：　　　　　共　页第　页

工序	检验指标			性质	质量标准/mm		实际检测结果/mm	单项评定
					合格	优良		
垫铁安装	垫铁组面积				符合《锅炉规范》中的计算值		符合要求	优良
	平垫铁几何尺寸	长度			超出机框20		合理	优良
		宽度	一般机械		60~100		30,30	优良
			磨煤机		100~150			

表 5 - 70（续）

工序	检验指标		性质	质量标准/mm		实际检测结果/mm	单项评定
				合格	优良		
垫铁安装	斜垫铁几何尺寸	斜度		1:10 ~ 1:20		符合要求	优良
		最薄边厚度		≥4		4,4	优良
		长宽尺寸		同平垫铁		相同	优良
	垫铁表面质量			平整、无毛刺、油污,斜垫铁经机加工		质量无问题	优良
	垫铁设置	放置顺序		放置稳固、厚快放下层、薄快放上层、最薄快夹中间		顺序合理	优良
		垫铁块数		一般≤4		少于3块	优良
		层间接触		接触严密,用0.1 mm塞尺塞入,深度不超过垫铁塞试方向接触长度的20%		接触严密合格	优良
		放置部位		放置位置在设备主受力台板、机框立筋处或地脚螺栓两侧		放置正确	优良
	与基础接触面			琢磨平整、接触良好		接触良好	合格
	灌浆前各层垫铁点焊			点焊牢固、不松动		牢固	优良
地脚螺栓安装	地脚螺栓垂直偏差			≤1/100L		垂直偏差合格	优良
	钩(环)头离孔壁距离			底端不碰孔壁		合格	合格
	地脚螺栓、螺母、垫圈安装			接触平整良好、螺母拧紧后螺栓外露2~3扣		良好	合格
	紧地脚螺栓时的混凝土强度			≥70%混凝土设计强度		强度达标	优良
	锚板活动地脚螺栓安装			螺栓上端面标明矩形头方向		有标志	合格
分项总评	共检验主要项目____个,其中优良____个;一般项目18个,其中优良14个,本分项工程质量优良率为78%,本分项工程被评为合格级						

监理单位:_____   建设单位:_____   质检部门:_____   工地:_____   年   月

2.引风机安装(分项工程,表5-71)

表 5 - 71　分项工程质量检验评定表

工程编号:　　　　　性质:　　　　　分项工程名称:　　　　　　　　　　　　共　页第　页

工序	检验指标	性质	质量标准/mm		实际检测结果/mm	单项评定
			合格	优良		
设备检查	叶轮旋转方向、叶片弯曲方向		符合图纸要求		符合要求	优良
	机壳出风口角度		符合图纸要求		符合要求	优良
	机壳、转子外观		无裂纹、砂眼、漏焊		无缺陷	优良
	机壳内部耐磨衬板		牢固、平整、不松动		平整、合理	优良

表 5 - 71（续）

工序	检验指标		性质	质量标准/mm		实际检测结果/mm	单项评定
				合格	优良		
设备检查	入口调节挡板门			零件齐全、无变形、损伤,动作灵活、同步、牢固可靠		无变形	优良
检查安装	轴承座与台板接触面			≥1,且均匀		均匀	优良
	轴承冷却水室水压试验		主要	严密不漏		严密	优良
	叶轮与轴承装配			装配正确、不松动		正确	优良
	电机轴瓦	接触角		60 ~ 75		合格	合格
		接触面		≥1,且均匀		均匀	优良
	轴承型号及间隙			符合设计要求		符合	优良
	纵横中心偏差			≤10		4,6	优良
	轴中心标高偏差			±10		-2,3	优良
	轴水平偏差		主要	≤0.1		合格	优良
	叶轮晃动	轴向		符合设备技术文件规定,无规定时≤2		优良	优良
		径向				优良	优良
	机壳各级同心度偏差			≤5		3,5	优良
	机壳与叶轮进风口间隙	轴向		符合图纸规定,无规定时≤2且均匀		优良	优良
		径向				优良	优良
	转子轴与机壳密封间隙			符合图纸规定,并应考虑机壳受热的膨胀位移		留出位移量	合格
	风机轴承	推力间隙		0.3 ~ 0.4		推力合理	优良
		膨胀间隙		符合图纸规定		符合规定	优良
	入口调节挡板门	开启方向		开启方向正确		方向正确	优良
		叶轮安装		叶轮固定牢靠、与外壳有充足的膨胀间隙		合格	合格
		调节操作装置		灵活正确,动作一致,开度指示标记与实际相符		相符	合格
	电动机磁力中心偏差		主要	符合设备技术文件规定,无规定时≤1且均匀		符合规定	优良
	联轴节中心偏差		主要	符合《验标》相关规定		符合规定	优良
	分部试运		主要	符合《锅炉规范》要求		符合要求	优良
分项总评	共检验主要项目5个,其中优良5个;一般项目23个,其中优良19个,本分项工程质量优良率为83%,本分项工程被评为优良级						

监理单位:＿＿＿＿＿　建设单位:＿＿＿＿＿　质检部门:＿＿＿＿＿　工地:＿＿＿＿＿　　年　　月

3. 引风机分部试运(分项工程,表 5 – 72)

表 5 – 72　分项工程质量检验评定表

工程编号：　　　　　性质：　　　　　分项工程名称：　　　　　　　　共　页第　页

工序	检验指标		性质	质量标准		实际检测结果	单项评定
				合格	优良		
试运准备	机械及连接系统内部检查			无杂物、且不得有人员在内逗留		无杂物、合格	优良
	各部位螺栓连接			无缺件和松动		正常	优良
	各转动裸露部分防护			保护罩、围栏齐备可靠		齐全	优良
	混凝土二次浇灌层强度			达到设计值		达到设计值	优良
	设备周围环境			无脚手架和其他杂物		良好	优良
	试运现场条件检查	道路		现场通道畅通		畅通	合格
		照明		有必要的照明		明亮	优良
		消防		无易燃、易爆物,有消防器材和设施		无	合格
		通信		试运现场与操作人员通信联络设备齐全		齐全	优良
		器材		能满足试运要求		满足要求	优良
	冷却水			供回水畅通、水量充足		畅通、充足	
	润滑油	油位		油位适当		适当	优良
		油质		符合设备技术文件规定		符合要求	优良
试运	电动机空转			旋转方向正确;电流、振动、温升、声响正常		正常	
	轴承温度	滑动轴承	主要	≤65 ℃			
		滚动轴承	主要	≤80 ℃		合格	优良
	机械最大双向振幅			符合《锅炉规范》要求		符合	优良
	制动器摩擦器与制动轮			应平行,制动时两闸瓦摩擦副均匀压紧在制动轮上;接触面积≥75%;动作平稳可靠,不过度发热			
	操纵、限制装置			开关标志清晰、开度与实际相符,动作灵活,正确可靠;限位准确		合格	合格
	往复运动部件			整个行程无异常振动、阻滞、走偏现象			
	安全阀、卸荷阀			调整灵活、在设备技术文件规定的范围内应灵敏、正确地动作			

表5-72(续)

工序	检验指标	性质	质量标准		实际检测结果	单项评定
			合格	优良		
试运	三角皮带传动		不打滑、不卡边			
	链轮传动		运转平稳、无异常声响			
	润滑油系统		操作调整、油压连锁保护定值、油质符合设备技术文件规定		达到要求	优良
	油泵机械密封装置		符合设备技术文件规定,密封良好,不漏油,不发热		良好	优良
分项总评	共检验主要项目2个,其中优良2个;一般项目15个,其中优良13个,本分项工程质量优良率为87%,本分项工程被评为优良级					

监理单位:_____　　建设单位:_____　　质检部门:_____　　工地:_____　　年　月

5.5.3 锅炉稻壳输送风机安装质量验评(分部工程)

锅炉稻壳输送风机分部工程质量检验评定见表5-73。

表5-73 分部工程质量检验评定表

工程编号:_____　　　　　　性质:主要　　　　　　分部工程名称:稻壳输送风机安装

序号	分项工程名称	性质	分项工程质量等级	分部工程优良率/%
1	基础检查画线及垫铁地脚螺栓安装			
2	稻壳输送风机安装	主要		
3	稻壳输送风机分部试运	主要		
分部工程质量评定	本分部共有_____个分项工程。主要分项_____个,评优良级_____个;一般分项_____个,评优良级_____个。评_____级			

监理单位:_____　　建设单位:_____　　质检部门:_____　　工地:_____　　年　月

1.基础检查画线及垫铁地脚螺栓安装(分项工程,表5-74至表5-75)

表5-74 分项工程质量检验评定表

工程编号:_____　　性质:_____　　分项工程名称:_____　　　　共　页第　页

工序	检验指标	性质	质量标准/mm		实际检测结果/mm	单项评定
			合格	优良		
检查	基础几何尺寸		±20		8,7,6,5	优良
	中心位置偏差		≤20		6,6	优良
	设备安装基础混凝土强度		≥1.15 $R_标$			
			≥0.95		合格	合格

表 5－74（续）

工序	检验指标	性质	质量标准/mm 合格	质量标准/mm 优良	实际检测结果/mm	单项评定
画线	基础纵横中心线偏差		±20	±10	−8，4	优良
	中心线距离偏差		±3		−1，−1	优良
	地脚螺栓孔偏差		±10		8，8	优良
	标高偏差		±10	±5	−2，−2	优良
分项总评	共检验主要项目＿＿＿个，其中优良＿＿＿个；一般项目7个，其中优良6个，本分项工程质量优良率为86%，本分项工程被评为优良级					

监理单位：＿＿＿＿＿　　建设单位：＿＿＿＿＿　　质检部门：＿＿＿＿＿　　工地：＿＿＿＿＿　　年　月

表 5－75　分项工程质量检验评定表

工程编号：　　　　　性质：　　　　　分项工程名称：　　　　　　　　共　页第　页

工序	检验指标			性质	质量标准/mm 合格	质量标准/mm 优良	实际检测结果/mm	单项评定
垫铁安装	垫铁组面积				符合《锅炉规范》中的计算值		符合	优良
	平垫铁几何尺寸	长度			超出机框20		合理	优良
		宽度	一般机械		60～100		30，30	优良
			磨煤机		100～150			
	斜垫铁几何尺寸	斜度			1:10～1:20		符合要求	优良
		最薄边厚度			≥4		4，4	优良
		长宽尺寸			同平垫铁		相同	优良
	垫铁表面质量				平整、无毛刺、油污，斜垫铁经机加工		质量无问题	优良
	垫铁设置	放置顺序			放置稳固、厚快放下层、薄块放上层、最薄快夹中间		顺序合理	优良
		垫铁块数			一般≤4		少于3块	优良
		层间接触			接触严密、用0.1 mm塞尺塞入，深度不超过垫铁塞试方向接触长度的20%		接触严密合格	优良
		放置部位			放置位置在设备主受力台板、机框立筋处或地脚螺栓两侧		放置正确	优良
	与基础接触面				琢磨平整、接触良好		接触良好	优良
	灌浆前各层垫铁点焊				点焊牢固、不松动		牢固	优良
地脚螺栓安装	地脚螺栓垂直偏差				≤1/100L		垂直偏差合格	优良
	钩（环）头离孔壁距离				底端不碰孔壁		合格	合格
	地脚螺栓、螺母、垫圈安装				接触平整良好、螺母拧紧后螺栓外露2～3扣		良好	合格
	紧地脚螺栓时的混凝土强度				≥70%混凝土设计强度		强度达标	优良
	锚板活动地脚螺栓安装				螺栓上端面标明矩形头方向		有标志	合格

表 5 – 75（续）

工序	检验指标	性质	质量标准/mm		实际检测结果/mm	单项评定
			合格	优良		
分项总评	共检验主要项目＿＿个,其中优良＿＿个;一般项目 7 个,其中优良 6 个,本分项工程质量优良率为 86%,本分项工程被评为优良级					

监理单位:＿＿＿＿＿ 建设单位:＿＿＿＿＿ 质检部门:＿＿＿＿＿ 工地:＿＿＿＿＿ 年 月

2. 稻壳输送风机安装(分项工程,表 5 – 76)

表 5 – 76 分项工程质量检验评定表

工程编号: 性质: 分项工程名称: 共 页第 页

工序	检验指标		性质	质量标准/mm		实际检测结果/mm	单项评定
				合格	优良		
设备检查	叶轮旋转方向、叶片弯曲方向			符合图纸要求		符合要求	优良
	机壳出风口角度			符合图纸要求		符合要求	优良
	机壳、转子外观			无裂纹、砂眼、漏焊		无缺陷	优良
	机壳内部耐磨衬板			牢固、平整、不松动		平整、合理	优良
	入口调节挡板门			零件齐全、无变形、损伤,动作灵活、同步、牢固可靠		无变形	优良
检查安装	轴承座与台板接触面			≥1,且均匀		均匀	优良
	轴承冷却水室水压试验		主要	严密不漏		严密	优良
	叶轮与轴承装配			装配正确、不松动		正确	优良
	电机轴瓦	接触角		60 ~ 75		合格	合格
		接触面		≥1,且均匀		均匀	优良
	轴承型号及间隙			符合设计		符合	优良
	纵横中心偏差			≤10		4,6	优良
	轴中心标高偏差			±10		-2,3	优良
	轴水平偏差		主要	≤0.1		合格	优良
	叶轮晃动	轴向		符合设备技术文件规定,无规定时≤2		优良	优良
		径向				优良	优良
	机壳各级同心度偏差			≤5		3,5	优良
	机壳与叶轮进风口间隙	轴向		符合图纸规定,无规定时≤2 且均匀		优良	优良
		径向				优良	优良
	转子轴与机壳密封间隙			符合图纸规定,并应考虑机壳受热的膨胀位移		留出位移量	优良
	风机轴承	推力间隙		0.3 ~ 0.4		推力合理	优良
		膨胀间隙		符合图纸规定		符合规定	优良

表 5 – 76　分项工程质量检验评定表

工程编号：　　　　　性质：　　　　　分项工程名称：　　　　　　　　共　页第　页

工序	检验指标		性质	质量标准/mm		实际检测结果/mm	单项评定
				合格	优良		
检查安装	入口调节挡板门	开启方向		开启方向正确		方向正确	优良
		叶轮安装		叶轮固定牢靠、与外壳有充足的膨胀间隙		合格	合格
		调节操作装置		灵活正确，动作一致，开度指示标记与实际相符		相符	合格
	电动机磁力中心偏差		主要	符合设备技术文件规定，无规定时≤1且均匀		符合规定	优良
	联轴节中心偏差		主要	符合《验标》相关规定		符合规定	优良
	分部试运		主要	符合《锅炉规范》要求		符合要求	优良
分项总评	共检验主要项目5个，其中优良5个；一般项目23个，其中优良20个，本分项工程质量优良率为87%，本分项工程被评为优良级						

监理单位：　　　　　建设单位：　　　　　质检部门：　　　　　工地：　　　　　年　月

3.稻壳输送风机分部试运（分项工程，表 5 – 67）

5.5.4　锅炉刮板机除渣机安装质量验评（分部工程）

锅炉刮板机分部工程质量检验评定见表 5 – 77。

表 5 – 77　分部工程质量检验评定表

工程编号：　　　　　性质：主要　　　　　分部工程名称：刮板机安装

序号	分项工程名称	性质	分项工程质量等级	分部工程优良率/%
1	基础检查画线及垫铁地脚螺栓安装			
2	刮板机安装	主要		
3	刮板机分部试运	主要		
分部工程质量评定	本分部共有＿＿＿＿个分项工程。主要分项＿＿＿＿个，评优良级＿＿＿＿个；一般分项＿＿＿＿个，评优良级＿＿＿＿个。评＿＿＿＿级			

监理单位：　　　　　建设单位：　　　　　质检部门：　　　　　工地：　　　　　年　月

1.基础检查画线及垫铁地脚螺栓安装（分项工程，表 5 – 78 至表 5 – 79）

表 5 – 78　分项工程质量检验评定表

工程编号：　　　　　性质：　　　　　分项工程名称：　　　　　　　　共　页第　页

工序	检验指标	性质	质量标准/mm		实际检测结果/mm	单项评定
			合格	优良		
检查	基础几何尺寸		±20		12,10,9,-2	优良

表 5－78（续）

工序	检验指标	性质	质量标准/mm 合格	质量标准/mm 优良	实际检测结果/mm	单项评定
检查	中心位置偏差		≤20		10,10	优良
	设备安装基础混凝土强度		≥1.15 $R_{标}$		合格	合格
			≥0.95			
画线	基础纵横中心线偏差		±20	±10	−8,4	优良
	中心线距离偏差		±3		−4,−1	合格
	地脚螺栓孔偏差		±10		8,8	优良
	标高偏差		±10	±5	−2,−2	优良
分项总评	共检验主要项目____个,其中优良____个;一般项目7个,其中优良5个,本分项工程质量优良率为71%,本分项工程被评为合格级					

监理单位：＿＿＿＿＿　建设单位：＿＿＿＿＿　质检部门：＿＿＿＿＿　工地：＿＿＿＿＿　年　月

表 5－79　分项工程质量检验评定表

工程编号：　　　　性质：　　　　分项工程名称：　　　　　　　　　共　页第　页

工序	检验指标			性质	质量标准/mm 合格	质量标准/mm 优良	实际检测结果/mm	单项评定
垫铁安装		垫铁组面积			符合《锅炉规范》中的计算值		符合	合格
	平垫铁几何尺寸	长度			超出机框20		合理	优良
		宽度	一般机械		60～100		30,30	优良
			磨煤机		100～150			
	斜垫铁几何尺寸	斜度			1:10～1:20		符合要求	优良
		最薄边厚度			≥4		4,4	优良
		长宽尺寸			同平垫铁		相同	优良
	垫铁表面质量				平整、无毛刺、油污,斜垫铁经机加工		质量无问题	优良
	垫铁设置	放置顺序			放置稳固、厚快放下层、薄快放上层、最薄快夹中间		顺序合理	优良
		垫铁块数			一般≤4		少于3块	优良
		层间接触			接触严密,用0.1 mm塞尺塞入,深度不超过垫铁塞试方向接触长度的20%		接触严密合格	优良
		放置部位			放置位置在设备主受力台板、机框立筋处或地脚螺栓两侧		放置正确	优良
	与基础接触面				琢磨平整、接触良好		接触良好	优良
	灌浆前各层垫铁点焊				点焊牢固、不松动		牢固	优良

表 5 – 79（续）

工序	检验指标	性质	质量标准/mm		实际检测结果/mm	单项评定
			合格	优良		
地脚螺栓安装	地脚螺栓垂直偏差		≤1/100L		垂直偏差合格	优良
	钩(环)头离孔壁距离		底端不碰孔壁		合格	合格
	地脚螺栓、螺母、垫圈安装		接触平整良好、螺母拧紧后螺栓外露2～3扣		良好	合格
	紧地脚螺栓时的混凝土强度		≥70% 混凝土设计强度		强度达标	优良
	锚板活动地脚螺栓安装		螺栓上端面标明矩形头方向		有标志	合格
分项总评	共检验主要项目____个，其中优良____个；一般项目18个，其中优良14个，本分项工程质量优良率为78%，本分项工程被评为合格级					

监理单位：_____　建设单位：_____　质检部门：_____　工地：_____　　年　月

2. 刮板机安装（分项工程，表 5 – 80）

表 5 – 80　分项工程质量检验评定表

工程编号：　　　　性质：　　　　分项工程名称：　　　　　　　　共　页第　页

工序	检验指标		性质	质量标准/mm		实际检测结果/mm	单项评定
				合格	优良		
安装	刮板与底板及两侧间隙		主要	刮板应平整、间隙符合图纸规定，不得发生摩擦		平整合理、符合图纸要求	优良
	链条轨道	水平度偏差		≤2‰长度		优良	优良
		两轨间平行度偏差	主要	≤2		平行度合格	优良
	链条张紧调节装置			装置完好、灵活、松紧调节适当，应留出2/3以上调节余量		有预留、张度合理	优良
	闸板调整门			升降灵活、指示正确		灵活正确	优良
	减速器检查安装		主要	符合通用标准要求		符合要求	优良
	联轴节中心找正		主要	符合通用标准要求		符合要求	优良
	分部试运		主要	符合《锅炉规范》要求和规定		符合规范	优良
分项总评	共检验主要项目5个，其中优良5个；一般项目3个，其中优良3个，本分项工程质量优良率为100%，本分项工程被评为优良级						

监理单位：_____　建设单位：_____　质检部门：_____　工地：_____　　年　月

3. 刮板机分部试运（分项工程表 5 – 67）

5.5.5　锅炉给水泵安装质量验评（分部工程）

锅炉给水泵分部工程质量检验评定见表 5 – 81。

表5-81 分部工程质量检验评定表

工程编号： 性质:主要 分部工程名称:锅炉给水泵安装

序号	分项工程名称	性质	分项工程质量等级	分部工程优良率/%
1	基础检查画线及垫铁地脚螺栓安装			
2	锅炉给水泵安装	主要		
3	锅炉给水泵分部试运	主要		
分部工程质量评定	本分部共有＿＿＿＿个分项工程。主要分项＿＿＿＿个,评优良级＿＿＿＿个;一般分项＿＿＿＿个,评优良级＿＿＿＿个。评＿＿＿＿级			

监理单位:＿＿＿＿ 建设单位:＿＿＿＿ 质检部门:＿＿＿＿ 工地:＿＿＿＿ 年 月

1.基础检查画线及垫铁地脚螺栓安装(分项工程,表5-82至表5-83)

表5-82 分项工程质量检验评定表

工程编号： 性质： 分项工程名称： 共 页第 页

工序	检验指标		性质	质量标准/mm		实际检测结果/mm	单项评定
				合格	优良		
检查	基础几何尺寸			±20		12,10,9,-2	优良
	中心位置偏差			≤20		10,10	优良
	设备安装基础混凝土强度			≥1.15 $R_标$		合格	合格
				≥0.95			
画线	基础纵横中心线偏差			±20	±10	-8,4	优良
	中心线距离偏差			±3		-1,-1	优良
	地脚螺栓孔偏差			±10		8,8	优良
	标高偏差			±10	±5	-2,-2	优良
分项总评	检验主要项目＿＿＿个,其中优良＿＿＿个;一般项目7个,其中优良6个,本分项工程质量优良率为86%,本分项工程被评为优良级						

监理单位:＿＿＿＿ 建设单位:＿＿＿＿ 质检部门:＿＿＿＿ 工地:＿＿＿＿ 年 月

表5-83 分项工程质量检验评定表

工程编号： 性质： 分项工程名称： 共 页第 页

工序	检验指标			性质	质量标准/mm		实际检测结果/mm	单项评定
					合格	优良		
垫铁安装	垫铁组面积				符合《锅炉规范》中的计算值		符合	优良
	平垫铁几何尺寸	长度			超出机框20		合理	优良
		宽度	一般机械		60~100		30,30	优良
			磨煤机		100~150			

表 5 – 83（续）

工序	检验指标		性质	质量标准/mm		实际检测结果/mm	单项评定
				合格	优良		
垫铁安装	斜垫铁几何尺寸	斜度		1:10 ~ 1:20		符合要求	优良
		最薄边厚度		≥4		4,4	优良
		长宽尺寸		同平垫铁		相同	优良
	垫铁表面质量			平整、无毛刺、油污,斜垫铁经机加工		质量无问题	优良
	垫铁设置	放置顺序		放置稳固、厚块放下层、薄快放上层、最薄块夹中间		顺序合理	优良
		垫铁块数		一般≤4		少于3块	优良
		层间接触		接触严密,用 0.1 mm 塞尺塞入,深度不超过垫铁塞试方向接触长度的20%		接触严密合格	优良
		放置部位		放置位置在设备主受力台板、机框立筋处或地脚螺栓两侧		放置正确	优良
	与基础接触面			琢磨平整、接触良好		接触良好	优良
	灌浆前各层垫铁点焊			点焊牢固、不松动		牢固	优良
地脚螺栓安装	地脚螺栓垂直偏差			≤1/100L		垂直偏差合格	优良
	钩(环)头离孔壁距离			底端不碰孔壁		合格	合格
	地脚螺栓、螺母、垫圈安装			接触平整良好、螺母拧紧后螺栓外露 2 ~ 3 扣		良好	合格
	紧地脚螺栓时的混凝土强度			≥70%混凝土设计强度		强度达标	优良
	锚板活动地脚螺栓安装			螺栓上端面标明矩形头方向		有标志	合格
分项总评	共检验主要项目＿＿＿个,其中优良＿＿＿个;一般项目 18 个,其中优良 15 个,本分项工程质量优良率为 83% ,本分项工程被评为优良级						

监理单位:＿＿＿＿　　建设单位:＿＿＿＿　　质检部门:＿＿＿＿　　工地:＿＿＿＿　　年　　月

2. 锅炉给水泵安装(分项工程,表 5 – 84)

表 5 – 84　分项工程质量检验评定表

工程编号:　　　　性质:　　　　分项工程名称:　　　　　　　共　页第　页

工序	检验指标	性质	质量标准		实际检测结果	单项评定
			合格	优良		
设备检查	防冻(防腐)保护液检查		无泄漏		无泄漏	优良
	电机轴及轴承检查		无卡涩现象、盘车手感轻快、均匀		合格	优良
设备安装	泵壳下端法兰面水平偏差	主要	符合技术文件规定		符合规定	优良
	泵与电动机连接螺栓安装	主要	符合技术文件规定		符合规定	优良

表5-84(续)

工序	检验指标	性质	质量标准		实际检测结果	单项评定
			合格	优良		
分部试运	电动机密封冷却水水质	主要	符合设备文件规定		符合规定	优良
	试运数据	主要	符合设备文件规定		符合规定	优良
分项总评	共检验主要项目4个,其中优良4个;一般项目2个,其中优良2个,本分项工程质量优良率为100%,本分项工程被评为优良级					

监理单位:_____ 建设单位:_____ 质检部门:_____ 工地:_____ 年 月

3. 锅炉给水泵分部试运(分项工程,表5-85)

表5-85 分项工程质量检验评定表

工程编号:_____ 性质:_____ 分项工程名称:_____ 共 页第 页

工序	检验指标		性质	质量标准		实际检测结果	单项评定
				合格	优良		
试运准备	机械及连接系统内部检查			无杂物、且不得有人员在内逗留		无杂物、合格	优良
	各部位螺栓连接			无缺件和松动		正常	优良
	各转动裸露部分防护			保护罩、围栏齐备可靠		齐全	优良
	混凝土二次浇灌层强度			达到设计值		达到设计值	优良
	设备周围环境			无脚手架和其他杂物		良好	优良
	试运现场条件检查	道路		现场通道畅通		畅通	合格
		照明		有必要的照明		明亮	优良
		消防		无易燃、易爆物,有消防器材和设施		无	合格
		通信		试运现场与操作人员通信联络设备齐全		齐全	优良
		器材		能满足试运要求		满足	优良
	冷却水			供回水畅通、水量充足		畅通、充足	
	润滑油	油位		油位适当		适当	优良
		油质		符合设备技术文件规定		符合	优良
试运	电动机空转			旋转方向正确;电流、振动、温升、声响正常		正常	
	轴承温度	滑动轴承	主要	≤65 ℃			优良
		滚动轴承	主要	≤80 ℃		合格	优良
	机械最大双向振幅			符合《锅炉规范》要求		符合	优良
	制动器摩擦器与制动轮			应平行,制动时两闸瓦摩擦副均匀压紧在制动轮上;接触面积≥75%;动作平稳可靠,不过度发热			

241

表 5-85（续）

工序	检验指标	性质	质量标准		实际检测结果	单项评定
			合格	优良		
试运	操纵、限制装置		开关标志清晰、开度与实际相符,动作灵活,正确可靠;限位准确			
	往复运动部件		整个行程无异常振动、阻滞、走偏现象			
	安全阀、卸荷阀		调整灵活、在设备技术文件规定的范围内应灵敏、正确地动作			
	三角皮带传动		不打滑、不卡边			
	链轮传动		运转平稳、无异常声响			
	润滑油系统		操作调整、油压连锁保护定值、油质符合设备技术文件规定		达到要求	优良
	油泵机械密封装置		符合设备技术文件规定,密封良好,不漏油,不发热		良好	优良
分项总评	共检验主要项目 2 个,其中优良 2 个;一般项目 15 个,其中优良 13 个,本分项工程质量优良率为 87%,本分项工程被评为优良级					

监理单位:_____ 建设单位:_____ 质检部门:_____ 工地:_____ 年 月

> **任务实施** ··•

　　按照给定任务,确定锅炉辅助机械施工工序质量控制点,根据技术资料和工程内业,在实训室模拟现场进行复核,完成如下任务:

　　1.对锅炉辅助设备安装分项工程评定结果进行统计;

　　2.对本项目单位工程、分部工程进行评定。

任务 5.6　锅炉炉墙砌筑

> **学习目标** ··•

　　知识目标

　　1.掌握锅炉炉墙的类型、组成及性能;

　　2.解构锅炉炉墙砌筑验评标准。

　　能力目标

　　1.熟练进行锅炉炉墙砌筑验评;

　　2.建构锅炉炉墙砌筑验评模型。

素质目标

1. 养成质量、责任意识;

2. 建立协作、创新理念。

● 任务描述 ···●

给定××清河泉生物质能源热电有限公司三台 DHL35－3.82/450－S 型蒸汽锅炉、设备及系统安装工程锅炉炉墙砌筑安装工程内业和相关技术资料。

● 知识导航 ···●

单位工程质量检验评定见表 5－86。

表 5－86 单位工程质量检验评定表

工程编号:　　　　　　　　　　　　　　　　　　　　　单位工程名称:锅炉炉墙砌筑

构成	分部工程名称	性质	分部工程质量等级	单位工程质量评分
静态验评	锅炉本体砌筑	主要		
	灰沟、除尘等铸石板砌筑			
动态验评				
单位工程质量评定	本单位工程静态质量评定_____分,动态质量评定_____分;共计_____分,质量总评_____合格			

监理单位:_____　　建设单位:_____　　质检部门:_____　　工地:_____　　年　月

5.6.1 锅炉炉墙砌筑验评(分部工程)

锅炉炉墙砌筑分部工程质量检验评定见表 5－87。

表 5－87 分部工程质量检验评定表

工程编号:　　　　　　　　　性质:主要　　　　　　　　分部工程名称:锅炉本体砌筑

序号	分项工程名称	性质	分项工程质量等级	分部工程优良率/%
1	水冷壁炉墙砌筑	主要		
2	过热器炉墙	主要		
3	省煤器炉墙			
4	炉顶炉墙	主要		
5	喷燃器炉墙	主要		
6	门孔炉墙			
7	冷灰斗炉墙	主要		
8	灰渣室炉墙			
分部工程质量评定	本分部共有_____个分项工程。主要分项_____个,评优良级_____个;一般分项_____个,评优良级_____个。评_____级			

监理单位:_____　　建设单位:_____　　质检部门:_____　　工地:_____　　年　月

1. 水冷壁炉墙砌筑(分项工程,表5-88)

表5-88　分项工程质量检验评定表(混凝土及抹面)

工程编号:　　　性质:　　　分项工程名称:　　　　　共　页第　页

工序	检验指标	性质	质量标准/mm 合格	质量标准/mm 优良	实际检测结果/mm	单项评定
	保温材料检测	主要	符合通用标准要求		符合要求	优良
钩钉(螺栓)装设	间距(长、宽)偏差		±5		-3,3	优良
	焊接		符合《验标》(焊接篇)规定		符合要求	优良
混凝土铁丝网敷设	固定		焊接、绑扎牢固、平整、无翘边		合格	优良
	搭接		搭接牢固、接头互搭长≥20		合格	优良
保温混凝土层施工	试块试验	主要	符合通用标准要求		符合要求	优良
	混凝土浇筑	主要	捣固均匀		均匀	优良
	表面平整度偏差		≤7		5,4	优良
	表面裂纹		无收缩裂纹		无	优良
	边缘棱角		平直、整齐		整齐	合格
	混凝土养护		符合《锅炉规范》要求		符合要求	优良
抹面层铁丝网敷设	铁丝网固定		与钩钉紧固、焊接牢固,且紧贴在保温层上		达标	优良
	铁丝网搭接		焊接平整、牢固,接头互搭长≥20		合格	合格
抹面层施工	灰浆试块试验		符合通用标准要求		符合要求	优良
	面层外观		平整、光滑、棱角整齐,固定铁件不外露		平整圆滑	优良
	面层平整度偏差		≤5		2,2	
	面层裂纹	主要	无裂纹		无	优良
抹面层外壁温度	环境温度≤25℃	主要	≤50℃		48℃	优良
	环境温度>25℃		≤环境温度+25℃			优良
	炉墙厚度偏差		-10～+15		2,4,6,2	优良
分项总评	共检验主要项目4个,其中优良4个;一般项目15个,其中优良13个,本分项工程质量优良率为87%,本分项工程被评为优良级					

监理单位:_____　建设单位:_____　质检部门:_____　工地:_____　年　月

244

2.过热器炉墙(分项工程,表5-89)

表5-89 分项工程质量检验评定表

工程编号: 　　　　 性质: 　　　　 分项工程名称: 　　　　 共　页第　页

工序	检验指标		性质	质量标准/mm		实际检测结果/mm	单项评定
				合格	优良		
	材料检验		主要	符合通用标准要求		符合要求	优良
钩钉(螺栓)装设	间距(长、宽)偏差			±5		优良	优良
	焊接			符合《验标》(焊接篇)规定		优良	优良
混凝土铁丝网敷设	固定			焊接、绑扎牢固、平整、无翘边		优良	优良
	搭接			搭接牢固、接头搭接≥20		优良	优良
耐火混凝土浇筑	试块检验			符合通用标准要求		优良	优良
	配合比误差	水泥和掺合料		优良		优良	优良
		粗细骨料		±5		按要求	合格
	施工部位杂物清除		主要	清除干净		干净	优良
	混凝土捣固		主要	均匀密实		密实	优良
	混凝土表面平整度误差			≤5		3,3	优良
	混凝土外观			无蜂窝、麻面、孔洞、裂纹		无缺陷	优良
	膨胀缝			按图纸设计要求预留膨胀间隙或填塞填料		符合图纸要求	合格
	混凝土养护			符合《锅炉规范》要求		符合要求	优良
保温混凝土层施工	混凝土试块试验		主要	符合通用标准要求		符合要求	优良
	混凝土捣固			捣固均匀		均匀	优良
	混凝土表面不平整度			≤5		3,3,4,2	优良
	混凝土表面裂纹			无收缩裂纹		无收缩	优良
	混凝土边缘棱角			平直、整齐		整齐	优良
	混凝土养护			符合《锅炉规范》要求		符合	优良
抹面层铁丝网敷设	铁丝网固定			与钩钉(螺栓)紧固并焊接牢靠,且紧贴在保温层上		牢靠	优良
	铁丝网搭接			搭接平整牢固、接头互搭长≥20		合格	优良
抹面层施工	灰浆试块检验			符合通用标准要求		符合要求	优良
	抹面层表面			平整、光滑、棱角齐整、固定铁件不外露		平整圆滑	合格
	抹面层平整度偏差			≤3		2,2	优良
	抹面层裂纹		主要	无裂纹		无裂纹	优良

表 5 – 89（续）

工序	检验指标	性质	质量标准/mm		实际检测结果/mm	单项评定
			合格	优良		
抹面层外壁温度	环境温度 ≤25 ℃	主要	≤50 ℃		48 ℃	优良
	环境温度 >25 ℃		≤环境温度 + 25 ℃			优良
	炉墙厚度偏差		−10 ~ +15		4,5,4,3	优良
分项总评	共检验主要项目6个，其中优良6个；一般项目22个，其中优良19个，本分项工程质量优良率为86%，本分项工程被评为优良级					

监理单位：_____　建设单位：_____　质检部门：_____　工地：_____　年　　月

3. 省煤器炉墙（分项工程，表 5 – 90）

表 5 – 90　分项工程质量检验评定表

工程编号：_____　性质：_____　分项工程名称：_____　　　　　共　页第　页

工序	检验指标		性质	质量标准/mm		实际检测结果/mm	单项评定
				合格	优良		
	材料检验		主要	符合通用标准要求		符合	优良
钢筋配制和绑扎	钢筋材质检查		主要	符合技术文件规定		符合	优良
	清理和涂刷沥青			油垢清除干净、沥青涂刷均匀		干净均匀	优良
	焊接和绑扎		主要	焊接和绑扎牢固		牢固	优良
	间距（长、宽）尺寸偏差			±5		2,3,2,1	优良
	混凝土向火面保护层厚度			≥25		30,32	优良
硬质保温板砌筑	砌筑工艺			砌筑严密、灰浆饱满；一层错缝、二层压缝		饱满、分层	优良
	灰缝宽度			5 ~ 7		6,6,6,6	优良
	平整度偏差			≤5		3,4	优良
保温混凝土浇筑	混凝土试块检验			符合通用标准要求		符合	合格
	混凝土捣固			捣固均匀		均匀	优良
	混凝土表面平整度偏差			≤5		3,1	优良
	混凝土表面裂纹		主要	无收缩裂纹		无	优良
	混凝土边缘棱角			平直、整齐		整齐	优良
	混凝土养护			符合《锅炉规范》要求		符合	优良
耐火混凝土浇筑	混凝土试块检验			符合通用标准要求		符合	合格
	混凝土配合比误差	水泥和掺合料		±2%		按要求	合格
		粗细骨料		±5%		按要求	优良
	部位杂物清除		主要	清除干净		干净	优良
	混凝土捣固			均匀密实		密实	优良

表 5 - 90（续）

工序	检验指标	性质	质量标准/mm		实际检测结果/mm	单项评定
			合格	优良		
耐火混凝土浇筑	混凝土层膨胀缝间距（长、宽）偏差		±5		3,4	优良
	混凝土表面平整度		≥5		5,4	优良
	混凝土表面		无蜂窝、麻面、孔洞、裂纹		无缺陷	优良
	混凝土养护		符合《锅炉规范》要求		符合	优良
混凝土组件外形尺寸	长、宽偏差		−5 ~ +3		−3, −2	合格
	对角线差		≤8		6 4	优良
	平整度偏差		≤5 mm/m	≤3 mm/m	4,3	优良
	水平度偏差		≤5/2000,且全长≤10		8,6	优良
	垂直度偏差		≤3‰,且全高≤15		12,14	合格
	厚度偏差		±10		5,6	优良
分项总评	共检验主要项目 5 个,其中优良 5 个;一般项目 25 个,其中优良 21 个,本分项工程质量优良率为 84%,本分项工程被评为优良级。					

监理单位:_____　　建设单位:_____　　质检部门:_____　　工地:_____　　　年　　月

4.炉顶炉墙(分项工程,表 5 - 89)

5.喷燃器炉墙(分项工程,表 5 - 91)

表 5 - 91　分项工程质量检验评定表

工程编号:　　　　　性质:　　　　　分项工程名称:　　　　　　　　　　共　页第　页

工序	检验指标	性质	质量标准/mm		实际检测结果/mm	单项评定
			合格	优良		
	材料检验	主要	符合通用标准要求		符合要求	优良
钢筋配制和绑扎	钢筋材质检查	主要	符合技术文件规定		符合要求	优良
	清理和涂刷沥青		油垢清除干净、沥青涂刷均匀		干净均匀	优良
钢筋配制和绑扎	焊接和绑扎	主要	焊接和绑扎牢固		牢靠	优良
	间距(长、宽)尺寸偏差		±5		2,3	优良
	混凝土向火面保护层厚度		≥25		32,34	合格
硬质保温板砌筑	砌筑工艺		砌筑严密、灰浆饱满;一层错缝、二层压缝		饱满	优良
	砌块灰缝		5 ~ 7		5,6	优良

表 5 - 91(续)

工序	检验指标		性质	质量标准		实际检测结果	单项评定
				合格	优良		
保温混凝土浇筑	混凝土试块检验			符合通用标准要求		符合要求	合格
	混凝土捣固			捣固均匀		均匀	优良
	混凝土养护			符合《锅炉规范》要求		符合要求	优良
耐火混凝土浇筑	混凝土试块检验		主要	符合通用标准要求		符合要求	优良
	配合比误差	水泥和掺合料		±2%		按要求	合格
		粗细骨料		±5%		按要求	优良
	施工部位杂物清除		主要	清除干净		干净	优良
	混凝土捣固			均匀密实		均匀密实	优良
	混凝土表面			无蜂窝、麻面、孔洞、裂纹		无缺陷	优良
	混凝土养护			符合《锅炉规范》要求		符合要求	合格
分项总评	共检验主要项目 5 个,其中优良 5 个;一般项目 13 个,其中优良 9 个,本分项工程质量优良率为 69%,本分项工程被评为合格级						

监理单位: 建设单位: 质检部门: 工地: 年 月

6. 门孔炉墙(分项工程,表 5 - 92)

表 5 - 92 分项工程质量检验评定表

工程编号: 性质: 分项工程名称: 共 页第 页

工序	检验指标		性质	质量标准		实际检测结果/mm	单项评定
				合格	优良		
	材料检验		主要	符合通用标准要求		符合要求	优良
钢筋配制和绑扎	钢筋材质检查		主要	符合技术文件规定		符合要求	优良
	清理和涂刷沥青			油垢清除干净、沥青涂刷均匀		干净均匀	优良
	焊接和绑扎		主要	焊接和绑扎牢固		牢靠	优良
	间距(长、宽)尺寸偏差			±5 mm		-3,2	合格
耐火混凝土浇筑	混凝土试块检验			符合通用标准要求		符合要求	优良
	配合比误差	水泥和掺合料		±2%		按要求	优良
		粗细骨料		±5%		按要求	优良
	施工部位杂物清除		主要	清除干净		干净	优良
耐火混凝土浇筑	混凝土捣固		主要	均匀密实		密实	优良
	混凝土表面			无蜂窝、麻面、孔洞、裂纹		无缺陷	优良
	混凝土养护			符合《锅炉规范》要求		符合要求	合格
分项总评	共检验主要项目 5 个,其中优良 5 个;一般项目 7 个,其中优良 6 个,本分项工程质量优良率为 86%,本分项工程被评为优良级						

监理单位: 建设单位: 质检部门: 工地: 年 月

7. 冷灰斗炉墙(分项工程,表5-88)

8. 灰渣室炉墙(分项工程,表5-93)

表5-93 分项工程质量检验评定表

工程编号: 性质: 分项工程名称: 共 页第 页

工序	检验指标		性质	质量标准/mm		实际检测结果/mm	单项评定
				合格	优良		
	材料检验		主要	符合通用标准要求		符合要求	优良
钢筋配制和绑扎	钢筋材质检查		主要	符合技术文件规定		符合要求	优良
	清理和涂刷沥青			油垢清除干净、沥青涂刷均匀		干净均匀	优良
	焊接和绑扎		主要	焊接和绑扎牢固		牢靠	优良
	间距(长、宽)尺寸偏差			±5		2,3	优良
	混凝土向火面保护层厚度			≥25		34,35	优良
硬质保温板砌筑	砌筑工艺			砌筑严密、灰浆饱满;一层错缝、二层压缝		饱满	优良
	板砌块灰缝			5~7		6,7	优良
耐火混凝土浇筑	混凝土试块检验			符合通用标准要求		符合要求	合格
	配合比误差	水泥和掺合料		±2%		按要求	优良
		粗细骨料		±5%		按要求	优良
	部位杂物清除		主要	清除干净		干净	优良
	混凝土捣固		主要	均匀密实		均匀	优良
	混凝土层膨胀缝间距(长、宽)偏差			±5		2,2	优良
	混凝土表面平整度偏差			≥5		6,8	优良
	混凝土表面			无蜂窝、麻面、孔洞、裂纹		无	优良
	混凝土养护			符合《锅炉规范》要求		符合要求	合格
分项总评	共检验主要项目5个,其中优良5个;一般项目12个,其中优良10个,本分项工程质量优良率为83%,本分项工程被评为优良级						

监理单位:_____ 建设单位:_____ 质检部门:_____ 工地:_____ 年 月

5.6.2 灰沟、除尘等铸石板砌筑验评(分部工程)

灰沟、除尘等铸石板砌筑分部工程质量检验评定见表5-94。

表 5－94　分部工程质量检验评定表

工程编号：　　　　　　　　　　　　性质：　　　　　分部工程名称:灰沟、除尘等铸石板砌筑

序号	分项工程名称	性质	分项工程质量等级	分部工程优良率/%
1	输送稻壳等燃料管道防磨施工			
2	锅炉灰沟等防磨施工	主要		
3	除尘器防磨施工	主要		
分部工程质量评定	本分部共有＿＿＿＿＿个分项工程。主要分项＿＿＿＿＿个,评优良级＿＿＿＿＿个;一般分项＿＿＿＿＿个,评优良级＿＿＿＿＿个。评＿＿＿＿＿级			

监理单位：＿＿＿＿　　建设单位：＿＿＿＿　　质检部门：＿＿＿＿　　工地：＿＿＿＿　　年　月

1.输送稻壳等燃料管道防磨施工(分项工程,表 5－95)

表 5－95　分项工程质量检验评定表

工程编号：　　　　性质：　　　　分项工程名称：　　　　　　　　　　　　共　页第　页

工序	检验指标		性质	质量标准/mm		实际检测结果/mm	单项评定
				合格	优良		
	管道弯头内部清理		主要	清除干净		干净	优良
防磨混凝土	配合比偏差	水泥和掺合料			±2	按要求	优良
		粗细骨料			±5	按要求	优良
	混凝土捣固		主要	均匀密实		密实	优良
玻璃	玻璃粘贴		主要	粘贴牢固、缝隙、粘贴面饱满		牢固、饱满	优良
	粘贴间隙			≤5		3,5	优良
分项总评	共检验主要项目3个,其中优良3个;一般项目3个,其中优良3个,本分项工程质量优良率为100%,本分项工程被评为优良级						

监理单位：＿＿＿＿　　建设单位：＿＿＿＿　　质检部门：＿＿＿＿　　工地：＿＿＿＿　　年　月

2.锅炉灰沟等防磨施工(分项工程,表 5－96)

表 5－96　分项工程质量检验评定表

工程编号：　　　　性质：　　　　分项工程名称：　　　　　　　　　　　　共　页第　页

工序	检验指标	性质	质量标准/mm		实际检测结果/mm	单项评定
			合格	优良		
锅炉灰沟等防磨施工	胶泥配合比	主要	符合设计要求		符合要求	优良
	铸石板砌筑	主要	砌筑牢固、灰浆饱满		牢固饱满	优良
	铸石板灰缝间隙		≤5		2,3	优良
	铸石板表面平整度		≤5		4,5	优良
	沟道转角砌筑工艺		圆弧平滑		平滑	合格

表 5-96(续)

工序	检验指标	性质	质量标准/mm		实际检测结果/mm	单项评定
			合格	优良		
	铸石板坡度		符合设计规定		符合规定	优良
分项总评	共检验主要项目2个,其中优良2个;一般项目4个,其中优良3个,本分项工程质量优良率为75%,本分项工程被评为合格级					

监理单位:_____ 建设单位:_____ 质检部门:_____ 工地:_____ 年 月

3. 除尘器防磨施工(分项工程,表 5-97)

表 5-97 分项工程质量检验评定表

工程编号: 性质: 分项工程名称: 共 页第 页

工序	检验指标	性质	质量标准/mm		实际检测结果/mm	单项评定
			合格	优良		
除尘器防磨施工	胶的选用	主要	按照设计要求		符合要求	优良
	除尘器内表面除锈	主要	清除干净		干净	优良
	耐磨玻璃板铺设	主要	粘贴牢固、涂胶饱满、无鼓包、裂纹、脱落、层间错缝		合格	合格
	玻璃板之间间隙		≤5		4,5	优良
	玻璃板表面平整度		≤5		5,2	优良
分项总评	共检验主要项目3个,其中优良2个;一般项目2个,其中优良2个,本分项工程质量优良率为100%,本分项工程被评为合格级					

监理单位:_____ 建设单位:_____ 质检部门:_____ 工地:_____ 年 月

> **任务实施** ....

按照给定任务,确定锅炉炉墙砌筑施工工序质量控制点,根据技术资料和工程内业,在实训室模拟现场进行复核,完成如下任务:

1. 对锅炉砌筑分项工程评定结果进行统计;
2. 对本项目单位工程、分部工程进行评定。

任务 5.7 锅炉设备与管道保温(单位工程)

> **学习目标** ....

知识目标
1. 掌握锅炉设备及管道保温的范畴及特性;
2. 解构锅炉设备与管道保温验评标准。

能力目标

1.熟练进行锅炉设备、管道保温验评；

2.建构锅炉设备与管道验评模型。

素质目标

1.养成节能环保意识；

2.积极参与小组学习。

▶任务描述

给定××清河泉生物质能源热电有限公司三台 DHL35 – 3.82/450 – S 型蒸汽锅炉、设备及系统安装工程锅炉设备与管道保温安装工程内业和相关技术资料。

▶知识导航

单位工程质量评定见表 5 – 98。

表 5 – 98　单位工程质量检验评定表

工程编号：　　　　　　　　　　　　　　　　　　　单位工程名称:全厂热力设备及管道保温

构成	分部工程名称	性质	分部工程质量等级	单位工程质量评分
静态验评	锅炉设备及管道保温			
	化学水设备与管道保温			
动态验评				
单位工程质量评定	本单位工程静态质量评定＿＿＿＿＿分,动态质量评定＿＿＿＿＿分;共计＿＿＿＿＿分,质量总评＿＿＿＿＿合格			

监理单位:＿＿＿＿　　建设单位:＿＿＿＿　　质检部门:＿＿＿＿　　工地:＿＿＿＿　　年　　月

5.7.1　锅炉设备与管道保温验评(分部工程)

锅炉设备与管道保温分部工程质量检验评定见表5 – 99。

表 5 – 99　分部工程质量检验评定表

工程编号:　　　　　　　　　　性质:　　　　　　　分部工程名称:锅炉设备及管道保温

序号	分项工程名称	性质	分项工程质量等级	分部工程优良率/%
1	汽包保温	主要		
2	喷燃器保温	主要		
3	细灰斗保温			
4	炉本体联箱保温			
5	空气预热器及转折罩保温	主要		
6	降水管保温			
7	过热器连接管保温			
8	蒸发管保温			
9	给水管道保温	主要		
10	再循环、事故放水管道保温			
11	定期、连续排污扩容器保温			
12	锅炉疏放水管道保温			
13	锅炉排污管道保温			
14	取样管道保温			
15	蒸汽加热管道保温			
16	引风机保温			
17	烟道保温			
18	热风道保温			
19	除尘器保温			
20	锅炉水箱保温	主要		
21	炉阀门、法兰保温			
分部工程质量评定	本分部共有_____个分项工程。主要分项_____个,评优良级_____个;一般分项_____个,评优良级_____个。评_____级			

监理单位:_____　　建设单位:_____　　质检部门:_____　　工地:_____　　年　　月

1.汽包保温(分项工程,表5 – 100)

表 5 – 100　分项工程质量检验评定表

工程编号:　　　　性质:　　　　分项工程名称:　　　　　　　　　共　　页第　　页

工序	检验指标	性质	质量标准/mm		实际检测结果/mm	单项评定
			合格	优良		
	保温材料检验		符合通用标准要求		符合要求	优良

表 5 – 100（续）

工序	检验指标		性质	质量标准/mm		实际检测结果/mm	单项评定
				合格	优良		
钩钉（螺栓）装设	一般部位			符合设计规定、无规定时 200～300		符合要求	优良
	卧式圆罐上半部及设备顶部			符合设计规定、无规定时 400～500		符合要求	优良
	圆罐封头			符合设计规定、无规定时 150～200		符合要求	合格
钩钉焊接				符合《验标》（焊接篇）规定		符合要求	优良
主保温层砌筑	保温瓦砌筑	一般部位		拼砌严密、灰浆饱满、一层错缝、二层压缝		严密饱满	优良
		方形设备四角		砌筑应搭接、垂直砌体应分层、设置牵连钩钉的距离 300～500		棱角分明	优良
	厚度			符合图纸要求		符合要求	合格
	灰缝厚度			5～7		6,5,7,6	优良
	砌块绑扎			绑扎牢靠		牢靠	优良
预留间隙	法兰两侧（拆螺栓）			足够		足够	优良
	支吊架两侧（膨胀）			足够、方向正确		正确	优良
	伸缩节两侧（膨胀）					正确	优良
主保温层铁丝网敷设	铁丝网对接			铁丝网对接牢固、紧贴在主保温层上		牢固	优良
	铁丝网固定			与钩钉连接铁丝无断头		无	合格
	外观检查			表面无鼓包、空层		无	优良
	膨胀缝处理			再膨胀缝处铁丝网应断开		断开	优良
保温层外壁抹面	灰浆试块试验			符合通用标准要求		符合要求	优良
	面层外观			平整光滑、棱角整齐、固定钩钉不外露		圆滑分明	优良
	面层平整度偏差			≤3		2,3	优良
	面层裂纹			无裂纹		无裂纹	优良
分项总评	共检验主要项目____个，其中优良____个；一般项目 21 个，其中优良 18 个，本分项工程质量优良率为 86%，本分项工程被评为优良级						

监理单位：_____　　建设单位：_____　　质检部门：_____　　工地：_____　　年　　月

2. 喷燃器保温(分项工程,表5-101)

表5-101 分项工程质量检验评定表

工程编号:　　　　　　性质:　　　　　分项工程名称:　　　　　　　　　　共　　页第　　页

工序	检验指标		性质	质量标准/mm		实际检测结果/mm	单项评定
				合格	优良		
	保温材料检验			符合通用标准要求		符合要求	合格
钩钉(螺栓)装设	一般部位			符合设计规定、无规定时200~300		符合要求	优良
	卧式圆罐上半部及设备顶部			符合设计规定、无规定时400~500		符合要求	优良
	圆罐封头			符合设计规定、无规定时150~200		符合要求	优良
	钩钉焊接			符合《验标》(焊接篇)规定		符合要求	优良
主保温层砌筑	保温瓦砌筑	一般部位		拼砌严密、灰浆饱满、一层错缝、二层压缝		严密饱满	优良
		方形设备四角		砌筑应搭接、垂直砌体应分层、设置牵连钩钉的距离300~500		棱角分明	优良
	厚度			符合图纸		符合要求	优良
	灰缝厚度			5~7		6,5,7,6	优良
	砌块绑扎			绑扎牢靠		牢靠	优良
预留间隙	法兰两侧(拆螺栓)			足够		足够	优良
	支吊架两侧(膨胀)			足够、方向正确		正确	合格
	伸缩节两侧(膨胀)					正确	合格
主保温层铁丝网敷设	铁丝网对接			铁丝网对接牢固、紧贴在主保温层上		牢固	优良
	铁丝网固定			与钩钉连接铁丝无断头		无	合格
	外观检查			表面无鼓包、空层		无	优良
	膨胀缝处理			再膨胀缝处铁丝网应断开		断开	优良
保温层外壁抹面	灰浆试块试验			符合通用标准要求		符合要求	优良
	面层外观			平整光滑、棱角整齐、固定钩钉不外露		圆滑分明	优良
	面层平整度偏差			≤3		2,3	优良
	面层裂纹			无裂纹		无裂纹	优良
分项总评	共检验主要项目____个,其中优良____个;一般项目21个,其中优良17个,本分项工程质量优良率为81%,本分项工程被评为优良级						

监理单位:_____　　建设单位:_____　　质检部门:_____　　工地:_____　　年　　月

3. 细灰斗保温(分项工程,表5-102)

表5-102 分项工程质量检验评定表

工程编号:　　　　　性质:　　　　　分项工程名称:　　　　　共　页第　页

工序	检验指标		性质	质量标准/mm		实际检测结果/mm	单项评定
				合格	优良		
	保温材料检验			符合通用标准要求		符合要求	合格
钩钉(螺栓)装设	一般部位			符合设计规定、无规定时200~300		符合要求	优良
	卧式圆罐上半部及设备顶部			符合设计规定、无规定时400~500		符合要求	优良
	圆罐封头			符合设计规定、无规定时150~200		符合要求	优良
	钩钉焊接			符合《验标》(焊接篇)规定		符合要求	优良
主保温层砌筑	保温瓦砌筑	一般部位		拼砌严密、灰浆饱满、一层错缝、二层压缝		严密饱满	优良
		方形设备四角		砌筑应搭接、垂直砌体应分层、设置牵连钩钉的距离300~500		棱角分明	优良
	厚度			符合图纸		符合要求	优良
	灰缝厚度			5~7		6,5,7,6	优良
	砌块绑扎			绑扎牢靠		牢靠	优良
预留间隙	法兰两侧(拆螺栓)			足够		足够	优良
	支吊架两侧(膨胀)			足够、方向正确		正确	合格
	伸缩节两侧(膨胀)					正确	合格
主保温层铁丝网敷设	铁丝网对接			铁丝网对接牢固、紧贴在主保温层上		牢固	优良
	铁丝网固定			与钩钉连接铁丝无断头		无	优良
	外观检查			表面无鼓包、空层		无	优良
	膨胀缝处理			再膨胀缝处铁丝网应断开		断开	优良
保温层外壁抹面	灰浆试块试验			符合通用标准要求		符合要求	优良
	面层外观			平整光滑、棱角整齐、固定钩钉不外露		圆滑分明	合格
	面层平整度偏差			≤3		2,3	合格
	面层裂纹			无裂纹		无裂纹	优良
分项总评	共检验主要项目____个,其中优良____个;一般项目21个,其中优良16个,本分项工程质量优良率为76%,本分项工程被评为合格级						

监理单位:_____　建设单位:_____　质检部门:_____　工地:_____　年　月

4.炉本体联箱保温(分项工程,表5-103)

表5-103 分项工程质量检验评定表

工程编号: 性质: 分项工程名称: 共 页第 页

工序	检验指标		性质	质量标准/mm		实际检测结果/mm	单项评定
				合格	优良		
主保温层砌筑	保温材料检验		主要	符合通用标准要求		符合要求	优良
	砌筑工艺		主要	拼砌严密、灰浆饱满、一层错缝、二层压缝		严密饱满	优良
	厚度		主要	符合图纸要求		符合要求	优良
	灰缝厚度			5~7		5 5	优良
	保温层成形绑扎		主要	绑扎牢固		牢固	优良
	预留空间	法兰两侧(拆螺栓)		足够		足够	合格
		滑动支吊架两侧(膨胀)		足够、方向正确		正确	优良
		高温管道弯头两端(膨胀)		20~30		30,30	优良
		膨胀方向不同的管道之间				15,15	优良
		介质温度不同的管道之间		10~20		12,12	合格
		管道穿平台处圆周				18,18	优良
	直立管道保温层托架	间距	主要	3~4		4,4	优良
		固定		牢靠		牢固	优良
铁丝网敷设	铁丝网对接		主要	铁丝网对接牢固、紧贴在主保温层上		牢固	优良
	铁丝网固定			与钩钉连接铁丝无断头		无	优良
	外观检查			表面无鼓包、空层		无	优良
	膨胀缝处理			再膨胀缝处铁丝网应断开		断开	优良
抹面层施工	面层灰浆试块试验			符合通用标准要求		符合要求	优良
	抹面层外观			平整光滑、棱角整齐、固定钩钉不应外露		圆滑	合格
	抹面层平整度偏差			≤3		3,3	优良
	抹面层裂纹		主要	无裂纹		无	优良
保温层外表温度	环境温度≤25℃		主要	≤50℃		48℃	优良
	环境温度>25℃			≤环境温度+25℃			优良
分项总评	共检验主要项目8个,其中优良8个;一般项目15个,其中优良12个,本分项工程质量优良率为80%,本分项工程被评为优良级						

监理单位:_____ 建设单位:_____ 质检部门:_____ 工地:_____ 年 月

5.空气预热器及转折罩保温(分项工程,表5－104)

表5－104　分项工程质量检验评定表

工程编号：　　　　　性质：　　　　　分项工程名称：　　　　　　　　　共　页第　页

工序	检验指标		性质	质量标准/mm		实际检测结果/mm	单项评定
				合格	优良		
	保温材料检验			符合通用标准要求		符合要求	优良
钩钉（螺栓）装设	一般部位			符合设计规定、无规定时200～300		符合要求	优良
	卧式圆罐上半部及设备顶部			符合设计规定、无规定时400～500		符合要求	合格
	圆罐封头			符合设计规定、无规定时150～200		符合要求	优良
	钩钉焊接			符合《验标》(焊接篇)规定		符合要求	优良
主保温层砌筑	保温瓦砌筑	一般部位		拼砌严密、灰浆饱满、一层错缝、二层压缝		严密饱满	优良
		方形设备四角		砌筑应搭接、垂直砌体应分层、设置牵连钩钉的距离300～500		棱角分明	优良
	厚度			符合图纸		符合要求	优良
	灰缝厚度			5～7		6,5,7,6	优良
	砌块绑扎			绑扎牢靠		牢靠	合格
预留间隙	法兰两侧(拆螺栓)			足够		足够	优良
	支吊架两侧(膨胀)			足够、方向正确		正确	优良
	伸缩节两侧(膨胀)					正确	优良
主保温层铁丝网敷设	铁丝网对接			铁丝网对接牢固、紧贴在主保温层上		牢固	优良
	铁丝网固定			与钩钉连接铁丝无断头		无	优良
	外观检查			表面无鼓包、空层		无	优良
	膨胀缝处理			再膨胀缝处铁丝网应断开		断开	优良
保温层外壁抹面	灰浆试块试验			符合通用标准要求		符合要求	优良
	面层外观			平整光滑、棱角整齐、固定钩钉不外露		圆滑分明	合格
	面层平整度偏差			≤3		2,3	合格
	面层裂纹			无裂纹		无裂纹	优良
分项总评	共检验主要项目＿＿＿个,其中优良＿＿＿个;一般项目21个,其中优良17个,本分项工程质量优良率为81%,本分项工程被评为优良级						

监理单位：＿＿＿＿＿　建设单位：＿＿＿＿＿　质检部门：＿＿＿＿＿　工地：＿＿＿＿＿　年　月

6. 降水管保温(分项工程,表 5 – 105)

表 5 – 105 分项工程质量检验评定表

工程编号:　　　　　性质:　　　　　分项工程名称:　　　　　　　　共　页第　页

工序	检验指标		性质	质量标准/mm		实际检测结果/mm	单项评定
				合格	优良		
主保温层砌筑	保温材料检验		主要	符合通用标准要求		符合要求	优良
	砌筑工艺		主要	拼砌严密、灰浆饱满、一层错缝、二层压缝		严密饱满	优良
	厚度		主要	符合图纸要求		符合要求	合格
	灰缝厚度			5 ~ 7		5,5	优良
	保温层成形绑扎		主要	绑扎牢固		牢固	优良
	预留空间	法兰两侧(拆螺栓)		足够		足够	优良
		滑动支吊架两侧(膨胀)		足够、方向正确		正确	优良
		高温管道弯头两端(膨胀)		20 ~ 30		30,30	优良
		膨胀方向不同的管道之间		10 ~ 20		15,15	优良
		介质温度不同的管道之间				12,12	优良
		管道穿平台处圆周				18,18	合格
	直立管道保温层托架	间距	主要	3 ~ 4		4,4	优良
		固定		牢靠		牢固	优良
铁丝网敷设	铁丝网对接		主要	铁丝网对接牢固、紧贴在主保温层上		牢固	优良
	铁丝网固定			与钩钉连接铁丝无断头		无	优良
	外观检查			表面无鼓包、空层		无	优良
	膨胀缝处理			再膨胀缝处铁丝网应断开		断开	优良
抹面层施工	面层灰浆试块试验			符合通用标准要求		符合要求	合格
	抹面层外观			平整光滑、棱角整齐、固定钩钉不应外露		圆滑	优良
	抹面层平整度偏差			≤3		3,3	优良
	抹面层裂纹		主要	无裂纹		无	合格
保温层外表温度	环境温度≤25 ℃		主要	≤50 ℃		48 ℃	优良
	环境温度 >25 ℃			≤环境温度 + 25 ℃			优良
分项总评	共检验主要项目 8 个,其中优良 8 个;一般项目 15 个,其中优良 11 个,本分项工程质量优良率为 73%,本分项工程被评为合格级						

监理单位:_____　建设单位:_____　质检部门:_____　工地:_____　　年　月

7. 过热器连接管保温(分项工程,表5-106)

表5-106 分项工程质量检验评定表

工程编号:　　　　性质:　　　　分项工程名称:　　　　　　共　页第　页

工序	检验指标		性质	质量标准/mm		实际检测结果/mm	单项评定
				合格	优良		
主保温层砌筑	保温材料检验		主要	符合通用标准要求		符合要求	优良
	砌筑工艺		主要	拼砌严密、灰浆饱满、一层错缝、二层压缝		严密饱满	优良
	厚度		主要	符合图纸要求		符合要求	合格
	灰缝厚度			5~7		5,5	优良
	保温层成形绑扎		主要	绑扎牢固		牢固	优良
	预留空间	法兰两侧(拆螺栓)		足够		足够	优良
		滑动支吊架两侧(膨胀)		足够、方向正确		正确	优良
		高温管道弯头两端(膨胀)		20~30		30,30	优良
		膨胀方向不同的管道之间				15,15	优良
		介质温度不同的管道之间		10~20		12,12	优良
		管道穿平台处圆周				18,18	优良
	直立管道保温层托架	间距	主要	3~4		4,4	合格
		固定		牢靠		牢固	优良
铁丝网敷设	铁丝网对接		主要	铁丝网对接牢固、紧贴在主保温层上		牢固	优良
	铁丝网固定			与钩钉连接铁丝无断头		无	优良
	外观检查			表面无鼓包、空层		无	优良
	膨胀缝处理			再膨胀缝处铁丝网应断开		断开	优良
抹面层施工	面层灰浆试块试验			符合通用标准要求		符合要求	优良
	抹面层外观			平整光滑、棱角整齐、固定钩钉不应外露		圆滑	优良
	抹面层平整度偏差			≤3		3,3	优良
	抹面层裂纹		主要	无裂纹		无	优良
保温层外表温度	环境温度≤25℃		主要	≤50℃		48℃	优良
	环境温度>25℃			≤环境温度+25℃			优良
分项总评	共检验主要项目8个,其中优良8个;一般项目15个,其中优良13个,本分项工程质量优良率为87%,本分项工程被评为优良级						

监理单位:_____　建设单位:_____　质检部门:_____　工地:_____　年　月

8.蒸发管保温(分项工程,表5-107)

表5-107 分项工程质量检验评定表

工程编号: 性质: 分项工程名称: 共 页第 页

工序	检验指标		性质	质量标准/mm		实际检测结果/mm	单项评定
				合格	优良		
主保温层砌筑	保温材料检验		主要	符合通用标准要求		符合要求	优良
	砌筑工艺		主要	拼砌严密、灰浆饱满、一层错缝、二层压缝		严密饱满	优良
	厚度		主要	符合图纸要求		符合要求	优良
	灰缝厚度			5~7		5,5	合格
	保温层成形绑扎		主要	绑扎牢固		牢固	优良
	预留空间	法兰两侧(拆螺栓)		足够		足够	优良
		滑动支吊架两侧(膨胀)		足够、方向正确		正确	合格
		高温管道弯头两端(膨胀)		20~30		30,30	合格
		膨胀方向不同的管道之间				15,15	优良
		介质温度不同的管道之间		10~20		12,12	优良
		管道穿平台处圆周				18,18	优良
	直立管道保温层托架	间距	主要	3~4		4,4	优良
		固定		牢靠		牢固	优良
铁丝网敷设	铁丝网对接		主要	铁丝网对接牢固、紧贴在主保温层上		牢固	优良
	铁丝网固定			与钩钉连接铁丝无断头		无	合格
	外观检查			表面无鼓包、空层		无	优良
	膨胀缝处理			再膨胀缝处铁丝网应断开		断开	合格
抹面层施工	面层灰浆试块试验			符合通用标准要求		符合要求	优良
	抹面层外观			平整光滑、棱角整齐、固定钩钉不应外露		圆滑	优良
	抹面层平整度偏差			≤3		3,3	优良
	抹面层裂纹		主要	无裂纹		无	优良
保温层外表温度	环境温度≤25℃		主要	≤50℃		48℃	优良
	环境温度>25℃			≤环境温度+25℃			优良
分项总评	共检验主要项目8个,其中优良8个;一般项目15个,其中优良10个,本分项工程质量优良率为67%,本分项工程被评为合格级						

监理单位:_____ 建设单位:_____ 质检部门:_____ 工地:_____ 年 月

9. 给水管道保温(分项工程,表 5 - 108)

表 5 - 108　分项工程质量检验评定表

工程编号:　　　　性质:　　　　分项工程名称:　　　　　　　共　页第　页

工序	检验指标		性质	质量标准/mm		实际检测结果/mm	单项评定
				合格	优良		
主保温层砌筑	保温材料检验		主要	符合通用标准要求		符合要求	优良
	砌筑工艺		主要	拼砌严密、灰浆饱满、一层错缝、二层压缝		严密饱满	优良
	厚度		主要	符合图纸要求		符合要求	优良
	灰缝厚度			5 ~ 7		5,5	优良
	保温层成形绑扎		主要	绑扎牢固		牢固	优良
	预留空间	法兰两侧(拆螺栓)		足够		足够	合格
		滑动支吊架两侧(膨胀)		足够、方向正确		正确	优良
		高温管道弯头两端(膨胀)		20 ~ 30		30,30	优良
		膨胀方向不同的管道之间		10 ~ 20		15,15	优良
		介质温度不同的管道之间				12,12	优良
		管道穿平台处圆周				18,18	优良
	直立管道保温层托架	间距	主要	3 ~ 4		4,4	优良
		固定		牢靠		牢固	优良
铁丝网敷设	铁丝网对接		主要	铁丝网对接牢固、紧贴在主保温层上		牢固	优良
	铁丝网固定			与钩钉连接铁丝无断头		无	优良
	外观检查			表面无鼓包、空层		无	优良
	膨胀缝处理			再膨胀缝处铁丝网应断开		断开	优良
抹面层施工	面层灰浆试块试验			符合通用标准要求		符合要求	优良
	抹面层外观			平整光滑、棱角整齐、固定钩钉不应外露		圆滑	合格
	抹面层平整度偏差			≤3		3,3	优良
	抹面层裂纹		主要	无裂纹		无	优良
保温层外表温度	环境温度≤25 ℃		主要	≤50 ℃		48 ℃	优良
	环境温度 > 25 ℃			≤环境温度 + 25 ℃			优良
分项总评	共检验主要项目 8 个,其中优良 8 个;一般项目 15 个,其中优良 13 个,本分项工程质量优良率为 87%,本分项工程被评为优良级						

监理单位:_____　建设单位:_____　质检部门:_____　工地:_____　年　月

10. 再循环、事故放水管道保温(分项工程,表5-103)

11. 定期、连续排污扩容器保温(分项工程,表5-109)

表5-109 分项工程质量检验评定表

工程编号: ____ 性质: ____ 分项工程名称: ____ 共 页第 页

工序	检验指标		性质	质量标准/mm		实际检测结果/mm	单项评定
				合格	优良		
	保温材料检验			符合通用标准要求		符合要求	优良
钩钉(螺栓)装设	一般部位			符合设计规定、无规定时200~300		符合要求	合格
	卧式圆罐上半部及设备顶部			符合设计规定、无规定时400~500		符合要求	优良
	圆罐封头			符合设计规定、无规定时150~200		符合要求	合格
	钩钉焊接			符合《验标》(焊接篇)规定		符合要求	优良
主保温层砌筑	保温瓦砌筑	一般部位		拼砌严密、灰浆饱满、一层错缝、二层压缝		严密饱满	优良
		方形设备四角		砌筑应搭接、垂直砌体应分层、设置牵连钩钉的距离300~500		棱角分明	优良
	厚度			符合图纸		符合要求	合格
	灰缝厚度			5~7		6,5,7,6	优良
	砌块绑扎			绑扎牢靠		牢靠	优良
预留间隙	法兰两侧(拆螺栓)			足够		足够	优良
	支吊架两侧(膨胀)			足够、方向正确		正确	优良
	伸缩节两侧(膨胀)					正确	优良
主保温层铁丝网敷设	铁丝网对接			铁丝网对接牢固、紧贴在主保温层上		牢固	优良
	铁丝网固定			与钩钉连接铁丝无断头		无	合格
	外观检查			表面无鼓包、空层		无	优良
	膨胀缝处理			再膨胀缝处铁丝网应断开		断开	优良
保温层外壁抹面	灰浆试块试验			符合通用标准要求		符合要求	合格
	面层外观			平整光滑、棱角整齐、固定钩钉不外露		圆滑分明	优良
	面层平整度偏差			≤3		2,3	优良
	面层裂纹			无裂纹		无裂纹	优良
分项总评	共检验主要项目____个,其中优良____个;一般项目21个,其中优良16个,本分项工程质量优良率为76%,本分项工程被评为合格级						

监理单位:____ 建设单位:____ 质检部门:____ 工地:____ 年 月

12.锅炉疏放水管道保温(分项工程,表5-103)

13.锅炉排污管道保温(分项工程,表5-110)

表5-110 分项工程质量检验评定表

工程编号: 性质: 分项工程名称: 共 页第 页

工序	检验指标		性质	质量标准/mm		实际检测结果/mm	单项评定
				合格	优良		
主保温层砌筑	保温材料检验		主要	符合通用标准要求		符合要求	合格
	砌筑工艺		主要	拼砌严密、灰浆饱满、一层错缝、二层压缝		严密饱满	优良
	厚度		主要	符合图纸要求		符合要求	优良
	灰缝厚度			5~7		5,5	优良
	保温层成形绑扎		主要	绑扎牢固		牢固	优良
	预留空间	法兰两侧(拆螺栓)		足够		足够	合格
		滑动支吊架两侧(膨胀)		足够、方向正确		正确	优良
		高温管道弯头两端(膨胀)		20~30		30,30	优良
		膨胀方向不同的管道之间				15,15	优良
		介质温度不同的管道之间		10~20		12,12	合格
		管道穿平台处圆周				18,18	优良
	直立管道保温层托架	间距	主要	3~4		4,4	优良
		固定		牢靠		牢固	优良
铁丝网敷设	铁丝网对接		主要	铁丝网对接牢固、紧贴在主保温层上		牢固	优良
	铁丝网固定			与钩钉连接铁丝无断头		无	合格
	外观检查			表面无鼓包、空层		无	优良
	膨胀缝处理			再膨胀缝处铁丝网应断开		断开	优良
抹面层施工	面层灰浆试块试验			符合通用标准要求		符合要求	优良
	抹面层外观			平整光滑、棱角整齐、固定钩钉不应外露		圆滑	合格
	抹面层平整度偏差			≤3		3,3	优良
	抹面层裂纹		主要	无裂纹		无	合格
保温层外表温度	环境温度≤25℃		主要	≤50℃		48℃	优良
	环境温度>25℃			≤环境温度+25℃			优良
分项总评	共检验主要项目8个,其中优良8个;一般项目15个,其中优良9个,本分项工程质量优良率为60%,本分项工程被评为合格级						

监理单位:_____ 建设单位:_____ 质检部门:_____ 工地:_____ 年 月

14. 取样管道保温(分项工程,表5-111)

表5-111 分项工程质量检验评定表

工程编号: 性质: 分项工程名称: 共 页第 页

工序	检验指标		性质	质量标准/mm		实际检测结果/mm	单项评定
				合格	优良		
	保温材料检验		主要	符合通用标准要求		符合要求	优良
	砌筑工艺		主要	拼砌严密、灰浆饱满、一层错缝、二层压缝		严密饱满	优良
	厚度		主要	符合图纸要求		符合要求	优良
	灰缝厚度			5~7		5,5	优良
	保温层成形绑扎		主要	绑扎牢固		牢固	优良
主保温层砌筑	预留空间	法兰两侧(拆螺栓)		足够		足够	合格
		滑动支吊架两侧(膨胀)		足够、方向正确		正确	优良
		高温管道弯头两端(膨胀)		20~30		30,30	优良
		膨胀方向不同的管道之间		10~20		15,15	优良
		介质温度不同的管道之间				12,12	优良
		管道穿平台处圆周				18,18	优良
	直立管道保温层托架	间距	主要	3~4		4,4	优良
		固定		牢靠		牢固	优良
铁丝网敷设	铁丝网对接		主要	铁丝网对接牢固、紧贴在主保温层上		牢固	优良
	铁丝网固定			与钩钉连接铁丝无断头		无	优良
	外观检查			表面无鼓包、空层		无	优良
	膨胀缝处理			再膨胀缝处铁丝网应断开		断开	优良
抹面层施工	面层灰浆试块试验			符合通用标准要求		符合要求	优良
	抹面层外观			平整光滑、棱角整齐、固定钩钉不应外露		圆滑	优良
	抹面层平整度偏差			≤3		3,3	优良
	抹面层裂纹		主要	无裂纹		无	优良
保温层外表温度	环境温度≤25℃		主要	≤50℃		48℃	优良
	环境温度>25℃			≤环境温度+25℃			优良
分项总评	共检验主要项目8个,其中优良8个;一般项目15个,其中优良14个,本分项工程质量优良率为93%,本分项工程被评为优良级						

监理单位:_____ 建设单位:_____ 质检部门:_____ 工地:_____ 年 月

15.蒸汽加热管道保温(分项工程,表 5 – 112)

表 5 – 112　分项工程质量检验评定表

工程编号:　　　　性质:　　　　分项工程名称:　　　　　　　共 　页第 　页

工序	检验指标		性质	质量标准/mm		实际检测结果/mm	单项评定
				合格	优良		
主保温层砌筑	保温材料检验		主要	符合通用标准要求		符合要求	优良
	砌筑工艺		主要	拼砌严密、灰浆饱满、一层错缝、二层压缝		严密饱满	优良
	厚度		主要	符合图纸要求		符合要求	优良
	灰缝厚度			5 ~ 7		5,5	合格
	保温层成形绑扎		主要	绑扎牢固		牢固	优良
	预留空间	法兰两侧(拆螺栓)		足够		足够	合格
		滑动支吊架两侧(膨胀)		足够、方向正确		正确	优良
		高温管道弯头两端(膨胀)		20 ~ 30		30,30	优良
		膨胀方向不同的管道之间		10 ~ 20		15,15	优良
		介质温度不同的管道之间				12,12	合格
		管道穿平台处圆周				18,18	优良
	直立管道保温层托架	间距	主要	3 ~ 4		4,4	优良
		固定		牢靠		牢固	合格
铁丝网敷设	铁丝网对接		主要	铁丝网对接牢固、紧贴在主保温层上		牢固	优良
	铁丝网固定			与钩钉连接铁丝无断头		无	优良
	外观检查			表面无鼓包、空层		无	优良
	膨胀缝处理			再膨胀缝处铁丝网应断开		断开	合格
抹面层施工	面层灰浆试块试验			符合通用标准要求		符合要求	优良
	抹面层外观			平整光滑、棱角整齐、固定钩钉不应外露		圆滑	合格
	抹面层平整度偏差			≤3		3,3	优良
	抹面层裂纹		主要	无裂纹		无	优良
保温层外表温度	环境温度≤25 ℃		主要	≤50 ℃		48 ℃	优良
	环境温度 >25 ℃			≤环境温度 + 25 ℃			优良
分项总评	共检验主要项目 8 个,其中优良 8 个;一般项目 15 个,其中优良 8 个,本分项工程质量优良率为 53 %,本分项工程被评为合格级						

监理单位:＿＿＿＿＿　建设单位:＿＿＿＿＿　质检部门:＿＿＿＿＿　工地:＿＿＿＿＿　年　　月

16. 引风机保温(分项工程,表5-113)

表5-113 分项工程质量检验评定表

工程编号: 性质: 分项工程名称: 共 页第 页

工序	检验指标		性质	质量标准/mm		实际检测结果/mm	单项评定
				合格	优良		
	保温材料检验			符合通用标准要求		符合要求	优良
钩钉(螺栓)装设	一般部位			符合设计规定、无规定时200~300		符合要求	合格
	卧式圆罐上半部及设备顶部			符合设计规定、无规定时400~500		符合要求	优良
	圆罐封头			符合设计规定、无规定时150~200		符合要求	合格
	钩钉焊接			符合《验标》(焊接篇)规定		符合要求	优良
主保温层砌筑	保温瓦砌筑	一般部位		拼砌严密、灰浆饱满、一层错缝、二层压缝		严密饱满	优良
		方形设备四角		砌筑应搭接、垂直砌体应分层、设置牵连钩钉的距离300~500		棱角分明	优良
	厚度			符合图纸		符合要求	合格
	灰缝厚度			5~7		6,5,7,6	优良
	砌块绑扎			绑扎牢靠		牢靠	优良
预留间隙	法兰两侧(拆螺栓)			足够		足够	优良
	支吊架两侧(膨胀)			足够、方向正确		正确	优良
	伸缩节两侧(膨胀)					正确	优良
主保温层铁丝网敷设	铁丝网对接			铁丝网对接牢固、紧贴在主保温层上		牢固	优良
	铁丝网固定			与钩钉连接铁丝无断头		无	合格
	外观检查			表面无鼓包、空层		无	优良
	膨胀缝处理			再膨胀缝处铁丝网应断开		断开	优良
保温层外壁抹面	灰浆试块试验			符合通用标准要求		符合要求	优良
	面层外观			平整光滑、棱角整齐、固定钩钉不外露		圆滑分明	优良
	面层平整度偏差			≤3		2,3	优良
	面层裂纹			无裂纹		无裂纹	优良
分项总评	共检验主要项目____个,其中优良____个;一般项目21个,其中优良17个,本分项工程质量优良率为81%,本分项工程被评为优良级						

监理单位:_____ 建设单位:_____ 质检部门:_____ 工地:_____ 年 月

17. 烟道保温(分项工程,表5-114)

表5-114 分项工程质量检验评定表

工程编号:　　　　　性质:　　　　　分项工程名称:　　　　　　　　　共　页第　页

工序	检验指标		性质	质量标准/mm		实际检测结果/mm	单项评定
				合格	优良		
主保温层砌筑	保温材料检验		主要	符合通用标准要求		符合要求	优良
	砌筑工艺		主要	拼砌严密、灰浆饱满、一层错缝、二层压缝		严密饱满	优良
	厚度		主要	符合图纸要求		符合要求	优良
	灰缝厚度			5~7		5,5	优良
	保温层成形绑扎		主要	绑扎牢固		牢固	优良
	预留空间	法兰两侧(拆螺栓)		足够		足够	合格
		滑动支吊架两侧(膨胀)		足够、方向正确		正确	优良
		高温管道弯头两端(膨胀)		20~30		30,30	优良
		膨胀方向不同的管道之间				15,15	优良
		介质温度不同的管道之间		10~20		12,12	合格
		管道穿平台处圆周				18,18	优良
	直立管道保温层托架	间距	主要	3~4		4,4	优良
		固定		牢靠		牢固	优良
铁丝网敷设	铁丝网对接		主要	铁丝网对接牢固、紧贴在主保温层上		牢固	优良
	铁丝网固定			与钩钉连接铁丝无断头		无	优良
	外观检查			表面无鼓包、空层		无	优良
	膨胀缝处理			再膨胀缝处铁丝网应断开		断开	优良
抹面层施工	面层灰浆试块试验			符合通用标准要求		符合要求	优良
	抹面层外观			平整光滑、棱角整齐、固定钩钉不应外露		圆滑	优良
	抹面层平整度偏差			≤3		3,3	优良
	抹面层裂纹		主要	无裂纹		无	优良
保温层外表温度	环境温度≤25℃		主要	≤50℃		48℃	优良
	环境温度>25℃			≤环境温度+25℃			优良
分项总评	共检验主要项目8个,其中优良8个;一般项目15个,其中优良13个,本分项工程质量优良率为86%,本分项工程被评为优良级						

监理单位:_____　建设单位:_____　质检部门:_____　工地:_____　　年　　月

18. 热风道保温(分项工程,表5-103)

19. 除尘器保温(分项工程,表5-115)

表5-115 分项工程质量检验评定表

工程编号:　　　　性质:　　　　分项工程名称:　　　　　　　　　　共　页第　页

工序	检验指标		性质	质量标准/mm		实际检测结果/mm	单项评定
				合格	优良		
	保温材料检验			符合通用标准要求		符合要求	优良
钩钉(螺栓)装设	一般部位			符合设计规定、无规定时200~300		符合要求	优良
	卧式圆罐上半部及设备顶部			符合设计规定、无规定时400~500		符合要求	优良
	圆罐封头			符合设计规定、无规定时150~200		符合要求	合格
	钩钉焊接			符合《验标》(焊接篇)规定		符合要求	优良
主保温层砌筑	保温瓦砌筑	一般部位		拼砌严密、灰浆饱满、一层错缝、二层压缝		严密饱满	优良
		方形设备四角		砌筑应搭接、垂直砌体应分层、设置牵连钩钉的距离300~500		棱角分明	优良
	厚度			符合图纸		符合要求	合格
	灰缝厚度			5~7		6,5,7,6	优良
	砌块绑扎			绑扎牢靠		牢靠	优良
预留间隙	法兰两侧(拆螺栓)			足够		足够	优良
	支吊架两侧(膨胀)			足够、方向正确		正确	优良
	伸缩节两侧(膨胀)					正确	优良
主保温层铁丝网敷设	铁丝网对接			铁丝网对接牢固、紧贴在主保温层上		牢固	优良
	铁丝网固定			与钩钉连接铁丝无断头		无	合格
	外观检查			表面无鼓包、空层		无	优良
	膨胀缝处理			再膨胀缝处铁丝网应断开		断开	优良
保温层外壁抹面	灰浆试块试验			符合通用标准要求		符合要求	优良
	面层外观			平整光滑、棱角整齐、固定钩钉不外露		圆滑分明	优良
	面层平整度偏差			≤3		2,3	优良
	面层裂纹			无裂纹		无裂纹	优良
分项总评	共检验主要项目____个,其中优良____个;一般项目21个,其中优良18个,本分项工程质量优良率为86%,本分项工程被评为优良级						

监理单位:_____　建设单位:_____　质检部门:_____　工地:_____　　年　月

20. 锅炉水箱保温(分项工程,表5-115)

21. 锅炉阀门、法兰保温(分项工程,表5-116)

表5-116 分项工程质量检验评定表

工程编号: 　　　　　性质: 　　　　　分项工程名称: 　　　　　　　共　页第　页

工序	检验指标	性质	质量标准		实际检测结果/mm	单项评定
			合格	优良		
	保温材料检验	主要	符合通用标准要求		符合要求	优良
	保温套厚度偏差		±10 mm		-10,9	合格
	填充矿纤维		填充均匀		均匀	优良
	保温套固定		紧靠设备、与钩钉固定牢靠、不松动,便于安装拆卸		合理	优良
分项总评	共检验主要项目1个,其中优良1个;一般项目3个,其中优良2个,本分项工程质量优良率为67%,本分项工程被评为合格级					

监理单位:_____　建设单位:_____　质检部门:_____　工地:_____　年　月

5.7.2 化学水设备及管道保温验评(分部工程,表5-117)

表5-117 分部工程质量检验评定表

工程编号: 　　　　　　　　　　性质: 　　分部工程名称:化学水设备及管道保温

序号	分项工程名称	性质	分项工程质量等级	分部工程优良率/%
1	化学水设备保温			
2	化学水管道保温			
分部工程质量评定	本分部共有_____个分项工程。主要分项_____个,评优良级_____个;一般分项_____个,评优良级_____个。评_____级			

监理单位:_____　建设单位:_____　质检部门:_____　工地:_____　年　月

1. 化学水设备保温(分项工程,表 5 – 118)

表 5 – 118 分项工程质量检验评定表

工程编号:_____ 性质:_____ 分项工程名称:_____ 共　页第　页

工序	检验指标		性质	质量标准/mm		实际检测结果/mm	单项评定
				合格	优良		
主保温层砌筑	保温材料检验		主要	符合通用标准要求		符合要求	优良
	砌筑工艺		主要	拼砌严密、灰浆饱满、一层错缝、二层压缝		严密饱满	优良
	厚度		主要	符合图纸要求		符合要求	优良
	灰缝厚度			5 ~ 7		6,6	优良
	保温层成形绑扎		主要	绑扎牢固		牢固	优良
	预留空间	法兰两侧(拆螺栓)		足够		足够	优良
		滑动支吊架两侧(膨胀)		足够、方向正确		足够正确	优良
		高温管道弯头两端(膨胀)		20 ~ 30			优良
		膨胀方向不同的管道之间				30,30	合格
		介质温度不同的管道之间		10 ~ 20		22,22	优良
		管道穿平台处圆周				18,18	优良
	直立管道保温层托架	间距	主要	3 ~ 4		3,3	优良
		固定		牢靠		牢固	优良
铁丝网敷设	铁丝网对接		主要	铁丝网对接牢固、紧贴在主保温层上		牢固紧贴	优良
	铁丝网固定			与钩钉连接铁丝无断头		无断头	优良
	外观检查			表面无鼓包、空层		无缺陷	优良
	膨胀缝处理			再膨胀缝处铁丝网应断开		断开	优良
抹面层施工	面层灰浆试块试验			符合通用标准要求		符合要求	优良
	抹面层外观			平整光滑、棱角整齐、固定钩钉不应外露		光滑齐整	优良
	抹面层平整度偏差			≤3		2,2	合格
	抹面层裂纹		主要	无裂纹		无	优良
保温层外表温度	环境温度≤25 ℃		主要	≤50 ℃		42 ℃	优良
	环境温度 >25 ℃			≤环境温度 +25 ℃			
分项总评	共检验主要项目 8 个,其中优良 8 个;一般项目 14 个,其中优良 12 个,本分项工程质量优良率为 85%,本分项工程被评为优良级						

监理单位:_____　建设单位:_____　质检部门:_____　工地:_____　年　月

2.化学水管道保温(分项工程,表5-119)

表5-119 分项工程质量检验评定表

工程编号:　　　　　　性质:　　　　　　分项工程名称:　　　　　　　　共 页第 页

工序	检验指标		性质	质量标准/mm		实际检测结果/mm	单项评定
				合格	优良		
主保温层砌筑	保温材料检验		主要	符合通用标准要求		符合要求	优良
	砌筑工艺		主要	拼砌严密、灰浆饱满、一层错缝、二层压缝		饱满	合格
	厚度		主要	符合图纸要求		符合要求	优良
	灰缝厚度			5~7		5,7	优良
	保温层成形绑扎		主要	绑扎牢固		牢靠	优良
	预留空间	法兰两侧(拆螺栓)		足够		足够	合格
		滑动支吊架两侧(膨胀)		足够、方向正确		正确	优良
		高温管道弯头两端(膨胀)		20~30		30,30	优良
		膨胀方向不同的管道之间		10~20		18,18	优良
		介质温度不同的管道之间				10,10	优良
		管道穿平台处圆周				20,20	优良
	直立管道保温层托架	间距	主要	3~4		4,4	优良
		固定		牢靠		牢固	优良
铁丝网敷设	铁丝网对接		主要	铁丝网对接牢固、紧贴在主保温层上		紧贴	优良
	铁丝网固定			与钩钉连接铁丝无断头		无	优良
	外观检查			表面无鼓包、空层		无	合格
	膨胀缝处理			再膨胀缝处铁丝网应断开		断开	优良
抹面层施工	面层灰浆试块试验			符合通用标准要求		符合要求	优良
	抹面层外观			平整光滑、棱角整齐、固定钩钉不应外露		棱角分明	优良
	抹面层平整度偏差			≤3		3,3	优良
	抹面层裂纹		主要	无裂纹		无	优良
保温层外表温度	环境温度≤25℃		主要	≤50℃		42℃	优良
	环境温度>25℃			≤环境温度+25℃			
分项总评	共检验主要项目8个,其中优良8个;一般项目14个,其中优良11个,本分项工程质量优良率为79%,本分项工程被评为合格级						

监理单位:_____　建设单位:_____　质检部门:_____　工地:_____　年　月

> **任务实施** ···•

　　按照给定任务,确定锅炉设备与管道保温施工工序质量控制点,根据技术资料和工程内业,在实训室模拟现场进行复核,完成如下任务:

　　1.对锅炉保温分项工程评定结果进行统计;

　　2.对本项目单位工程、分部工程进行评定。

任务5.8　锅炉设备与管道油漆(单位工程)

> **学习目标** ···•

　　知识目标

　　解构锅炉设备与管道油漆验评标准。

　　能力目标

　　1.熟练进行锅炉设备与管道油漆验评;

　　2.具备建构锅炉设备与管道油漆验评模型的理念。

　　素质目标

　　1.养成安全、环保与责任意识;

　　2.构建学习小组并形成组织能力。

> **任务描述** ···•

　　给定××清河泉生物质能源热电有限公司三台 DHL35 – 3.82/450 – S 型蒸汽锅炉、设备及系统安装工程锅炉设备与管道油漆安装工程内业和相关技术资料。

> **知识导航** ···•

　　单位工程质量检验评定见表 5 – 120。

表 5 – 120　单位工程质量检验评定表

工程编号:　　　　　　　　　　　　　　　　　　　　　单位工程名称:全厂热力设备及管道油漆

构成	分部工程名称	性质	分部工程质量等级	单位工程质量评分
静态验评	锅炉间设备及管道油漆			
	化学水设备及管道油漆			
	泵房设备及管道油漆			
	循环水管道油漆			
动态验评				
单位工程质量评定	本单位工程静态质量评定＿＿＿＿＿＿＿分,动态质量评定＿＿＿＿＿＿＿分;共计＿＿＿＿＿＿＿分,质量总评＿＿＿＿＿			

监理单位:＿＿＿＿＿　　建设单位:＿＿＿＿＿　　质检部门:＿＿＿＿＿　　工地:＿＿＿＿＿　　年　　月

5.8.1 锅炉间设备及管道油漆验评(分部工程)

锅炉间设备及管道油漆分部工程质量检验评定见表5－121。

表5－121 分部工程质量检验评定表

工程编号：　　　　　　　　　性质：　　　　　分部工程名称：锅炉间设备及管道油漆

序号	分项工程名称	性质	分项工程质量等级	分部工程优良率/%
1	锅炉间保温管道抹面层油漆			
2	锅炉间保温管道抹面层粘贴玻璃丝布			
3	锅炉间保温管道玻璃丝布面层油漆			
4	锅炉间管道金属面油漆			
5	锅炉间设备金属面油漆			
6	锅炉间设备保温抹面层油漆			
7	锅炉间设备保温抹面层粘贴玻璃丝布			
8	锅炉间设备玻璃丝布面层油漆			
9	锅炉本体与尾部金属构架油漆			
10	锅炉热风道、烟道、输料管道保温抹面层及支架油漆			
11	锅炉热风道、烟道、输料管道保温抹面层粘贴玻璃丝布			
12	锅炉热风道、烟道、输料管道玻璃丝布面层油漆			
13	锅炉冷风道金属面与支架油漆			
分部工程质量评定	本分部共有_____个分项工程。主要分项_____个,评优良级_____个;一般分项_____个,评优良级_____个。评_____级			

监理单位：_____　建设单位：_____　质检部门：_____　工地：_____　　年　　月

1.锅炉间保温管道抹面层油漆(分项工程,表5－122)

表5－122 分项工程质量检验评定表

工程编号：　　　　性质：　　　　分项工程名称：　　　　　　　共　页第　页

工序	检验指标	性质	质量标准		实际检测结果	单项评定
			合格	优良		
	保温层干燥	主要	干燥		干燥清洁	优良

表 5 – 122（续）

工序	检验指标	性质	质量标准 合格	优良	实际检测结果	单项评定
	抹面层清理	主要	积灰和灰痕清除干净		清理干净	优良
	保温抹面层表面		裂缝补平		无裂缝	优良
油漆涂刷	漆层外观	主要	色调均匀一致，无透底、斑迹、脱落、皱纹、流痕、浮膜、漆粒等明显刷痕		均匀无明显缺陷	优良
	涂层复刷时限		漆层复刷，必须在上一层漆干燥后进行		按要求达标	优良
	层间结合		层间结合严密、无分层现象		无异常	优良
	油漆色彩		色彩一致、不变色		表观合格	合格
分项总评	共检验主要项目 5 个，其中优良 5 个；一般项目 2 个，其中优良 1 个，本分项工程质量优良率为 50%，本分项工程被评为合格级					

监理单位：＿＿＿＿ 建设单位：＿＿＿＿ 质检部门：＿＿＿＿ 工地：＿＿＿＿ 年 月

2. 锅炉间保温管道抹面层粘贴玻璃丝布（分项工程，表 5 – 123）

表 5 – 123 分项工程质量检验评定表

工程编号： 性质： 分项工程名称： 共 页第 页

工序	检验指标	性质	质量标准 合格	优良	实际检测结果	单项评定
	保温层干燥	主要	干燥		干燥	优良
	抹面层清理		积灰和灰痕清除干净		干净	优良
玻璃丝布粘贴	粘贴剂涂刷		保温抹面层与玻璃丝布表面，分别刷一层聚醋酸乙烯乳液，要均匀、不漏刷		按要求涂刷、均匀合理	合格
	玻璃丝布搭接		玻璃丝布相互搭接不少于 30 mm		大于 30 mm	优良
	粘贴后外观检查		粘贴平整、无皱皮、无脱落		平整、无缺陷	优良
分项总评	共检验主要项目 1 个，其中优良 1 个；一般项目 4 个，其中优良 3 个，本分项工程质量优良率为 75%，本分项工程被评为合格级					

监理单位：＿＿＿＿ 建设单位：＿＿＿＿ 质检部门：＿＿＿＿ 工地：＿＿＿＿ 年 月

3. 锅炉间保温管道玻璃丝布面层油漆(分项工程,表5-124)

表5-124 分项工程质量检验评定表

工程编号:　　　　　性质:　　　　　分项工程名称:　　　　　　　　　　共　页第　页

工序	检验指标	性质	质量标准		实际检测结果	单项评定
			合格	优良		
	玻璃丝布面层干燥	主要	干燥		达到干燥效果	优良
	玻璃丝布面层清理		灰尘清理干净		无灰尘	优良
油漆涂刷	漆层外观		色调均匀一致、无透底、斑迹、脱落、皱纹、流痕、浮膜、漆粒等明显刷痕		色调一致、无明显缺陷和刷痕	合格
	涂层复刷时限		漆层复刷,必须在上一层漆干燥后进行		按要求进行	优良
	层间结合		层间结合严密、无分层现象		无分层	优良
	油漆色彩		色彩一致、不变色		颜色合格	优良
分项总评	共检验主要项目1个,其中优良1个;一般项目5个,其中优良4个,本分项工程质量优良率为80%,本分项工程被评为优良级					

监理单位:_____　建设单位:_____　质检部门:_____　工地:_____　年　月

4. 锅炉间管道金属面油漆(分项工程,表5-125)

表5-125 分项工程质量检验评定表

工程编号:　　　　　性质:　　　　　分项工程名称:　　　　　　　　　　共　页第　页

工序	检验指标	性质	质量标准		实际检测结果	单项评定
			合格	优良		
	金属面清理	主要	油垢、灰尘、铁锈清除干净		清除干净、无杂物	优良
	底层(防腐漆)涂刷		涂刷均匀、无透底、漏刷		涂刷均匀	优良
油漆涂刷	漆层外观	主要	色调均匀一致、无透底、斑迹、脱落、皱纹、流痕、浮膜、漆粒等明显刷痕		外观无缺陷	优良
	涂层复刷时限		漆层复刷,必须在上一层漆干燥后进行		按要求	优良
	层间结合		层间结合严密、无分层现象		无分层等缺陷	优良
分项总评	共检验主要项目4个,其中优良4个;一般项目1个,其中优良1个,本分项工程质量优良率为100%,本分项工程被评为优良级					

监理单位:_____　建设单位:_____　质检部门:_____　工地:_____　年　月

5. 锅炉间设备金属面油漆(分项工程,表5－125)

6. 锅炉间设备保温抹面层油漆(分项工程,表5－122)

7. 锅炉间设备保温抹面层粘贴玻璃丝布(分项工程,表5－126)

表5－126　分项工程质量检验评定表

炉13.3表　工程编号：　　　　　性质：　　　　　分项工程名称：　　　　　共　页第　页

工序	检验指标	性质	质量标准		实际检测结果	单项评定
			合格	优良		
玻璃丝布粘贴	保温层干燥	主要	干燥		干燥	优良
	抹面层清理		积灰和灰痕清除干净		干净	优良
	粘贴剂涂刷		保温抹面层与玻璃丝布表面,分别刷一层聚醋酸乙烯乳液,要均匀、不漏刷		按要求涂刷、均匀合理	优良
	玻璃丝布搭接		玻璃丝布相互搭接不少于30 mm		大于30 mm	优良
	粘贴后外观检查		粘贴平整、无皱皮、无脱落		平整、无缺陷	优良
分项总评	共检验主要项目1个,其中优良1个;一般项目4个,其中优良4个,本分项工程质量优良率为100%,本分项工程被评为优良级					

监理单位：＿＿＿＿　建设单位：＿＿＿＿　质检部门：＿＿＿＿　工地：＿＿＿＿　年　月

8. 锅炉间设备玻璃丝布面层油漆(分项工程,表5－124)

9. 锅炉本体与尾部金属构架油漆(分项工程,表5－125)

10. 锅炉热风道、烟道、输料管道保温抹面层及支架油漆(分项工程,表5－127至表5－128)

表5－127　分项工程质量检验评定表

工程编号：　　　　　性质：　　　　　分项工程名称：　　　　　共　页第　页

工序	检验指标	性质	质量标准		实际检测结果	单项评定
			合格	优良		
	保温层干燥	主要	干燥		干燥清洁	优良
	抹面层清理	主要	积灰和灰痕清除干净		清理干净	优良
	保温抹面层表面		裂缝补平		无裂缝	合格
油漆涂刷	漆层外观	主要	色调均匀一致,无透底、斑迹、脱落、皱纹、流痕、浮膜、漆粒等明显刷痕		均匀无明显缺陷	优良
	涂层复刷时限		漆层复刷,必须在上一层漆干燥后进行		按要求达标	优良
	层间结合		层间结合严密、无分层现象		无异常	优良
	油漆色彩		色彩一致、不变色		表观合格	优良

表 5 – 127(续)

工序	检验指标	性质	质量标准		实际检测结果	单项评定
			合格	优良		
分项总评	共检验主要项目 5 个,其中优良 5 个;一般项目 2 个,其中优良 1 个,本分项工程质量优良率为 50%,本分项工程被评为合格级					

监理单位:_____　建设单位:_____　质检部门:_____　工地:_____　年　月

表 5 – 128　分项工程质量检验评定表

工程编号:　　　性质:　　　分项工程名称:　　　　　　　　共　页第　页

工序	检验指标	性质	质量标准		实际检测结果	单项评定
			合格	优良		
	金属面清理	主要	油垢、灰尘、铁锈清除干净		清除干净、无杂物	优良
	底层(防腐漆)涂刷		涂刷均匀、无透底、漏刷		涂刷均匀	合格
油漆涂刷	漆层外观	主要	色调均匀一致,无透底、斑迹、脱落、皱纹、流痕、浮膜、漆粒等明显刷痕		外观无缺陷	优良
	涂层复刷时限		漆层复刷,必须在上一层漆干燥后进行		按要求	优良
	层间结合		层间结合严密、无分层现象		无分层等缺陷	优良
分项总评	共检验主要项目 4 个,其中优良 4 个;一般项目 1 个,其中优良 0 个,本分项工程质量优良率为 0,本分项工程被评为合格级					

监理单位:_____　建设单位:_____　质检部门:_____　工地:_____　年　月

11. 锅炉热风道、烟道、输料管道保温抹面层粘贴玻璃丝布(分项工程,表 5 – 123)

12. 锅炉热风道、烟道、输料管道玻璃丝布面层油漆(分项工程,表 5 – 124)

13. 锅炉冷风道金属面与支架油漆(分项工程,表 5 – 125)

5.8.2　化学水设备及管道油漆验评(分部工程)

化学水设备及管道油漆分部工程质量检验评定见表 5 – 129。

表 5 – 129　分部工程质量检验评定表

工程编号:　　　　　　　　　性质:　　　分部工程名称:化学水设备及管道油漆

序号	分项工程名称	性质	分项工程质量等级	分部工程优良率/%
1	化学水室内设备与管道金属面油漆			
2	化学水室外设备与管道保温抹面层面油漆			
3	化学水室外设备与管道保温抹面层粘贴玻璃丝布			
4	化学水室外设备与管道保温抹面层玻璃丝布面层油漆			

表 5 – 129（续）

序号	分项工程名称	性质	分项工程质量等级	分部工程优良率/%
分部工程质量评定	本分部共有_____个分项工程。主要分项_____个,评优良级_____个;一般分项_____个,评优良级_____个。评_____级			

监理单位:_____ 建设单位:_____ 质检部门:_____ 工地:_____ 年 月

1. 化学水室内设备与管道金属面油漆(分项工程,表 5 – 125)
2. 化学水室外设备与管道保温抹面层面油漆(分项工程,表 5 – 122)
3. 化学水室外设备与管道保温抹面层粘贴玻璃丝布(分项工程,表 5 – 130)

表 5 – 130 分项工程质量检验评定表

工程编号:_____ 性质:_____ 分项工程名称:_____ 共 页第 页

工序	检验指标	性质	质量标准		实际检测结果	单项评定
			合格	优良		
玻璃丝布粘贴	保温层干燥	主要	干燥		干燥	优良
	抹面层清理		积灰和灰痕清除干净		干净	优良
	粘贴剂涂刷		保温抹面层与玻璃丝布表面,分别刷一层聚醋酸乙烯乳液,要均匀、不漏刷		按要求涂刷、均匀合理	合格
	玻璃丝布搭接		玻璃丝布相互搭接不少于 30 mm		大于 30 mm	优良
	粘贴后外观检查		粘贴平整、无皱皮、无脱落		平整、无缺陷	合格
分项总评	共检验主要项目 1 个,其中优良 1 个;一般项目 4 个,其中优良 2 个,本分项工程质量优良率为 50%,本分项工程被评为合格级					

监理单位:_____ 建设单位:_____ 质检部门:_____ 工地:_____ 年 月

4. 化学水室外设备与管道保温抹面层玻璃丝布面层油漆(分项工程,表 5 – 124)

5.8.3 泵站设备及管道油漆验评(分部工程)

泵站设备及管道油漆验评分部工程质量检验评定见表 5 – 131。

表 5 – 131 分部工程质量检验评定表

工程编号:_____ 性质:_____ 分部工程名称:泵站设备及管道油漆

序号	分项工程名称	性质	分项工程质量等级	分部工程优良率/%
1	泵房设备与管道金属面油漆		合格	
2	泵房设备与管道保温抹面层面油漆		优良	100%
3	泵房设备与管道保温抹面层粘贴玻璃丝布		合格	75%
4	泵房设备与管道保温抹面层玻璃丝布面层油漆		优良	80%

表 5 -131（续）

序号	分项工程名称	性质	分项工程质量等级	分部工程优良率/%
分部工程质量评定	本分部共有 4 个分项工程。主要分项_____个,评优良级_____个;一般分项 4 个,评优良级 2 个。评合格级			

监理单位:_____ 建设单位:_____ 质检部门:_____ 工地:_____ 年 月

1. 泵房设备与管道金属面油漆(分项工程,表 5 -132)

表 5 -132 分项工程质量检验评定表

工程编号: 性质: 分项工程名称: 共 页第 页

工序	检验指标	性质	质量标准 合格	质量标准 优良	实际检测结果	单项评定
	金属面清理	主要	油垢、灰尘、铁锈清除干净		清除干净、无杂物	优良
	底层(防腐漆)涂刷		涂刷均匀、无透底、漏刷		涂刷均匀	优良
油漆涂刷	漆层外观	主要	色调均匀一致、无透底、斑迹、脱落、皱纹、流痕、浮膜、漆粒等明显刷痕		外观无缺陷	合格
	涂层复刷时限		漆层复刷,必须在上一层漆干燥后进行		按要求	优良
	层间结合		层间结合严密、无分层现象		无分层等缺陷	优良
分项总评	共检验主要项目 4 个,其中优良 3 个;一般项目 1 个,其中优良 1 个,本分项工程质量优良率为 100%,本分项工程被评为合格级					

监理单位:_____ 建设单位:_____ 质检部门:_____ 工地:_____ 年 月

2. 泵房设备与管道保温抹面层面油漆(分项工程,表 5 -133)

表 5 -133 分项工程质量检验评定表

工程编号: 性质: 分项工程名称: 共 页第 页

工序	检验指标	性质	质量标准 合格	质量标准 优良	实际检测结果	单项评定
	保温层干燥	主要	干燥		干燥清洁	优良
	抹面层清理	主要	积灰和灰痕清除干净		清理干净	优良
	保温抹面层表面		裂缝补平		无裂缝	优良
油漆涂刷	漆层外观	主要	色调均匀一致、无透底、斑迹、脱落、皱纹、流痕、浮膜、漆粒等明显刷痕		均匀无明显缺陷	优良
	涂层复刷时限		漆层复刷,必须在上一层漆干燥后进行		按要求达标	优良
	层间结合		层间结合严密、无分层现象		无异常	优良

表 5 – 133（续）

工序	检验指标	性质	质量标准		实际检测结果	单项评定
			合格	优良		
	油漆色彩		色彩一致、不变色		表观合格	优良
分项总评	共检验主要项目 5 个，其中优良 5 个；一般项目 2 个，其中优良 2 个，本分项工程质量优良率为 100%，本分项工程被评为优良级					

监理单位：_____　建设单位：_____　质检部门：_____　工地：_____　　　年　　月

3. 泵房设备与管道保温抹面层粘贴玻璃丝布（分项工程，表 5 – 123）

4. 泵房设备与管道保温抹面层玻璃丝布面层油漆（分项工程，表 5 – 124）

5.8.4　循环水管道油漆验评（分部工程）

循环水管道油漆分部工程质量检验评定见表 5 – 134。

表 5 – 134　分部工程质量检验评定表

工程编号：　　　　　　　　　　　性质：　　　　　　　　　分部工程名称：循环水管道油漆

序号	分项工程名称	性质	分项工程质量等级	分部工程优良率/%
1	循环水管道油漆	主要		
2	循环水管道油漆	主要		
分部工程质量评定	本分部共有_____个分项工程。主要分项_____个，评优良级_____个；一般分项_____个，评优良级_____个。评_____级			

监理单位：_____　建设单位：_____　质检部门：_____　工地：_____　　　年　　月

1. 循环水管道油漆（分项工程，表 5 – 135 和表 5 – 124）

表 5 – 135　分项工程质量检验评定表

工程编号：　　　　　性质：　　　　　分项工程名称：　　　　　　　　　　　共　　页第　　页

工序	检验指标	性质	质量标准		实际检测结果	单项评定
			合格	优良		
	金属面清理	主要	油垢、灰尘、铁锈清除干净		干净	优良
	底层（防锈漆）涂刷		涂刷均匀、无透底、漏刷		均匀	合格

表 5 – 135（续）

工序	检验指标	性质	质量标准		实际检测结果	单项评定
			合格	优良		
沥青马蹄脂涂刷	涂刷工艺	主要		涂刷均匀、无透底，两层厚度为 3～4 mm	合理	优良
	涂层复刷时限			涂层复刷时，必须在上一层干燥后进行	按要求	优良
	层间结合			层间结合严密、无分层现象	层间严密	优良
	外层包裹缠绕			缠紧、无空隙，缠绕层间距不少于 30 mm	符合规范	优良
分项总评	共检验主要项目 4 个，其中优良 4 个；一般项目 2 个，其中优良 2 个，本分项工程质量优良率为 50％，本分项工程被评为合格级					

监理单位：＿＿＿＿＿　建设单位：＿＿＿＿＿　质检部门：＿＿＿＿＿　工地：＿＿＿＿＿　年　月

▶ 任务实施

按照给定任务，确定锅炉设备与管道油漆施工工序质量控制点，根据技术资料和工程内业，在实训室模拟现场进行复核，完成如下任务：

1. 对锅炉油漆分项工程评定结果进行统计；
2. 对本项目单位工程、分部工程进行评定。

▶ 项目评量

"锅炉工程质量验评"学生任务评量见表 5 – 136。

表 5 – 136　"锅炉工程质量验评"学生任务评量表

各位同学：

1. 教师针对下列评量项目并依据"评量标准"，从 A、B、C、D、E 中选定一个对学生操作进行评分，学生在教师评价前进行自评，但自评不计入成绩。
2. 此项评量满分为 100 分，占学期成绩的 10％。

评量项目	学生自评与教师评价（A～E）	
	学生自评分	教师评价分
1. 平时成绩（20 分）		
2. 实作评量（40 分）		
3. 阶段验评（20 分）		
4. 验评结果（20 分）		

▶ 项目小结

本项目的学习内容及学习流程如下：工程质量验评总则→工程质量验评范围→锅炉工

程项目质量验评。

工程质量验评总则重点阐述了验评的等级划分,单位工程→分部工程→分项工程和验评质量标准"合格"与"优良"的标准与计算方法。

工程质量验评范围主要对锅炉工程项目进行了单位、分部、分项和分段工程划分及检验制度、检验部门和检验方式。锅炉工程项目基本可以划分为本体安装、除尘器安装、风压试验、附属机械安装、保温与油漆等几个单位工程。

锅炉工程项目质量验评重点以七个单位工程为目标,阐述了每一个单位工程的工序和施工手段、质量标准等。

通过本项目的学习,学生能够综合了解锅炉工程项目施工工艺、质量控制点、质量监督检查目标等内容,是热能应用技术专业所有课程的最终应用点。

参 考 文 献

[1]　张世源,李洪花.锅炉安装实用手册[M].北京:机械工业出版社,1996.

[2]　龚克崇.设备安装技术实用手册[M].北京:中国建材工业出版社,1999.

[3]　王福元,吴正严.电力建设施工、验收及质量验评标准汇编[M].北京:中国电力出版
社,2003.

[4]　刘洋.工业锅炉技术[M].哈尔滨:哈尔滨工程大学出版社,2014.

[5]　同济大学.锅炉与锅炉房工艺[M].北京:中国建筑工业出版社,2011.

[6]　夏喜英.锅炉与锅炉房设备[M].哈尔滨:哈尔滨工业大学出版社,2001.

[7]　刘兵,龚健冲.工程招投标与合同管理[M].成都:电子科技大学出版社,2016.

[8]　杨志中.建设工程招投标与合同管理[M].北京:机械工业出版社,2013.